工业和信息化高职高专
“十三五”规划教材立项项目

高等职业教育『十三五』土建类技能型人才培养规划教材

建筑材料与检测

杨小刚／主编
于辉 王克宏 朱文景 陈宇／副主编

人民邮电出版社
北京

图书在版编目（C I P）数据

建筑材料与检测 / 杨小刚主编. -- 北京 : 人民邮电出版社, 2015.11
高等职业教育“十三五”土建类技能型人才培养规划教材
ISBN 978-7-115-39951-9

Ⅰ. ①建… Ⅱ. ①杨… Ⅲ. ①建筑材料－检测－高等职业教育－教材 Ⅳ. ①TU502

中国版本图书馆CIP数据核字(2015)第163369号

内容提要

本书共分为13章，主要内容包括绪论、建筑材料的基本性质、建筑石材、气硬性无机胶凝材料、水泥、混凝土、建筑砂浆、烧土制品、金属材料、合成高分子材料、防水材料、木材及制品、其他建筑材料等，每章均有复习思考题，以便于掌握内容的重点。

本书采用了最新的国家标准和规范，加强了与工程实践的结合和技能的培养，充分体现了加强实际应用、服务专业教学的宗旨，有利于读者了解当前建筑材料的发展趋势，符合高职高专土建类人才培养的要求。

本书可作为高职高专土建类相关专业的教材，也可以作为施工技术人员的参考书。

◆ 主　　编　杨小刚
副 主 编　于　辉　王克宏　朱文景　陈　宇
责任编辑　刘盛平
责任印制　张佳莹　杨林杰

◆ 人民邮电出版社出版发行　　北京市丰台区成寿寺路 11 号
邮编　100164　　电子邮件　315@ptpress.com.cn
网址　http://www.ptpress.com.cn
北京鑫正大印刷有限公司印刷

◆ 开本：787×1092　1/16
印张：17　　2015 年 11 月第 1 版
字数：436 千字　　2015 年 11 月北京第 1 次印刷

定价：39.80 元

读者服务热线：(010)81055256　印装质量热线：(010)81055316
反盗版热线：(010)81055315
广告经营许可证：京崇工商广字第 0021 号

前 言

建筑材料是一门理论性和实践性都很强的学科，它和结构、施工、资源、环境等领域密切相关。近几年，建筑科学技术和建筑工业迅速发展，建筑工程材料品种、质量和工艺都有很大进展，国家有关部门颁布了一大批新的材料标准，并对旧标准进行了较大的修改。高等职业院校建筑工程技术等专业教学中迫切需要反映建筑材料新标准、新技术的教材，社会上广大工程技术人员也迫切需要此类参考书，鉴于此，我们编写了本书。

本书注重理论联系实际，特别强调了与工程实践的结合和技能的培养，体现了加强实际应用、服务专业教学的目的。本书采用了现行的国家标准和规范，合理选用材料，可以培养学生的建筑材料检测应用能力。各章最后都有复习思考题，以便于学生掌握内容的重点。本书的编写既符合工程实际的需要，又符合应用型、技能型人才培养目标的要求。

本书由杨小刚主编，于辉、王克宏、朱文景和陈宇任副主编。其中第 1 章、第 2 章和第 6 章由杨小刚和陈宇编写；第 3 章、第 4 章、第 5 章和第 7 章由于辉编写；第 8 章和第 9 章由陈宇编写第 10 章和第 11 章由王克宏编写；第 12 章和第 13 章由朱文景编写。

由于编者水平有限，书中不足之处，欢迎读者批评指正。

编　　者

2015 年 8 月

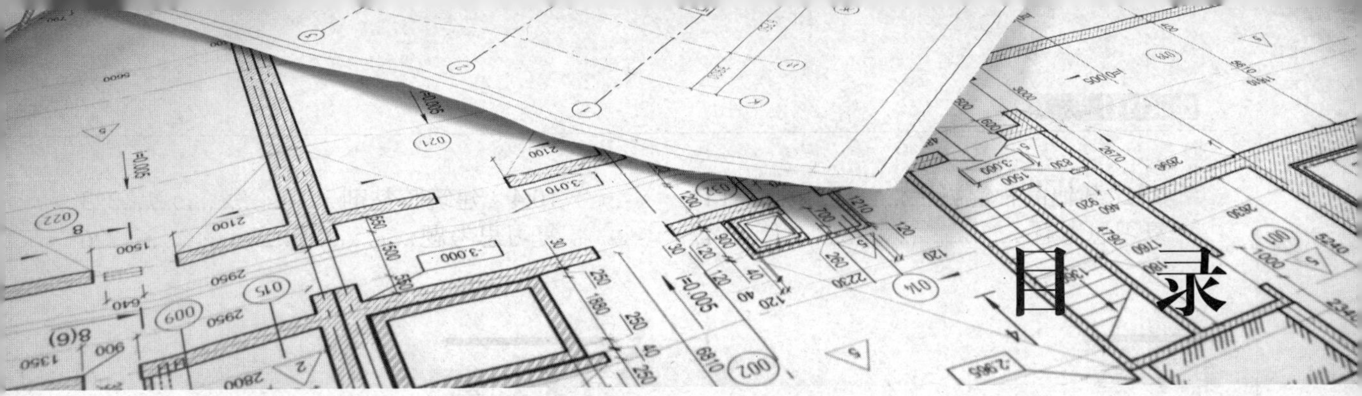

目录

第1章 绪论

建筑材料是用于建筑工程且构成建筑物组成部分的材料，是建筑工程的物质基础。近几年，随着建筑科学技术和建筑业的迅速发展，各种新型建筑材料不断地涌现出来，且日益向着轻质、高强、多功能、环保等方面发展。本课程的任务是使初学者掌握建筑材料的基本知识，在实践中合理选择和使用建筑材料，并培养其检测建筑材料性能的基本技能。

学习目标

- 理解建筑材料的分类与定义。
- 了解建筑材料在建筑工程中的地位。
- 了解建筑材料的发展概况及发展方向。
- 了解建筑材料的技术标准。
- 了解本课程的内容与任务。

1.1 建筑材料的定义与分类

1. 建筑材料的定义

建筑材料的定义有广义与狭义两种。

广义的建筑材料是指建造建筑物和构筑物的所有材料，包括使用的各种原材料、半成品、成品等，如黏土、铁矿石、石灰石、生石膏等。

狭义的建筑材料是指直接构成建筑物和构筑物实体的材料，如混凝土、水泥、石灰、钢筋、黏土砖、玻璃等。

作为建筑材料必须同时满足下面两个基本要求。

① 满足建筑物和构筑物本身的技术性能要求，保证能正常使用。

② 在其使用过程中，能抵御周围环境的影响与有害介质的侵蚀，保证建筑物和构筑物的合理使用寿命，同时也不能对周围环境产生危害。

想一想

举世闻名的中国古建筑——万里长城，主要都使用了哪些建筑材料？

2. 建筑材料的分类

（1）按化学成分分类

按建筑材料的化学成分不同，可分为无机材料、有机材料以及复合材料三大类，如表1.1所示。

表 1.1　建筑材料按化学成分分类

分类			实例
无机材料	金属材料	黑色金属	钢、铁、不锈钢等
		有色金属	铝、铜及其合金等
	非金属材料	天然石材	砂、石及石材制品等
		烧土制品	砖、瓦、玻璃、陶瓷等
		胶凝材料	石灰、石膏、水泥、水玻璃等
		混凝土及硅酸盐制品	混凝土、砂浆及硅酸盐制品
		无机纤维材料	玻璃纤维、矿棉纤维、岩棉纤维等
有机材料	植物材料		木材、竹、植物纤维及制品等
	沥青类材料		石油沥青、煤沥青及制品等
	有机合成高分子材料		塑料、涂料等
复合材料	有机材料与无机非金属材料复合		聚合物水泥混凝土、玻璃纤维增强塑料等
	金属材料与无机非金属材料复合		钢筋混凝土、钢纤维混凝土等
	金属材料与有机材料复合		轻质金属夹芯板等

（2）按用途分类

建筑材料按用途可分为结构材料、墙体材料、屋面材料、地面材料以及其他用途的材料。

① 结构材料。结构材料是构成建筑物受力构件和结构所用的材料，如梁、板、柱、基础、框架及其他受力构件和结构所用的材料。对这类材料的主要技术性质要求是强度和耐久性。常用的主要结构材料有砖、石、水泥、钢材、钢筋混凝土和预应力钢筋混凝土，如图1.1所示。随着工业的发展，轻钢结构和铝合金结构所占的比例将会逐渐加大。

(a) 水泥　　　　(b) 钢筋

图1.1　结构材料

② 墙体材料。墙体材料是建筑物内墙、外墙及分隔墙体所用的材料。由于墙体在建筑物中占有很大比例，因此正确选择墙体材料，对降低建筑物成本、节能和提高建筑物安全性有着重要

的实际意义。目前，我国大量采用的墙体材料有砌墙砖、混凝土砌块、加气混凝土砌块以及品种繁多的各类墙体用板材，特别是轻质多功能的复合墙板，如图1.2所示。轻质多功能复合墙板具有强度高、刚度大、保温隔热性能好、装饰性能好、施工方便、效率高等优点，是墙体材料的发展方向。

(a) 砌墙砖

(b) 加气混凝土砌块

(c) 墙体用板材

图1.2 墙体材料

③ 屋面材料。屋面材料是用于建筑物屋面的材料的总称，如图1.3所示。它已由过去较单一的烧结瓦，向多种材质的大型水泥类瓦材和高分子复合类瓦材发展，同时屋面承重结构也由过去的预应力钢筋混凝土大型屋面板向承重、保温、防水三合一的轻型钢板结构转变。屋面防水材料由传统的沥青及其制品，向高聚物改性沥青防水卷材、合成高分子防水卷材等新型防水卷材发展。

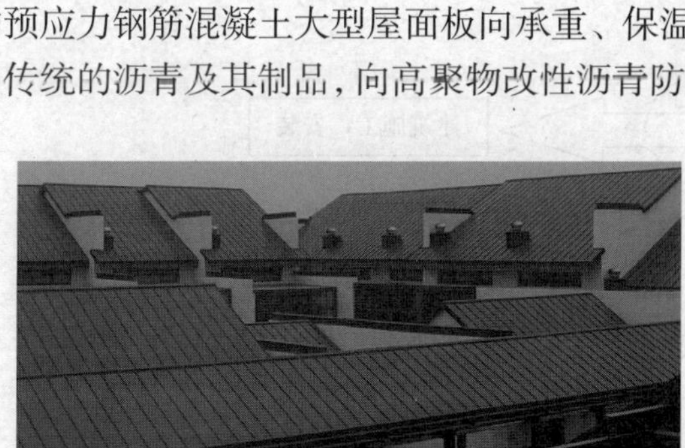

(a) 钛锌屋面（外墙）板

(b) 高聚物改性沥青防水卷材

图1.3 屋面材料

④ 地面材料。地面材料是指用于铺砌地面的各类材料，如图1.4所示。这类材料品种繁多，不同地面材料铺砌出来的效果相差也很大。

(a) 地砖　　(b) 木地板

图1.4　地面材料

1.2　建筑材料在建筑工程中的地位

① 建筑材料是建筑工程的物质基础。如果没有建筑材料，建筑师无法使设计成为实体。一个优秀的建筑师总是把高超的建筑艺术和以最佳方式选用材料融合在一起。结构工程师只有在很好地了解建筑材料的性能后，才能根据力学计算准确地确定建筑构件的尺寸和创造出先进的结构形式。例如，预应力钢筋混凝土结构和薄壳结构等都是在结构上把受力特性和材料特性统一的产物。

② 建筑材料用量大，直接影响建筑工程的造价。建筑经济学家为了降低造价，节省投资，在基本建设中，首先要考虑的是节约和合理地使用建筑材料。目前，在我国的建筑工程中建筑材料所占的投资比例高达60%左右。

③ 建筑材料的品种、质量及规格还直接影响建筑工程是否坚固、耐久和实用。

④ 建筑、材料、结构、施工四者是密切相关的。从根本上说，材料是基础，材料决定了建筑和施工方法。新材料的出现，可以促进建筑形式的变化、结构设计和施工技术的革新。

建筑材料在建筑工程中的地位如图1.5所示。

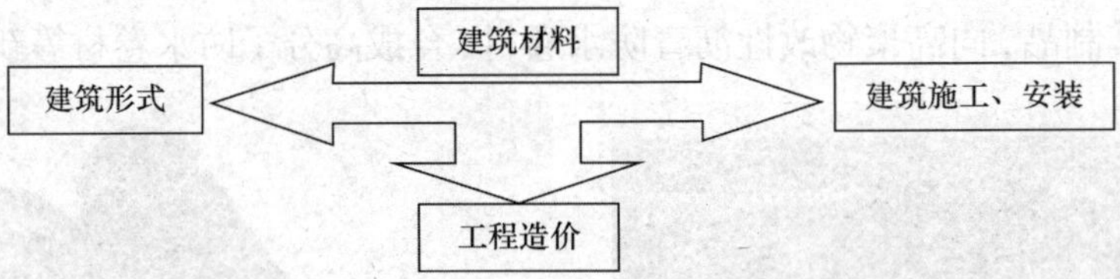

图1.5　建筑材料在建筑工程中的地位

1.3　建筑材料的发展趋势

随着科学技术的发展，学科的交叉及多元化产生了新的技术和工艺。前沿的技术、工艺越来越多地应用于建筑材料的研制开发，使得建筑材料的发展日新月异。建筑材料正向着追求功能多样性、全寿命周期经济性以及可循环再生利用性等方向发展。

1. 绿色健康建筑材料

绿色健康建筑材料指的是具有对环境起到有益作用或对环境负荷很小的情况下，在使用过程中能满足舒适、健康功能的建筑材料。绿色健康材料首先要保证其在使用过程中是无害的，并在此基础上实现其净化及改善环境的功能。根据其作用，绿色健康材料可分为抗菌的材料，净化空气的材料，防噪声、防辐射的材料和产生负离子的材料。

2. 节能建筑材料

建筑物的节能是世界各国建筑学、建筑技术、材料学和相应空调技术研究的重点和方向。目前我国已经制定出台了相应的建筑节能设计标准，并对建筑物的能耗作出了相应的规定。建筑物的能耗是由室内环境所要求的温度与室外环境温度的差异造成的，因此有效降低建筑物的能耗主要有两种途径：一种是改善室内采暖、空调设备的能耗效率；另一种是增强建筑物围护结构的保温隔热性能。墙体节能保温材料种类比较多，分为单一材料和复合材料。墙体节能保温材料包括加气混凝土砌块、保温砂浆、聚氨酯泡沫塑料（PUF）、聚苯乙烯泡沫板（PSF）、聚乙烯泡沫塑料（PEF）、硬质聚氨酯防水保温材料、玻璃纤维增强水泥制品（GRC）、外挂保温复合墙、外保温聚苯板复合墙体、膨胀珍珠岩、防水保温双功能板等。门窗节能材料以玻璃和塑铝材料为主，如中空玻璃、塑铝窗、玻璃钢、真空玻璃等。屋面保温形式有两种：一种是保温层位于防水层之下。保温材料可采用发泡式聚苯乙烯板，发泡式聚苯乙烯导热系数和吸水率均较小，且价格便宜，但密度小、强度低，不能经受自然界各种因素的长期作用，宜位于屋顶防水层的下面；另一种是保温层位于防水层之上，又叫倒置式保温屋顶。保温材料可采用挤塑式聚苯乙烯板，而挤塑式聚苯乙烯板具有良好的低吸水性（几乎不吸水）、低导热系数、高抗压性和抗老化性，其优良的保温性具有明显有效的节约能源作用，是符合环保节能要求的新型保温材料。

3. 舒适性建筑材料

舒适性建筑材料是指能够利用材料自身的性能自动调节室内温度和湿度来提高室内舒适度的建筑材料。室内温度是衡量舒适程度的指标之一。调温材料是利用相变材料在相变点附近低于相变点吸热、高于相变点放热的性质，将能量储存起来，达到节能调温的日的。

4. 具有全寿命周期经济性的建筑材料

建筑材料的全寿命周期经济性就是指建筑材料从生产加工、运输、施工、使用到回收全寿命过程的总体经济效益，用最低的经济成本达到预期的功能。

5. 自重轻材料

自重轻材料优点很多，由于其自身重量轻使得材料生产工厂化程度高，并且运输成本低、建造速度快、施工工期短，从全寿命周期角度来看具有很高的经济效益。例如，轻钢建筑结构材料具有如下特点。

① 构造简单，材料单一。它容易做到设计标准化、定型化，构件加工制作工业化，现场安装预制装配化程度高。销售、设计、生产可以全部采用计算机控制，产品质量好，生产效率高。

② 自重轻。它降低了基础材料用量，减少构件运输、安装工作量，并且有利于结构抗震。

③ 工期短。构件标准定型装配化程度高，现场安装简单快速，一般厂房仓库签定合同后2～3个月内可以交付使用。因为没有湿作业，现场安装不受气候影响。

④ 可以满足多种生产工艺和使用功能的要求。轻钢建筑结构体系在建筑造型、色彩以及结构跨度、柱距等方面的选择上灵活多样，给设计者提供了充分展示才能的条件。

⑤ 绿色环保。轻钢建筑结构属于环保性、节能性产品，厂房可以搬迁，材料可以回收。

6. 高性能材料

高性能材料的特点是在多种材料性能方面更为优越，使用时间更长，功能更为强大，大幅度提高了材料的综合经济效益。例如，高性能混凝土，其满足的性能包括易灌注、易密实、不离析，能长期保持优越的力学性质，早期强度强、韧性好、体积稳定，在恶劣环境下使用寿命长等。高性能材料可通过使用性能优良的高级材料复合在建筑材料上实现，如碳纤维复合材料在建筑结构材料智能化技术上的应用。

7. 地产材料

地产材料是考虑到经济性要求，各地方根据自身实际资源情况选择适合的建筑材料。例如，竹材就是一种好的地产材料，它是速生的森林资源，且地域性较强。以竹材为原料结合先进的加工工艺可制成各种不同性能的板材、方材、型材等。竹纤维模压板、竹塑复合材料已在建筑工程及装饰工程中得到应用。竹材制成的新型建筑材料，作为房屋建筑材料及装饰材料，具有广阔的应用前景。

8. 具有可循环再生利用性的建筑材料

追求建筑材料的可循环再生利用性是根据可持续发展要求，在新型建筑材料的生产、使用及回收全过程都要考虑其对环境和资源的影响，实现材料的可循环再生利用。建筑材料的可循环再生利用包括建筑废料及工业废料的利用，它将成为建筑材料发展的重要方向。

建筑废料的回收利用可分为产品回收和材料回收两大类。未破损烧结砖瓦产品在拆下并清理后直接利用是最简便的回收利用。在我国广大农村地区对未破损烧结砖瓦产品的回收利用是非常普遍的，这主要是由于烧结砖瓦产品优异的耐久性，以及其与其他材料容易分离的特性有关。城市中由于拆除方法等原因，还没有形成大规模回收利用。未破损烧结砖瓦产品的回收对需要保护的历史建筑及其修缮有着特别重要的意义，例如，其他地方旧建筑物拆除下的砖瓦可回收后用于需要保护的古建筑物的修复。普通建筑拆下的整砖及半砖还可以用于人行道、庭院、公园等地面的铺砌。要充分利用未破损烧结砖瓦产品的关键在于城市建筑的拆除程序和方法。

建筑废料中最主要的回收颗粒状材料是拆毁的混凝土和拆毁的墙体材料，这两种材料一般不能直接使用，需经加工处理，其用途非常广泛。大量无毒的工业废料可用于制造建筑产品，既节约了建筑消耗的巨大的原生性物质资源，又回收了固定废弃物，减少了环境污染。我国已开发利用粉煤灰、钢渣、矿渣等生产各种砌块，但工业废弃物的回收利用率和再生资源利用率远远低于日本和欧洲国家。例如，日本开发的一种新型环保砖瓦是以下水道污泥、粉煤灰、矿渣、烧窑业杂土、玻璃渣、保温材料弃渣、废塑料、建筑废渣土、河沟淤泥为原料，采用日本传统的烧制技术和新开发的水泥固化技术，生产出了具备烧结砖瓦特征的新型墙材，适用于墙壁、地面铺设和园艺。其最大优点是再生资源的利用率可达90%以上，不使用任何会导致大气污染和地球温室效应的燃料。因此，在我国，利用工业废料生产建筑材料有着很大的潜力，并有着广阔的市场前景。

1.4 建筑材料的技术标准

产品标准化是现代工业发展的产物，是组织现代化大生产的重要手段，也是科学管理的重要组成部分。世界各国对材料的标准化都很重视，均制定了各自的标准。例如，我国的“GB”和“GB/T”、美国的材料试验协会标准“ASTM”、英国标准“BS”、德国工业标准“DIN”、日本工业标准“JIS”等。此外，还有在世界范围内统一使用的“ISO”。

目前我国绝大多数的建筑材料都制定有产品的技术标准，这些标准一般包括：产品规格、分类、技术要求、检验方法、验收规则、标志、运输和储存等方面的内容。

建筑材料的技术标准，是产品质量的技术依据。对于生产企业，必须按标准生产合格的产品，同时，它可促进企业改善管理，提高生产率，实现生产过程的合理化。对于使用部门，则应当按标准选用材料，可使设计和施工标准化，从而可加速施工进度，降低建筑造价。技术标准又是供需双方对产品质量进行验收的依据。

我国建筑材料的技术标准分为国家标准、行业标准、地方标准和企业标准四级。各级标准都有各自的代号，如表1.2所示。

表 1.2　　建筑材料各级标准代号

标准种类		代号		表示方法（例）
1	国家标准	GB	国家强制性标准	由标准名称、部门代号、标准编号、颁布年份等组成 例如： 国家强制性标准《通用硅酸盐水泥》（GB 175—2007） 国家推荐性标准《建筑用卵石、碎石》（GB/T 14685—2011） 建设部行业标准《普通混凝土配合比设计规程》（JGJ 55—2011）
		GB/T	国家推荐性标准	
2	行业标准	JC	建材行业标准	
		JGJ	建设部行业标准	
		YB	冶金行业标准	
		JT	交通标准	
		SD	水电标准	
	专业标准	ZB	国家级专业标准	
3	地方标准	DB	地方强制性标准	
		DB/T	地方推荐性标准	
4	企业标准	QB	企业标准指导本企业的生产	

建筑材料的标准内容大致包括材料的质量要求和检验两大方面。由于有些标准的分工细，且相互渗透、联系，有时一种材料的检验要涉及多个标准和规范。

1.5 本课程的内容和任务

建筑材料是一门实用性很强的专业基础课。主要内容包括：常用建筑材料的原材料、生产、组成、性质、技术标准（质量要求和检验）、特点与应用、运输与储存等方面。建筑材料的基本性质、水泥、混凝土、防水材料、建筑钢材为重点章节，读者在学习过程中应引起足够重视。

本课程的主要任务是使读者通过学习，获得建筑材料的基本知识，掌握建筑材料的技术性质和应用技术及试验检测技能，同时对建筑材料的储运和保管也有相应了解，以便在今后的工作中能正确选择和合理使用建筑材料，也为学习建筑、结构、施工等后续专业课打下基础。

复习思考题

1. 建筑材料可分为哪几类？每类都包括什么内容？
2. 建筑材料在建筑工程中的作用是什么？
3. 简述建筑材料的发展概况和发展趋势。
4. 有关建筑材料的技术标准有哪些？

第2章 建筑材料的基本性质

建筑物是由各种建筑材料建筑而成的，这些材料在建筑物的各个部位要承受各种各样的作用，因此要求建筑材料必须具备相应性质。例如，结构材料必须具备良好的力学性质；墙体材料应具备良好的保温隔热性能、隔音吸声性能；屋面材料应具备良好的抗渗防水性能；地面材料应具备良好的耐磨损性能等。一种建筑材料要具备哪些性质，这要根据材料在建筑物中的功用和所处环境来决定。一般而言，建筑材料的基本性质包括物理性质、化学性质、力学性质和耐久性。

本章选择建筑材料中一些带有共性的性质进行讨论，从材料的组成、结构、构造与其性质的关系等一些基本概念讲起，探讨了建筑材料的物理性质、力学性质、耐久性等。

学习目标

- 了解材料的组成、结构、构造与性质的关系。
- 熟悉建筑材料的基本物理性质。
- 熟悉建筑材料的力学性质。
- 熟悉建筑材料的耐久性。

2.1 材料的组成、结构与构造

影响材料性质的因素很多，这些因素可以分成两部分，即外界因素和材料本身的内部因累，而后者更重要。因材料之间的差别很大，人们的认识方法也各有不同，所以我们将从材料的组成、结构与构造三个方面来分析材料性质与其本身内在因素的关系。

2.1.1 材料的组成

建筑材料的组成通常是指其化学成分和矿物组成。

化学成分是指材料的化学元素及化合物的种类和含量。

矿物的概念源自于地质学。矿物是指地质作用中各种化学成分所形成的自然单质和化合物，具有相对固定的化学成分和内部结构。矿物是组成地壳的基本物质单元。建筑材料中引伸了这一概念，通常将人造的无机非金属材料中具有特定晶体结构和特定物理力学性能，且与天然矿物相似的组织称为矿物。矿物组成即指材料中的矿物种类及含量。

材料的组成及其相对含量的变化，不仅影响其化学性质，也会影响材料的物理力学性质。例如，一般建筑钢材容易发生锈蚀，当冶炼时加入铬和镍元素就可以提高钢材的防锈能力，成为不锈钢。又如硅酸盐水泥主要由四种矿物成分（水泥熟料矿物）加入适量石膏混合磨细生产而得。如果生产中没有掺加石膏，则这种水泥会因快凝而无法在工程中使用。再如在混凝土搅拌中加入外加剂后，混凝土性能即可发生明显改变。

材料成分不同，其物理力学性质也会有明显差异。典型的例子如金属材料和高分子材料，它们在导电性能方面有明显差异。在力学性质方面以纯铁、钢、生铁为例，三者的主要成分都是铁元素，但纯铁强度相对不高且较柔软，钢却较坚韧，生铁则硬脆。形成这种差别的主要原因之一就是含碳量的不同，当然含碳量不同也会引起组织结构的变化。

还应值得注意的是材料中某些成分的改变，可能会引起某项性质较大的改变，而对另一些性质虽然也有影响，却不明显。例如，不锈钢中的铬、镍元素可明显提高钢的防锈性能，但对钢的强度影响却不是很大。

由上述可见，材料的组成直接影响材料性能，在材料的生产、使用时应根据对性能的要求确定材料组成及所占比例。

2.1.2 材料的结构

材料的结构是决定材料物理力学性能的重要因素。材料的结构是指在尺寸为10^{-10}～10^{-3}m的组织状态。材料的结构可分为微观结构和细观结构。

1. 微观结构

微观结构是原子、分子层次的结构状态，尺寸为10^{-10}～10^{-6}m，只能通过电子显微镜、X射线等检测手段进行观察、分析和研究。固体无机材料的微观结构分为晶体、玻璃体和胶体三种。

（1）晶体结构

晶体结构是质点（离子、原子或分子）按特定的规则排列而呈周期重复的空间结构。具有这样结构持征的材料分为单晶体和多晶体（微晶体）材料。

单晶体具有规则的几何外形、固定的熔点、各向异性、化学稳定性好等特点。晶体中的滑移面影响晶体材料的力学性质。多晶体没有规则的外形且各向同性。多晶体材料是由许多小晶粒杂乱排列形成的，材料的性质不仅与各个单一晶粒的性质有关，还受到细观层次的晶体组织结构（即微小单晶体与其他质点的组合，或不同单晶粒间的组合）的影响。宏观层次多晶体材料各向同性是众多小晶粒和晶体组织的共同表现。

晶体中质点的本身特征、排布规律及质点间的相互作用力决定晶体材料的力学性质。晶体质点的本身特征即指质点性质，质点排布规律决定晶体内质点的密集程度和滑移面，而晶体中质点间的相互作用则形成键力。根据键的特点，晶体分为原子晶体、离子晶体、分子晶体、金属晶体。质点间的相互作用力与化学键有关，一般是共价键（形成原子晶体）最大，离子键次之，分子键最小。金属键的结合力则视电子数目而定，电子越多，结合力越大。钢材中晶格的质点密集程度很高，质点间有金属键连结着，这使得钢材具有很大的塑性变形能力，并且具有良好的导热性和导电性。一定数目的自由电子也使得钢材有较高的强度。如果晶格中质点的密集程度不高，则材料的变形能力就很小，即使质点间以共价键连接，其脆性也很突出，如天然石料等。

晶体材料中并不完全是以单一键连结质点的，在复杂晶体结构中，其键的结合也相当复杂。在建筑材料中占有重要地位的硅酸盐，其结构就是以共价键和离子键交互构成的，由SiO_4四面体单元与不同的金属离子结合而成。在石棉材料中SiO_4四面体形成链状结构，纤维与纤维之间的键力要比链状结构方向上的共价键弱。云母中SiO_4单元连结成片状结构，再叠合成层状结构，层与层之间以分子键结合。而在石英中SiO_4四面体以立体网状结构形状结合，所以强度和硬度都较高。

（2）玻璃体结构

玻璃体结构中质点的排列无周期性。玻璃体材料无固定几何外形，各向同性，破坏时没有解理面，无固定熔点。

玻璃体是由于熔融物冷却速度较快而形成的。在凝固过程中，质点来不及按一定规则排列，便形成固体。

玻璃体在急冷过程中，质点间的能量以内能的形式存储起来，使得玻璃体具有化学不稳定性，有时表现出一定的化学活泼性。例如，火山灰成分中SiO_2与石灰在有水的条件下发生反应生成水化硅酸钙，而石英砂中的SiO_2与石灰在常温下几乎不反应。前者是玻璃态，而后者结晶较好。在建筑材料中常利用粒化高炉矿渣、烧黏土和某些天然岩石具有化学活性的恃点，将其作为水泥混合料或混凝土的掺合料。

（3）胶体结构

胶体结构是由一种细小的固体粒子（直径1～100μm）分散在介质中所组成的结构。由于胶体的质点很小，其总的表面积很大，因而表面能很高，吸附能力也很强。

在胶体结构中，当固体粒子（胶粒）较少时，形成溶胶结构，具有一定的流动性和黏滞性；当胶粒较多时，形成凝胶结构，具有固体性质。在长期应力作用下，凝胶体又有黏性液体流动的性质。

玻璃体和胶体结构材料一般均为非晶体材料。非晶体材料的体态和性质的变化范围较大，从性质方面看，既可是具有很大变形能力的溶胶结构材料，如沥青等，也可是变形能力很小的脆性固体材料，如玻璃等。一般来说，非晶体材料在外力作用下可同时产生可恢复的弹性变形和不可恢复的塑性变形。在非晶体材料中还值得一提的是有机高聚物材料，它们由链状或网状的高分子聚合而成，在力学性质方面与另外两类非晶体材料（玻璃体、胶体）相比，其弹性大，弹性变形有的可超过100%。

材料在微观结构上的差异影响到材料的强度、硬度、熔点、变形、导热性等性质。可以说材料的微观结构决定着材料的物理力学性质。

2. 细观结构

细观结构是从材料内部组织和相的层次来研究材料的，其尺寸为10^{-6}～10^{-3}m。借助光学显微镜就可观察材料的细观结构。

建筑材料的细观结构研究应根据具体材料分类进行。钢材的晶体组织在常温下有铁素体、珠光体、渗碳体。当它们在钢中的含量不同时，钢材的力学性能就会有明显差别。木材的微观组织即管胞、导管、木纤维、髓线、树脂道的分布及每种管状细胞的组成决定了木材的性能。其他建筑材料（如混凝土、天然岩石）的性能也受到细观层次上的组织（相）特征、分布情况、组织（相）间界面的影响。

2.1.3 材料的构造

材料构造是指宏观的组织状态和具有待定性质的材料单元的组合情况。其尺寸在10^{-3}m以上。材料构造的研究，就是研究材料孔隙和相同或不同材料单元间的搭配对材料性能的影响。不同材料的搭配所形成的复合材料，其综合性能优于各个单一材料。因而，复合材料是近几十年材料研究应用领域十分关注的问题，关于复合材料的研究已成为一门新兴的学科。

材料内部孔隙对强度的影响，最明显之处就是减小了材料承受荷载的有效面积。更深入的研究表明，应力在孔隙处的分布都发生变化，最简单的例子是在孔隙处的应力集中（重分布）。孔隙不仅影响材料的力学性质还影响材料的物理性质，如导热性、水渗透性、抗冻性等。孔隙对材料性质的影响不仅取决于孔隙率，还与孔隙大小、形状、分布等特征有着密切关系。

按孔隙特征可将材料分为致密结构（如钢铁等）、多孔结构（如泡沫塑料等）和微孔结构（如石膏等）。

由材料单元组合而成的材料性能取决于各单元的性质、组合方式、所占比例等因素。按组合方式可将材料分为堆聚结构（如水泥、混凝土等）、纤维结构（如木材、纤维增强塑料等）、层状结构（如胶合板等）和散粒结构（如膨胀珍珠岩等）。

综上所述，材料的组成、结构与构造决定材料的性质。材料组成、结构与构造的变化带来了材料世界的千变万化。

2.2 建筑材料的基本物理性质

2.2.1 材料的密度、表观密度和堆积密度

1．密度

密度是指材料在绝对密实状态下，单位体积所具有的质量，按下式计算。

$$\rho=\frac{m}{V} \tag{2.1}$$

式中，ρ——材料的密度，g/cm^3；

m——材料在干燥状态下的质量，g；

V——干燥材料在绝对密实状态下的体积，cm^3。

材料在绝对密实状态下的体积是指不包括孔隙在内的固体物质部分的体积，也称实体积。在自然界中，绝大多数固体材料内部都存在孔隙，因此固体材料的总体积（V_0）应由固体物质部分体积（V）和孔隙体积（V_p）两部分组成，而材料内部的孔隙又根据是否与外界相连通被分为开口孔隙（浸渍时能被液体填充，其体积用V_k表示）和封闭孔隙（与外界不相连通，其体积用V_b表示）。固体材料的体积构成如图2.1所示。

测定固体材料的密度时，须将材料磨成细粉（粒径小于0.2mm），经干燥后采用排开液体法测得固体物质部分体积。材料磨得越细，测得的密度值越精确。工程所使用的材料绝大部分是

固体材料，但需要测定其密度的并不多。大多数材料，如拌制混凝土的砂、石等，一般直接采用排开液体的方法测定其体积——固体物质体积与封闭孔隙体积之和，此时测定的密度为材料的近似密度（又称为颗粒的表观密度）。

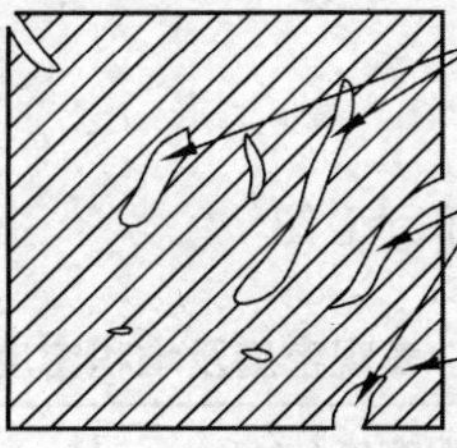

图2.1 固体材料的体积构成

2. 表观密度

表观密度是指材料在自然状态下，单位体积所具有的质量，按下式计算。

$$\rho_0=\frac{m}{V_0} \tag{2.2}$$

式中，ρ_0——材料的表观密度，kg/m^3；

m——材料的质量，kg；

V_0——材料在自然状态下的体积，m^3。

整体多孔材料在自然状态下的体积是指材料的固体物质部分体积与材料内部所含全部孔隙体积之和，即$V_0 = V + V_p$。对于外形规则的材料，其体积密度的测定只需测定其外形尺寸；对于外形不规则的材料，要采用排开液体法测定，但在测定前，材料表面应用薄蜡密封，以防液体进入材料内部孔隙而影响测定值。

一定质量的材料，孔隙越多，则体积密度值越小；材料体积密度大小还与材料含水多少有关，含水越多，其值越大。通常所指的体积密度，是指干燥状态下的体积密度。

3. 堆积密度

散粒材料在自然堆积状态下单位体积的质量称为堆积密度，可用下式表示。

$$\rho_0'=\frac{m}{V_0'} \tag{2.3}$$

式中，ρ_0'——材料的堆积密度，kg/m^3；

m——散粒材料的质量，kg；

V_0'——散粒材料在自然堆积状态下的体积，又称堆积体积，m^3。

散粒状材料在自然堆积状态下的体积（V_0'），是指含有孔隙在内的颗粒材料的总体积（V_0）与颗粒之间空隙体积（V_k'）之和。测定堆积密度时，采用一定容积的容器，将散粒状材料按规定方法装入容器中，测定材料质量，容器的容积即为材料的堆积体积，如图2.2所示。

在建筑工程中，计算材料的用量、构件的自重、配料计算、确定材料堆放空间，以及材料运输车辆时，需要用到材料的密度。

表2.1列举了几种常用建筑材料的密度、表观密度和堆积密度。

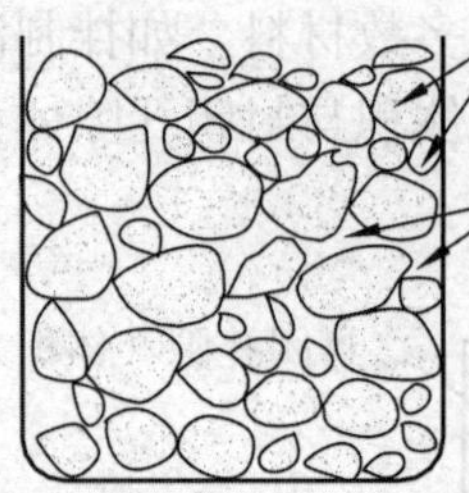

图2.2　堆积体积示意图

表 2.1　几种常用建筑材料的密度、表观密度及堆积密度

材料	密度/（$g\cdot cm^{-3}$）	表观密度/（$kg\cdot m^{-3}$）	堆积密度/（$kg\cdot m^{-3}$）
石灰岩	2.6	1800～2600	—
砂	2.6	—	1400～1700
钢、铸钢	7.85	7850	—
铝	2.8	2800	—
水泥	3.1	—	1200～1300
普通混凝土	—	1950～2500	—
沥青混凝土	—	2300	—
水泥砂浆	—	2100～2200	—
木材	1.55	400～800	—
泡沫塑料	—	20～50	—

2.2.2　材料的孔隙率和空隙率

1. 孔隙率和密实度

孔隙率是指材料内部孔隙体积占自然状态下总体积的百分率，可用下式计算。

$$P=\frac{V_0-V}{V_0}\times 100\%=(1-\frac{V}{V_0})\times 100\% = (1-\frac{\rho_0}{\rho})\times 100\% \quad (2.4)$$

密实度是指材料内部固体物质填充的程度，可用下式计算。

$$D=\frac{V}{V_0}\times 100\%=\frac{\rho_0}{\rho}\times 100\% \quad (2.5)$$

孔隙率一般是通过试验确定的材料密度和表观密度求得。

材料的孔隙率与密实度的关系为：$P+D=1$

材料的孔隙率与密实度是相互关联的性质，材料孔隙率的大小可直接反映材料的密实程度，孔隙率越大，则密实度越小。

孔隙按构造可分为开口孔隙和封闭孔隙两种；按尺寸的大小又可分为微孔、细孔和大孔三种。材料孔隙率大小、孔隙特征对材料的许多性质会产生一定影响，如材料的孔隙率较大，且连通孔较少，则材料的吸水性较小，强度较高，抗冻性和抗渗性较好，导热性较差，保温隔热性较好。

2. 空隙率和填充率

空隙率是指散粒材料（如砂、石等）颗粒之间的空隙体积占材料堆积体积的百分率，可用下式计算。

$$P'=\frac{V_0'-V_0}{V_0'}\times100\%=(1-\frac{V_0}{V_0'})\times100\%=(1-\frac{\rho_0'}{\rho_0})\times100\% \tag{2.6}$$

式中，ρ_0——颗粒状材料的表观密度，kg/m^3；

ρ_0'——颗粒状材料的堆积密度，kg/m^3。

填充率是指装在某一容器的散粒材料，其颗粒填充该容器的程度，可用下式计算。

$$D'=\frac{V_0}{V_0'}\times100\%=\frac{\rho_0'}{\rho_0}\times100\% \tag{2.7}$$

散粒材料的空隙率与填充率的关系为：$P'+D'=1$。

空隙率与填充率也是相互关联的两个性质，空隙率的大小可直接反映散粒材料的颗粒之间相互填充的程度。散粒状材料，空隙率越大，则填充率越小。在配制混凝土时，砂、石的空隙率是作为控制集料级配与计算混凝土砂率的重要依据。

2.2.3 材料的亲水性和憎水性

材料与水接触时，根据材料是否能被水润湿，可将其分为亲水性和憎水性两类。亲水性是指材料表面能被水润湿的性质；憎水性是指材料表面不能被水润湿的性质。

当材料与水在空气中接触时，将出现图2.3所示的两种情况。在材料、水、空气三相交点处，沿水滴的表面作切线，切线与水和材料接触面所成的夹角称为润湿角（用θ表示）。当θ越小，表明材料越易被水润湿。一般认为，当$\theta\leq90°$时，如图2.3（a）所示，材料表面吸附水分，能被水润湿，材料表现出亲水性；当$\theta>90°$时，如图2.3（b）所示，材料表面不易吸附水分，不能被水润湿，材料表现出憎水性。

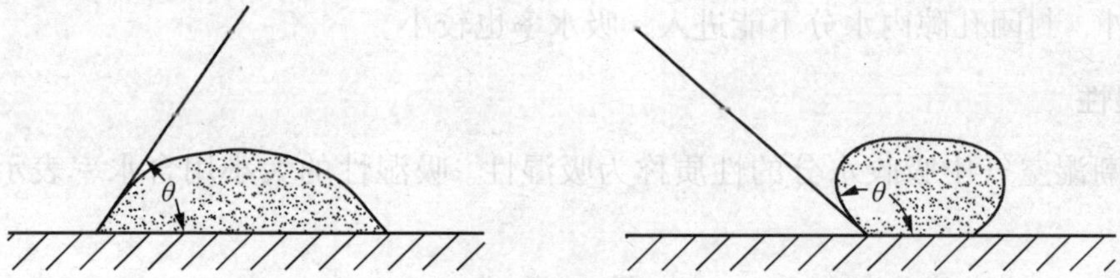

(a) 亲水性材料　　(b) 憎水性材料

图2.3　材料被水润湿示意图

亲水性材料易被水润湿，且水能通过毛细管作用被吸入材料内部。憎水性材料则能阻止水分渗入毛细管中，从而降低材料的吸水性。建筑材料大多数为亲水性材料，如水泥、混凝土、砂、石、砖、木材等，只有少数材料为憎水性材料，如沥青、石蜡、某些塑料等。建筑工程中憎水性材料常被用作防水材料，或作为亲水性材料的覆面层，以提高其防水、防潮性能。

想一想

亲水性材料与憎水性材料在实际工程中有何意义？

2.2.4 材料的吸水性和吸湿性

1. 吸水性

材料在水中吸收水分的性质称为吸水性。吸水性的大小用吸水率表示，吸水率有两种表示方法：质量吸水率和体积吸水率。

（1）质量吸水率

材料在吸水饱和时，所吸收水分的质量占材料干质量的百分率，可用下式计算。

$$W_{\mathrm{m}}=\frac{m_{湿}-m_{干}}{m_{干}}\times 100\% \tag{2.8}$$

式中，W_{m}——材料的质量吸水率，%；

$m_{湿}$——材料在饱和水状态下的质量，g；

$m_{干}$——材料在干燥状态下的质量，g。

（2）体积吸水率

材料在吸水饱和时，所吸收水分的体积占干燥材料总体积的百分率，可用下式计算。

$$W_{\mathrm{v}}=\frac{m_{湿}-m_{干}}{V_0}\cdot\frac{1}{\rho_{水}}\times 100\% \tag{2.9}$$

式中，W_{v}——材料的体积吸水率，%；

V_0——干燥材料的总体积，$\mathrm{cm^3}$；

$\rho_{水}$——水的密度，$\mathrm{g/cm^3}$。

常用的建筑材料，其吸水率一般采用质量吸水率表示。对于某些轻质材料，如加气混凝土、木材等，由于其质量吸水率往往超过100%，一般采用体积吸水率表示。

材料吸水率的大小，不仅与材料的亲水性或憎水性有关，而且与材料的孔隙率和孔隙特征有关。材料所吸收的水分是通过开口孔隙吸入的。一般而言，孔隙率越大，开口孔隙越多，则材料的吸水率越大；但如果开口孔隙粗大，则不易存留水分，即使孔隙率较大，材料的吸水率也较小；另外，封闭孔隙内水分不能进入，吸水率也较小。

2. 吸湿性

材料在潮湿空气中吸收水分的性质称为吸湿性。吸湿性的大小用含水率表示，可用下式计算。

$$W_{含}=\frac{m_{含}-m_{干}}{m_{干}}\times 100\% \tag{2.10}$$

式中，$W_{含}$——材料的含水率，%；

$m_{含}$——材料在吸湿状态下的质量，g；

$m_{干}$——材料在干燥状态下的质量，g。

材料的含水率随空气的温度、湿度变化而改变。材料既能在空气中吸收水分，又能向外界释放水分，当材料中的水分与空气的湿度达到平衡，此时的含水率就称为平衡含水率。一般情况下，材料的含水率多指平衡含水率。当材料内部孔隙吸水达到饱和时，此时材料的含水率等于吸水率。材料吸水后，会导致自重增加、保温隔热性能降低、强度和耐久性产生不同程度的下降。材料含水率的变化会引起体积的变化，影响使用。

2.2.5 材料的耐水性、抗渗性和抗冻性

1. 耐水性

材料长期在饱和水作用下不破坏，强度也不显著降低的性质称为耐水性。材料耐水性用软化系数表示，用公式表示如下。

$$K_{软}=\frac{f_{饱}}{f_{干}} \tag{2.11}$$

式中，$K_{软}$——材料的软化系数；

$f_{饱}$——材料在饱和水状态下的抗压强度，MPa；

$f_{干}$——材料在干燥状态下的抗压强度，MPa。

软化系数的大小反映材料在浸水饱和后强度降低的程度。材料被水浸湿后，强度一般会有所下降，因此软化系数在0～1。软化系数越小，说明材料吸水饱和后的强度降低越多，其耐水性越差。工程中将$K_{软}>0.85$的材料称为耐水性材料。对于经常位于水中或潮湿环境中的重要结构的材料，必须选用$K_{软}>0.85$的耐水性材料；对于用于受潮较轻或次要结构的材料，其软化系数不宜小于0.75。

2. 抗渗性

材料抵抗压力水渗透的性质称为抗渗性。材料的抗渗性通常采用渗透系数表示。渗透系数是指一定厚度的材料，在单位压力水头作用下，单位时间内透过单位面积的水量，用公式表示如下。

$$K=\frac{Wd}{Ath} \tag{2.12}$$

式中，K——材料的渗透系数，cm/h；

W——透过材料试件的水量，cm^3；

d——材料试件的厚度，cm；

A——透水面积，cm^2；

t——透水时间，h；

h——静水压力水头，cm。

渗透系数反映了材料抵抗压力水渗透的能力，渗透系数越大，则材料的抗渗性越差。

对于混凝土和砂浆，其抗渗性常采用抗渗等级表示。抗渗等级是以规定的试件，采用标准的试验方法测定试件所能承受的最大水压力来确定，以“P_n”表示，其中n为该材料所能承受的最大水压力的10倍值。

材料抗渗性的大小，与其孔隙率和孔隙特征有关。材料中存在连通的孔隙，且孔隙率较大，水分容易渗入，则这种材料的抗渗性较差。孔隙率小的材料具有较好的抗渗性。封闭孔隙水分不能渗入，因此对于孔隙率虽然较大，但以封闭孔隙为主的材料，其抗渗性也较好。对于地下建筑、压力管道、水工构筑物等工程部位，因经常受到压力水的作用，所以要选择具有良好抗渗性的材料。

3. 抗冻性

材料在饱和水状态下，能经受多次冻融循环作用而不破坏，且强度也不显著降低的性质，

称为抗冻性。材料的抗冻性用抗冻等级表示。抗冻等级是以规定的试件，采用标准试验方法，测得其强度降低不超过规定值，并无明显损害和剥落时所能经受的最大冻融循环次数来确定，以“F_n”表示，其中n为最大冻融循环次数。

材料经受冻融循环作用而破坏，主要是因为材料内部孔隙中的水结冰所致。水结冰时体积要增大，若材料内部孔隙充满了水，则结冰产生的膨胀会对孔隙壁产生很大的应力，当此应力超过材料的抗拉强度时，孔壁将产生局部开裂，随着冻融循环次数的增加，材料逐渐被破坏。

材料抗冻性的好坏，取决于材料的孔隙率、孔隙的特征、吸水饱和程度和自身的抗拉强度。材料的变形能力大，强度高，软化系数大，则抗冻性较高。一般认为，软化系数小于0.80的材料，其抗冻性较差。在寒冷地区及寒冷环境中的建筑物或构筑物，必须要考虑所选择材料的抗冻性。

2.2.6 材料的导热性和热容量

为保证建筑物具有良好的室内小气候，降低建筑物的使用能耗，因此要求材料具有良好的热工性质。通常考虑的热工性质有导热性、热容量。

1. 导热性

当材料两侧存在温差时，热量将从温度高的一侧通过材料传递到温度低的一侧，材料这种传导热量的能力称为导热性。材料导热性的大小用导热系数表示。导热系数是指厚度为1m的材料，当两侧温差为1K时，在1s时间内通过1m²面积的热量，用公式表示如下。

$$\lambda = \frac{Q\alpha}{At(T_2 - T_1)} \tag{2.13}$$

式中，λ——材料的导热系数，W/（m·K）；

Q——传递的热量，J；

α——材料的厚度，m；

A——材料的传热面积，m²；

t——传热时间，s；

T_2-T_1——材料两侧的温差，K。

材料的导热性与孔隙率大小、孔隙特征等因素有关。孔隙率较大的材料，内部空气较多，由于密闭空气的导热系数很小（λ=0.023W/（m·K）），其导热性较差。但如果孔隙粗大，空气会形成对流，材料的导热性反而会增大。材料受潮以后，水分进入孔隙，水的导热系数比空气的导热系数高很多（λ=0.58W/（m·K）），从而使材料的导热性大大增加；材料若受冻，水结成冰，冰的导热系数是水导热系数的4倍，为λ=2.3W/（m·K），材料的导热性将进一步增加。

建筑物要求具有良好的保温隔热性能。保温隔热性和导热性都是指材料传递热量的能力，在工程中常把$1/\lambda$称为材料的热阻，用R表示。材料的导热系数越小，其热阻越大，则材料的导热性能越差，其保温隔热性能越好。

2. 热容量

材料容纳热量的能力称为热容量，其大小用比热表示。比热是指单位质量的材料，温度每升高或降低1K时所吸收或放出的热量，用公式表示如下。

$$c=\frac{Q}{m(T_2-T_1)} \tag{2.14}$$

式中，c——材料的比热，J/（kg·K）；

Q——材料吸收或放出的热量，J；

m——材料的质量，kg；

T_2-T_1——材料加热或冷却前后的温差，K。

比热的大小直接反映出材料吸热或放热能力的大小。比热大的材料，能在热流变动或采暖设备供热不均匀时，缓和室内的温度波动。不同的材料其比热不同，即使是同种材料，由于物态不同，其比热也不同。

2.2.7 材料的吸声性和隔声性

声音是由于振动引起的，材料吸收声音的性质称为吸声性，常以吸声系数α来表示，α为具有一定声能（E_0）的声波传到材料表面时，被材料吸收的声能（E_1）与入射总声能（E_0）之比：

$$\alpha=\frac{E_1}{E_0}\times 100\% \tag{2.15}$$

吸声系数是评定材料吸声性能的主要指标，它与声音的频率和入射方向有关。同一种吸声材料对不同频率的声音，吸收程度不同。通常以材料对125Hz、250Hz、500Hz、1000Hz、2000Hz和4000Hz 6个频率的吸声系数来衡量材料的吸声性能。对6个频率的吸声系数平均值大于0.2的材料，被认为是吸声材料。

一般来说，具有细微而连通的孔隙，且孔隙率较大的材料，其吸声效果较好；若具有粗大的或封闭的孔隙，则吸声效果较差。另外，材料的构造形态、厚度、使用环境等因素也对其吸声性能产生一定的影响。

材料隔绝声音的性质，称为隔声性。常以隔声量R（或TL）表示，其数值以分贝（dB）为单位，表达式如下：

$$R=10\lg\frac{E_0}{E_2}(\text{dB}) \tag{2.16}$$

式中，E_0——入射的总声能；

E_2——透过材料的声能。

一般来说，材料的结构越密实，密度越大，则其隔声量越大，隔声效果越好。

2.3 建筑材料基本性质检测

2.3.1 材料密度检测

密度是材料在密实状态下单位体积的质量。各种建筑材料试样均可进行密度测定。

1. 主要仪器设备

李氏瓶、筛子（孔径0.20mm）、量筒、烘箱、天平、温度计、漏斗、小勺等。

2. 试样制备

将材料（如石灰石）试样磨成粉末，使它完全通过筛孔径为0.2mm的筛，再将粉末放入烘箱内，在105℃～110℃温度下烘干至恒重，然后在干燥器内冷却至室温。

3. 试验方法及步骤

① 将不与试样起反应的液体（水、煤油、苯等）倒入李氏瓶中，至突颈下部。并将李氏瓶放在盛水的玻璃容器中，使刻度部分完全浸入，并用支架夹住，容器中的水温应与李氏瓶刻度的标准温度（(20±2)℃）一致。待瓶内液体温度与水温相同后，读李氏瓶内液体凹液面的刻度值为V_1，(精确至0.1mL)。

② 用天平称取60～90g试样（准确至0.01g），记为m_1，用小勺和漏斗小心地将试样徐徐送入李氏瓶中（不能大量倾倒，否则会妨碍李氏瓶中空气排出或使咽喉部位堵塞），直至液面上升至20mL刻度左右为止。

③ 转动李氏瓶，使液体中气泡排出，再将李氏瓶放入盛水的玻璃容器中，待液体温度与水温一致后，读液体凹液面刻度值V_2。

④ 称取未注入瓶内剩余试样的质量（m_2），计算出装入瓶中试样质量（两次称量值m_1、m_2之差，得出装入品种材料的质量m）。

⑤ 将注入试样后的李氏瓶中液面读数减去未注前的读数（V_2-V_1），得出试样的绝对体积V。

4. 试验结果确定

按下式计算出密度ρ（精确至0.01g/cm^3）。

$$\rho=\frac{m}{V}=\frac{m_1-m_2}{V_2-V_1} \tag{2.17}$$

式中，m——装入瓶中的质量，g；

V——装入瓶中试样的体积，cm^3。

按规定，密度试验用两个试样平行进行，以其计算结果的算术平均值作为最后结果，但两次结果之差不应大于0.2g/cm^3，否则重做。

2.3.2 材料表观密度检测

表观密度是指材料在自然状态下，单位体积（包括内部的封闭孔隙体积）的质量。其试验方法有容量瓶法和广口瓶法，其中容量瓶法用来测试砂的表观密度，广口瓶法用来测试石子的表观密度，下面我们就以砂和石子为例分别介绍两种试验方法。

1. 砂的表观密度试验（容量瓶法）

（1）主要仪器设备

容量瓶（500mL）、托盘天平、干燥器、浅盘、铝制料勺、温度计、烧杯等。

（2）试样制备

将650g左右的试样在温度为（105±5）℃的烘箱中烘干至恒重，并在干燥器内冷却至室温待用。

（3）试验方法及步骤

① 称取烘干的试样300g（m_0）装入盛有半瓶冷开水的容量瓶中，摇转容量瓶，使试样在

水中充分搅动，以排除气泡，塞紧瓶塞，静置24h左右。

② 静置后用滴管加水，使水面与瓶颈刻度线平齐，再塞紧瓶塞，擦干瓶外水分，称其质量（m_1）。

③ 倒出瓶中的水和试样，将瓶的内外表面洗净。再向瓶内注入与上述水温相差不超过2℃的冷开水至瓶颈刻度线。塞紧瓶塞，擦干瓶外水分，称其质量（m_2）。

（4）试验结果及确定

按下式计算砂的表观密度（精确至0.01g/cm^3）。

$$\rho=\left(\frac{m_0}{m_0+m_2-m_1}-\alpha_t\right)\times\rho_w \tag{2.18}$$

式中，m_0——试样的烘干重量，g；

m_1——试样、水及容量瓶的总重，g；

m_2——水及容量瓶的总重，g；

α_t——不同水温下砂的表观密度修正系数，如表2.2所示；

ρ_w——水的密度，g/cm^3。

表 2.2 不同水温下砂的表观密度修正系数

水温/℃	15	16	17	18	19	20	21	22	23	24	25
α_t	0.002	0.003	0.003	0.004	0.004	0.005	0.005	0.006	0.006	0.007	0.008

按规定，表观密度应用两份试样平行测定两次，并以两次结果的算术平均值作为测定结果，如果两次测定结果的差值大于0.02g/cm^{3}时，应重新取样测定。

2. 石子表观密度试验（广口瓶法）

（1）主要仪器设备

广口瓶、烘箱、天平、筛子、浅盘、带盖容器、毛巾、刷子、玻璃片。

（2）试样制备

将试样筛去5mm以下的颗粒，用四分法（此方法见第6章，混凝土用骨料试验中的取样方法）缩分至不少于2kg，洗刷干净后，分成两份备用。

（3）试验方法及步骤

① 将试样300g左右浸入水饱和，然后装入广口瓶中。装试样时，广口瓶应倾斜放置，注入饮用水，用玻璃片覆盖瓶口，以上下左右摇晃的方法排除气泡。

② 气泡排尽后，向瓶中添加饮用水，直至水面凸出瓶口边缘。然后用玻璃片沿瓶口迅速滑行，使其紧贴瓶口水面。擦干瓶外水分后，称出试样、瓶和玻璃片总质量m_1，精确至1g。

③ 将瓶中试样倒入浅盘，放在烘箱中于（105±5）℃下烘干至恒重，待冷却至室温后，称出其质量m，精确至1g。

④ 将瓶洗净并重新注入饮用水，用玻璃片紧贴瓶口水面，擦干瓶外水分后，称出水、瓶和玻璃片总质量m_2，精确至1g。

（4）试验结果确定

表观密度按下式计算（精确至10kg/m^3）。

$$\rho_g=\left(\frac{m}{m+m_2-m_1}\right)\times\rho_w\times1000 \tag{2.19}$$

式中，ρ_g——石子表观密度，kg/m^3；

m_1——试样、水、瓶和玻璃片的总质量，g；

m——烘干试样质量，g；

m_2——水、瓶和玻璃片总质量，g；

ρ_w——水的密度，g/cm^3。

以两次检验结果的算术平均值作为测定值，如果两次结果之差大于$20kg/m^3$，可取4次试验结果的平均值。

2.3.3 材料体积密度检测

1. 规则几何形状试样（如砖）体积密度的测定

（1）主要仪器设备

游标卡尺、天平、烘箱、干燥器等。

（2）试样制备

将规则形状的试样放（105±5）℃的烘箱内烘干至恒重，取出放入干燥器中，冷却至室温待用。

（3）试验方法与步骤

① 用游标卡尺量出试样尺寸（试件为正方体或平行六面体时以每边测量上、中、下三个数值的算术平均值为准；试件为圆柱体，按两个垂直方向量其直径，各方向上、中、下量三次，以6次的平均值为准确定直径），并计算出其体积（V_0）。

② 用天平称量出试件的质量（m）。

（4）试验结果确定

按下式计算出表观密度ρ_0。

$$\rho_0 = \frac{m}{V_0} \tag{2.20}$$

式中，m——试样的质量，g；

V_0——试样体积（包括开口孔隙、闭口孔隙体积和材料绝对密实体积）。

2. 不规则形状试样（卵石等）体积密度的测定

对于形状不规则的试件，则须用排液置换法才能求其体积。如果被测试件溶于水或其吸水率大于0.5%，则试件须进行蜡封处理（蜡封法）。

（1）试验材料

将试件（建议用石灰石）破碎成长5～7cm的碎块3～5个。用毛刷刷去表面石粉，然后置于（105±5）℃烘箱内烘干至恒重，并在干燥器内冷却至室温。

（2）仪器与设备

液体静力天平（感量0.1g）、烘箱及干燥器、石蜡。

（3）试验方法及步骤

① 称出试件在空气中的质量m（精确至0.1g，以下同）。

② 将试件置于熔融石蜡中，1～2s后取出，使试件表面沾上一层蜡膜（膜厚不超过1mm）。如果蜡膜上有气泡，先用烧红的细针将其刺破，然后再用热针蘸蜡封住气泡口，

以防水分渗入试件。

③ 称出蜡封试件在空气中的质量m_1。

④ 称出蜡封试件在水中的质量m_2。

⑤ 检定石蜡的密度$\rho_{蜡}$（一般为0.93g/cm^3）。

（4）试验结果确定

按下式计算材料的体积密度ρ_0（精确至0.01g/cm^3）。

$$\rho_0 = \frac{m}{\dfrac{m_2 - m_1}{\rho_w} - \dfrac{m_1 - m}{\rho_{蜡}}} \tag{2.21}$$

式中，m——试件在空气中的质量，g；

m_1——蜡封试件在空气中的质量，g；

m_2——蜡封试件在水中的质量，g；

$\rho_{蜡}$——石蜡密度，g/cm^3。

试件的结构均匀时，以三个试件测定值的算术平均值作为试验结果，各个测定值的差不得大于0.02g/cm^3。如试件结构不均匀时，应以5个试件测定值的算术平均值作为试验结果，并注明最大、最小值。

2.3.4 材料堆积密度检测

堆积密度是指粉状或颗粒状材料，在堆积状态下，单位体积的质量。下面我们就以细骨料和粗骨料为例介绍两种堆积密度的测试方法。

1. 细骨料堆积密度的测定

（1）主要仪器设备

标准容器（容积为1L）、标准漏斗、磅秤、铝制料勺、烘箱、直尺等。

（2）试样制备

用四分法缩取3L试样放入浅盘中，将浅盘放入温度为（105±5）℃的烘箱中烘至恒重，取出冷却至室温，分为大致相等的两份备用。

（3）试验方法及步骤

① 称取标准容器的质量（m_1）

② 取试样一份，用漏斗和铝制料勺将其徐徐装入标准容器，直至试样装满并超出标准容器筒口。

③ 用直尺将多余的试样沿筒口中心线向两个相反方向刮平，称其质量（m_2）。

（4）试验结果确定

试样的堆积密度ρ_0'，按下式计算（精确至10kg/m^3）。

$$\rho_0' = \frac{m_2 - m_1}{V_0'} \times 1000 \tag{2.22}$$

式中，m_1——标准容器的质量，kg；

m_2——标准容器和试样总质量，kg；

V_0'——标准容器的容积，L。

2. 粗骨料堆积密度的测定

（1）主要仪器设备

容量筒（规格容积见表2.3）、平头铁锹、烘箱、磅秤。

表 2.3 容量筒的规格要求

碎石或卵石的最大粒径/mm	容量筒容积/L	容量筒规格/mm		筒壁厚度/mm
		内径	净高	
9.5，16.0，19.0，26.5	10	208	294	2
31.5，37.5	20	294	294	3
63.0，75.0	30	360	294	4

（2）试样制备

用四分法缩取不少于表2.4所示规定数量的试样，放入浅盘，在（105±5）℃的烘箱中烘干，也可以摊在洁净的地面上风干，拌匀后分成大致相等的两份备用。

表 2.4 松堆密度试验所需的试样最小数量

最大公称粒径/mm	9.5	16.0	19.0	26.5	31.5	63.0	75.0
试样质量/kg	40	40	40	40	80	120	120

（3）试验方法与步骤

① 称取容量筒质量 m_2。

② 取试样一份置于平整、干净的混凝土地面或铁板上，用平头铁锹铲起试样，使石子在距容量筒上口约5cm处自由落入容量筒内，容量筒装满后，除去凸出筒口表面的颗粒，并以比较合适的颗粒填充凹陷空隙部分，使表面稍凸起部分和凹陷部分的体积基本相等。

③ 称出容量筒连同试样的总质量 m_2。

（4）试验结果及确定

试样的堆积密度 ρ_0' 按下式计算（精确至0.01kg/m^3）：

$$\rho_0' = \frac{m_2 - m_1}{V_0'} \times 1000 \tag{2.23}$$

式中，m_1 ——标准容器质量，kg；

m_2 ——标准容器和试样总质量，kg；

V_0' ——标准容器的容积，L。

按规定，堆积密度应用两份试样平行测定两次，并以两次结果的算术平均值作为测定结果。

2.4 建筑材料的力学性质

材料的力学性质是指材料在外力作用下的变形性和抵抗破坏的性质，它是选用建筑材料时首要考虑的基本性质。

2.4.1 强度与比强度

1. 材料的强度

材料在荷载（外力）作用下抵抗破坏的能力称为材料的强度。

当材料受到外力作用时，其内部就产生应力，荷载增加，所产生的应力也相应增大，直至材料内部质点间结合力不足以抵抗所作用的外力时，材料即发生破坏。材料破坏时，达到应力极限，这个极限应力值就是材料的强度，又称极限强度。

强度的大小直接反映材料承受荷载能力的大小。由于荷载作用形式不同，材料的强度主要有抗压强度、抗拉强度、抗弯（抗折）强度及抗剪强度等，如表2.5所示。

表 2.5　　材料受力作用示意图及计算公式

强度	受力示意图	计算公式	附注
抗压强度 f_c/MPa	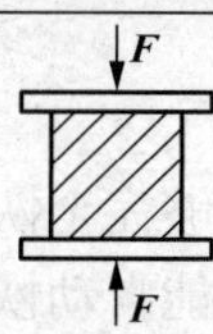	$f_c=\frac{F}{A}$	F——破坏荷载，N； A——受荷面积，mm^2； l——跨度，mm； b——试件宽度，mm； h——试件高度，mm。
抗拉强度 f_t/MPa	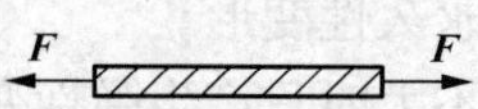	$f_t=\frac{F}{A}$	
抗剪强度 f_v/MPa	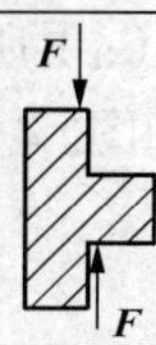	$f_v=\frac{F}{A}$	
抗弯强度 f_m/MPa	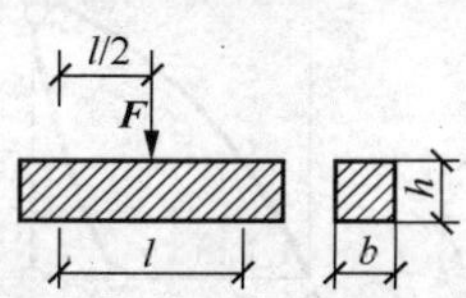	$f_m=\frac{3Fl}{2bh^2}$	

试验测定的强度值除受材料本身的组成、结构、孔隙率大小等内在因素的影响外，还与试验条件有密切关系，如试件形状、尺寸、表面状态、含水率、环境温度及试验时加荷速度等。为了使测定的强度值准确且具有可比性，必须按规定的标准试验方法测定材料的强度。

材料的强度等级是按照材料的主要强度指标划分的级别。掌握材料的强度等级，对合理选择材料，控制工程质量是十分重要的。

2. 材料的比强度

对于不同强度的材料进行比较，可采用比强度这个指标。比强度是按单位体积重量计算的材料强度，其值等于材料强度与其表观密度之比。比强度是衡量材料轻质高强性能的重要指标，优质的结构材料，必须具有较高的比强度。几种主要材料的比强度如表2.6所示。

表 2.6　　几种主要材料的比强度

材料	表观密度/（$kg\cdot m^{-1}$）	强度/MPa	比强度
低碳钢	7850	420	0.054
普通混凝土（抗压）	2400	40	0.017
松木（顺纹抗拉）	500	100	0.200
玻璃钢	2000	450	0.225
烧结普通砖（抗压）	1700	10	0.006

由表2.6所示可知，玻璃钢和木材是轻质高强的高效能材料，而普通混凝土为重量大而强度较低的材料，所以努力促进普通混凝土——这一当代最重要的结构材料向轻质、高强方向发展，是一项十分重要的工作。

2.4.2　弹性和塑性

材料在外力作用下产生变形，当外力取消后，能够完全恢复原来形状的性质称为弹性，这种变形称为弹性变形，其值的大小与外力成正比；不能自动恢复原来形状的性质称为塑性，这种不能恢复的变形称为塑性变形，塑性变形属永久性变形。

完全弹性材料是没有的。一些材料在受力不大时只产生弹性变形，而当外力达到一定限度后，即产生塑性变形，如低碳钢，其变形曲线如图2.4（a）所示。很多材料在受力时，弹性变形和塑性变形同时产生，如普通混凝土，其变形曲线如图2.4（b）所示。

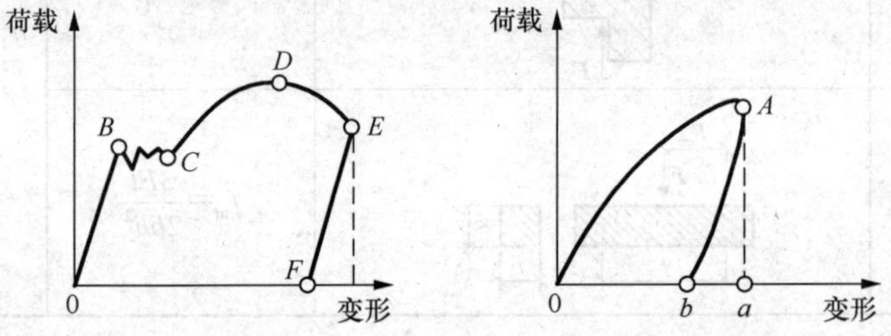

图2.4　弹性材料的变形曲线

2.4.3　脆性和韧性

材料受外力作用，当外力达到一定限度时，材料发生突然破坏，且破坏时无明显塑性变形，这种性质称为脆性，具有脆性的材料称为脆性材料。脆性材料的抗压强度远大于其抗拉强度，因此其抵抗冲击荷载或震动作用的能力很差。建筑材料中大部分无机非金属材料均为脆性材料，如混凝土、玻璃、天然岩石、砖瓦、陶瓷等。

材料在冲击荷载或震动荷载作用下，能吸收较大的能量，同时产生较大的变形而不破坏的性质称为韧性。材料的韧性用冲击韧性指标α_k表示。材料的韧性系指用带缺口的试件做冲击破坏试验时，断口处单位面积所吸收的功。其计算公式为

$$\alpha_k = \frac{A_k}{A} \tag{2.24}$$

式中，α_k——试件的冲击韧性指标，J/mm^2；

A_k——试件破坏时所消耗的功，J；

A——试件受力净截面积，mm^2。

在建筑工程中，对于要求承受冲击荷载和有抗震要求的结构，如吊车梁、桥梁、路面等所用材料，均应具有较高的韧性。

2.4.4 硬度和耐磨性

1. 硬度

硬度是指材料表面抵抗硬物压入或刻划的能力。

测定材料硬度的方法有多种，通常采用的有刻划法和压入法两种，不同材料其硬度的测定方法不同。刻划法常用于测定天然矿物的硬度，按硬度递增顺序分为10级，即滑石、心膏、方解石、萤石、磷灰心、正长石、石英、黄玉、刚玉、金刚石。钢材、木材及混凝土等的硬度常用压入法测定。

材料的硬度越大，则其耐磨性越好。工程中有时也可用硬度来间接推算材料的强度。

2. 耐磨性

耐磨性是材料抵抗磨损的能力，材料的耐磨性常用磨损率表示，其计算公式为

$$N = \frac{m_1 - m_2}{A} \tag{2.25}$$

式中，N——材料的磨损率，g/cm^2；

m_1、m_2——分别为材料磨损前、后的质量，g；

A——试件受磨面积，cm^2。

材料的耐磨性与材料的组成成分、结构、强度、硬度等有关。在建筑工程中，用作踏步、台阶、地面、路面等的材料，应具有较高的耐磨性。

2.5 建筑材料的耐久性

材料的耐久性是指用于建筑物的材料，在环境的多种因素作用下不变质、不破坏，长久地保持其使用性能的能力。

耐久性是材料的一种综合性质，诸如抗冻性、抗风化性、抗老化性、耐化学腐蚀性等均属耐久性的范围。

材料在使用过程中，除受到各种外力作用外，还长期受到周围环境因素和各种自然因素的破坏作用。这些破坏作用主要有以下几个方面。

（1）物理作用

物理作用包括环境温度、湿度的交替变化，即冷热、干湿、冻融等循环作用。材料经受这些作用后，将发生膨胀、收缩或产生应力，长期的反复作用，将使材料逐渐被破坏。

（2）化学作用

化学作用包括大气和环境水中的酸、碱、盐等溶液或其他有害物质对材料的侵蚀作用，以及日光、紫外线等对材料的作用。

（3）生物作用

生物作用包括菌类、昆虫等的侵害作用，导致材料发生腐朽、虫蛀等而破坏。

（4）机械作用

机械作用包括荷载的持续作用，交变荷载对材料引起的疲劳、冲击、磨损等。

耐久性是对材料综合性质的一种评述，它包括如抗冻性、抗渗性、抗风化性、抗老化性、耐化学腐蚀性等内容。对材料耐久性进行可靠的判断，需要很长的时间。一般采用快速检验法，这种方法是模拟实际使用条件，将材料在试验室进行有关的快速试验，根据实验结果对材料的耐久性做出判定。在试验室进行快速试验的项目主要有冻融循环、干湿循环、碳化等。

提高材料的耐久性，对节约建筑材料、保证建筑物长期正常使用、减少维修费用、延长建筑物使用寿命等，均具有十分重要的意义。

2.6 材料的装饰性

建筑装饰材料，一般是指内外墙面、地面和顶棚等的饰面材料。用装饰材料修饰主体结构的面层，能大大地改善建筑物的艺术形象，达到一定的艺术效果，使人们得到舒适和美的感受。

2.6.1 装饰材料的功能

1. 室外装修功能

室外装修的目的应兼顾建筑物的美观和对建筑物的保护作用。室外装修的效果是通过装修材料的质感、线条和色彩来表现的。质感就是材料质地的感觉，主要通过线条的粗细、凹凸面光线吸收和反射程度不一而产生的感观效果。这些方面都可以通过选用性质不同的装修材料或对同一种装修材料采用不同的施工方法而达到，例如，丙烯酸酯涂料，可以做成有光、平光、无光的，也可以做成凹凸、拉毛或彩砂的。

色彩不仅影响到建筑物的美观、城市的面貌，也与人类的心理和健康息息相关。色彩靠颜料来实现。因而应首先选用与周围环境相适应的、耐久性和稳定性好的着色颜料。

2. 室内装修功能

室内装修主要指内墙装修、地面装修和吊顶装修。室内内墙装修的目的是保护墙体材料，保证室内使用条件，创造一个舒适、美观而整洁的生活环境。同时也辅助墙体起到吸音、隔音的功能，如采用泡沫塑料壁纸，平均吸音系数可达0.05。

内墙的装饰效果同样也是由质感、线条和色彩三个因素构成。所不同的是，人与内饰面的距离比外墙面近得多，所以质感要细腻逼真，线条应该是细致的，色彩应根据主人的爱好及房间内在的性质决定，至于明亮度可以用浅淡明亮的也可以用平整无反光的装饰材料。

地面装饰的目的同样是为了保护基底材料或楼板，并达到装饰效能，满足使用要求。如人们对于钢筋混凝土楼板和混凝土地坪的感觉是硬、冷、灰、湿。例如，用木地板、塑料地板、高分子合成纤维地毯进行地面装修，可以使人感觉暖和舒适，同时也收到隔音、吸音效果。

2.6.2 装饰材料的选用

在选用装饰材料时，首先应从建筑物的使用要求出发。不仅要求装饰材料美观，而且要有多种功能，能长期保持它的特征，保持适宜的环境，并能有效地保护主体结构材料。

装饰材料用于不同的环境、不同的部位时，对它的要求也不同。因此在选用装饰材料时，应结合建筑物的特点，使之与室内外环境相协调。应使材料的颜色深浅合适，色调柔和美丽，应运用装饰材料的花纹、图案及材料的粗糙或细致、平滑或凹凸，巧妙地拼装成各种花式图案，最大限度地表现装饰材料的装饰效果。例如，用金黄色琉璃瓦做屋面的北京故宫，金碧辉煌，熠熠生辉，使宫殿显得富丽堂皇；广州火车站一带的建筑群，用浅淡色调的材料涂喷或镶贴于墙面，使建筑物的艺术造型与气候相适应，与绿化相融合，更显出南方城市的轻快流畅，幽雅宜人。

复习思考题

1. 何谓材料的密度、表观密度和堆积密度？如何计算？

2. 何谓材料的亲水性和憎水性？材料的耐水性如何表示？

3. 材料的孔隙率与孔隙特征对材料的表观密度、吸水、吸湿、抗渗、抗冻、强度及保温隔热等性能有何影响？

4. 材料的密度、表观密度、堆积密度是否随其含水量的增加而加大？为什么？

5. 何谓材料的耐久性？它包括哪些内容？

6. 何谓材料的强度？根据外力作用方式不同，各种强度如何计算？其单位如何表示？

7. 某地红砂岩，已按规定将其磨细，过筛。烘干后称取50g，测得其体积为18.9cm^3。另有卵石经洗净烘干后称取1000g，将其浸水饱和后用布擦干。又用广口瓶盛满水，连盖称得其重790g，然后将卵石装入，再连盖称重为1409g，水温为25℃，求红砂岩及卵石的密度。

8. 某一块状材料的全干质量为100g，自然状态体积为40cm^3，绝对密实状态下的体积为33cm^3，试计算其密度、表观密度、密实度和孔隙率。

第3章 建筑石材

建筑石材是指建筑工程上使用的岩石。天然石材作为结构材料来说，具有较高的强度、硬度及耐磨、耐久等优良性能；同时，天然石材的饰面能对建筑物起保护与装饰作用。因此，自古以来石材就是相当重要的结构与装饰材料。

石材制成的制品具有多种用途，可以用作衬面材料、台阶、栏杆、纪念碑等；未加工的毛石可以用来砌筑基础、挡土墙、堤岸、护坡、隧道衬砌等；散粒状石材可以用作混凝土和砂浆的骨料以及筑路材料。此外，石材还可以作为生产建筑材料的原料，用来生产水泥、玻璃、陶瓷、石灰、石膏以及砖、瓦等。还有些岩石可以用来制作绝热材料，如矿棉、岩棉以及蛭石和珍珠岩。有些岩石还可以作为混合材料掺入硅酸盐水泥中。

由于现代开采与加工技术的进步，使得石材在现代建筑中，特别是在建筑装饰中得到了广泛的应用。

本章重点是了解常用建筑石材的品种、性能和应用范围。通过对天然石材形成过程的了解，认识岩石的形成条件对其结构、构造和性质的影响，理解材料的组成、结构与技术性能之间的关系，能正确、经济地选用石材。

学习目标

- 了解岩石的组成与分类。
- 了解岩石的构造与性能。
- 熟悉常用石材。
- 熟悉建筑石材的规格。
- 掌握建筑石材的选用原则。

3.1 岩石的组成与分类

3.1.1 岩石的组成

构成岩石的主要造岩矿物有石英、长石、云母、角闪石、辉石、橄榄石、方解石、白云石等。

1. 石英

石英的化学成分为二氧化硅（SiO_2），它分为晶质与非晶质两种结构。颜色由白色至烟灰色，少数呈红色。石英在自然界中分布很广。含有石英的岩石有砂岩、石英岩、花岗岩及其他岩浆岩与变质岩。石英的硬度很高并具有极高的抗压强度和抗风化能力。所以含石英颗粒的岩石往往具有高的力学强度和耐磨硬度，同时大气稳定性也好。但是岩石中石英含量过多时，会使石料的脆性增加。

2. 长石

长石为结晶的铝硅酸盐。长石有正长石和斜长石之分。正长石的化学成分是$KAlSi_3O_8$，晶体呈短柱状和厚板状，常见的为粒状或块状，密度为2.50～2.60g/cm^3，颜色呈肉红色、褐黄色。斜长石有钠长石$NaAlSi_3O_8$和钙长石$CaAlSi_3O_8$两种。晶体呈柱状，常见的为粒状或柱状。密度为2.61～2.76g/cm^3，颜色为灰白色和浅红色。长石强度比石英低，稳定性不及石英，易风化成高岭土。

3. 云母

云母可分为钾云母（白云母）和镁铁云母（黑云母）。白云母透明，几乎无色，化学稳定性好；黑云母色黑易风化。云母的真密度为2.8～2.9g/cm^3。在许多岩浆岩和变质岩中都含有云母。云母是花岗岩的主要成分。某些沉积岩也含有云母。当石料中含有大量云母时，云母使石料具有层理，且降低其力学性能与大气稳定性。加工时表面不易磨光。

4. 角闪石、辉石、橄榄石

角闪石、辉石、橄榄石均为结晶的铁镁硅酸盐。晶体为粒状、柱状，密度为3.0～4.0g/cm^3，颜色为暗绿或黑色，常称为暗色矿物。这些造岩矿物强度高，韧性好，耐久性好。岩石中暗色矿物含量增多，其强度和耐久性也随之提高，但也给加工造成了困难。

5. 方解石

方解石是晶状碳酸钙。纯方解石为无色，当含有黏土或其他物质时具有淡黄色、灰色或其他颜色。这种矿物的强度中等，密度为2.70g/cm^3，遇稀酸产生泡沫，是沉积岩中相当普遍的造岩矿物，也是石灰岩的主要成分。

6. 白云石

白云石为结晶的碳酸钙镁复盐（$MgCO_3 \cdot CaCO_3$），密度为2.90g/cm^3，呈白色或灰色，强度高于方解石，物理性质与方解石接近，但硬度和密度较大，白云石只有在热盐酸中或在粉末状态时才会产生泡沫。

各种造岩矿物的技术性质见表3.1。

表 3.1　各种造岩矿物的技术性质

矿物成分	技术性质
石英	无色透明，对于酸碱非常稳定，真密度 2.65g/cm^3，熔点 1600℃，莫氏硬度 7
正长石 斜长石	白色，但由于含微量铁，故也有陶红色，主要有正、斜长石，肉眼难以区别，稳定性比石英差，是造岩矿物中最多的一种，真密度为 2.6～2.7 g/cm^3，莫氏硬度 6
白云母 黑云母	有黑白两种，解理完全，白云母稳定性好，黑云母稳定性差。真密度：白云母 2.8 g/cm^3，黑云母 2.9g/cm^3，莫氏硬度 2.5

续表

矿物成分	技术性质
角闪石和辉石类	在化学成分上两者都有同种情况，结晶类型相同，颜色都是黑色，稳定性差。真密度：角闪石 2.8 g/cm³，辉石 2.9g/cm³，莫氏硬度 5～6
橄榄石	暗绿色，稳定性差，真密度 3.2～3.5g/cm³，莫氏硬度 7
方解石	无色透明，但多数颜色淡，真密度 2.7 g/cm³，莫氏硬度 3，易溶于酸

3.1.2 岩石的分类

天然石材是由岩石经加工而制得的。岩石按地质形成条件可分为火成岩、沉积岩和变质岩，如图3.1所示。

1. 火成岩

火成岩（见图3.1（a））又称为岩浆岩，是岩浆冷却凝固而成的岩石。火成岩又可分成深成岩、喷出岩、火山岩。在地壳深处形成的深成岩，如花岗岩，硬度大、强度高、吸水率小、加工难度大。喷出岩如玄武岩、绿辉岩、安山岩，其呈微晶或玻璃体结构，与花岗岩相比易风化。火山岩、浮石等是火山喷发的产物，表观密度小、多孔、硬度小、强度低。

(a) 火成岩　　(b) 沉积岩

(c) 变质岩

图3.1　岩石

2. 沉积岩

沉积岩（见图3.1（b））又称水成岩，是母岩经过风化后，再经过搬运、沉积和再造岩作用而形成的岩石。沉积岩根据沉积的方式，可分为机械沉积岩，如页岩、砂岩等、砾岩；化学沉积岩，如石膏、菱镁矿、石灰石等；生物沉积岩，如石灰岩、白垩、硅藻土等。

3. 变质岩

变质岩（见图3.1（c））是原生的火成岩和沉积岩经过地质上的变质作用而形成的岩石。变质作用是原生的岩石在地壳内部的高温、高压、炽热气体及渗入岩石中的水溶液的作用下，矿物重新再结晶，有时还可能生成新矿物，岩石的结构和性能发生较深刻的变化。

3.2 岩石的构造与技术性质

3.2.1 岩石的结构

岩石的结构是指岩石中矿物的结晶程度、颗粒大小、形态及结合方式的特征。岩石的构造是指岩石中矿物集合体之间的排列或组合方式，或矿物集合体与其他组成物质之间结合的情况。岩石的构造类型主要有以下几种。

1. 气孔状构造

岩浆中含有一些易挥发的成分，当岩浆上升至地面或喷出地表，由于温度和压力剧减，便形成气体逸出，待岩浆凝固后便留下了气孔。气孔构造是火山喷出岩的典型构造。

气孔构造的岩石孔隙率大、强度低、吸水率大、表观密度低，由于轻质多孔而导热差，宜作墙体材料或轻质集料。多孔状构造岩石有浮石、玄武岩、火山凝灰岩等，如图3.2所示。

(a) 浮石　　(b) 玄武岩　　(c) 火山凝灰岩

图3.2　气孔状构造岩石

2. 块状构造

块状构造的岩石是由无序排列、分布均匀的造岩矿物所组成的一种构造。岩浆岩中的深成岩和部分变质岩具有块状构造，但变质岩的结晶在再造过程中经重结晶作用，其块状构造颗粒呈变晶，故晶体结构与岩浆岩有区别。

块状构造的岩石具有成分均匀、构造致密、整体性好的特点，因此这类岩石强度高、表观密度大、吸水率小、抗冻性和耐久性好。它是良好的承重和装饰材料。属于块状构造的岩石有花岗岩、大理岩等，如图3.3所示。

(a) 花岗岩

(b) 大理岩

图3.3　块状构造的岩石

3. 层片状构造

组成岩石的物质其矿物成分、结构和颜色等特征沿垂直方向一层一层变化而形成层状构造。层理是沉积岩所具有的一种重要的构造特征，部分变质岩由于受变质作用而形成片理构造。

层片状构造的岩石，由于层理、片理变化，整体性差。各层的物理、力学性能不同，垂直于层理方向的抗压强度远高于平行层理方向的抗压强度。各层联接处易被水或有害液体侵蚀而导致风化和破坏。但具有层理、片理的岩石易于开采和加工。建筑上多用于人行通道、踏步和屋面板等。板岩、片麻岩等均为层片状构造，如图3.4所示。

(a) 板岩

(b) 片麻岩

图3.4　层片状构造的岩石

3.2.2 建筑石材的技术性质

建筑石材的技术性质可分为物理性质、力学性质和工艺性质。

1. 物理性质

（1）表观密度

石材表观密度与其矿物孔隙率有关。致密的石材，如花岗岩、大理岩等，表观密度一般为

2500～3100kg/m^3。而孔隙率较大的石材，如火山凝灰岩等，其表观密度为500～1700kg/m^3。

天然石材根据表现密度大小可分为：

① 轻石材。表观密度小于1800kg/m^3，多用作墙体材料。

② 重石材。表观密度大于1800kg/m^3，主要用于建筑物的结构部位，如建筑物基础、桥墩及水工构筑物、砌墙材料等，还可用于墙面、地面装饰。

（2）吸水性

吸水性主要与石材的孔隙率及孔隙特征有关，同时还与其矿物组成、湿润性及浸水条件有关。

吸水率低于1.5%的岩石称为低吸水性岩石，吸水率为1.5%～3.0%的岩石称为中吸水性岩石，吸水率高于3.0%的岩石称高吸水性岩石。

岩浆深成岩以及许多变质岩，它们的孔隙率都很小，故而吸水率也很小，如花岗岩的吸水率通常小于0.5%。沉积岩由于形成条件、密实程度与胶结情况有所不同，因而孔隙率与孔隙特征的变动很大，这导致石材吸水率的波动也很大，例如，致密的石灰岩，它的吸水率可小于1%，而多孔的贝壳石灰岩吸水率可高达15%。

石材的吸水性对其强度和耐水性有很大影响。石材吸水后，会导致结构减弱，颗粒之间的黏结力降低，因而强度降低。石材的吸水性还与其他一些性质，如导热性、抗冻性等密切相关。

（3）耐水性

石材的耐水性以软化系数表示。岩石中含有较多的黏土或易溶物质时，软化系数较小，则耐水性较差。石材的耐水性按软化系数大小分为高、中、低3个等级。软化系数大于0.90为高耐水性石材，软化系数在0.70～0.90的为中耐水性石材，软化系数在0.60～0.70的为低耐水性石材。软化系数低于0.80的石材，一般不允许用于重要建筑。

（4）抗冻性

石材的抗冻性与石材的吸水性、矿物组成及冻结温度密切相关。吸水率越低、抗冻性越好，例如，坚硬、致密的花岗岩、石灰岩、砂岩等岩石的抗冻性能很好。冻结温度越低或冷却速度越快，则冻结破坏的速度越快，破坏程度也越大。

石材的抗冻性是根据石材在吸水饱和状态下能经受的冻融循环次数（若无贯穿裂缝，且质量损失不超过5%，强度降低不大于25%时，则认为抗冻性合格）来表示。根据能经受的冻融循环次数，可将石材分为：5、10、15、25、50、100及200等标号。根据经验，吸水率小于0.5%的石材被认为是抗冻的，可不进行抗冻试验。

（5）耐热性

石材的耐热性与其化学成分及其矿物组成有关。含有石膏的石材，在100℃以上时开始破坏；含有碳酸镁的石材，温度高于725℃会发生破坏；含有碳酸钙的石材，温度达827℃时开始破坏。由石英与其他矿物所组成的结晶石材如花岗岩等，当温度达到700℃以上时，由于石英受热发生膨胀，强度会迅速下降。

（6）导热性

石材的导热性主要与其致密程度有关。重质石材导热系数可达2.91～3.49W/（m·K）；轻质石材的导热系数则为0.23～0.70 W/（m·K）。具有封闭孔隙的石材，导热性差。相同成分的石材，玻璃态比结晶态的导热系数小。

2. 力学性质

建筑石材的力学性质主要包括抗压强度、冲击韧性、硬度和耐磨性等。

（1）抗压强度

石材的抗压强度，以三个边长为70mm的立方体试块的抗压破坏强度的平均值表示。根据抗压强度值的大小，石材共分九个强度等级：MU100、MU80、MU60、MU50、MU40、MU30、MU20、MU15和MU10。抗压试件也可采用表3.2所示各种边长尺寸的立方体，但应对其试验结果乘以相应的换算系数。

表 3.2　石材强度等级换算系数

立方体边长/mm	200	150	100	70	50
系数	1.43	1.28	1.14	1	0.86

（2）冲击韧性

石材的冲击韧性决定于岩石的矿物组成与构造。石英岩、硅质砂岩脆性较大。含暗色矿物较多的辉长岩、辉绿岩等具有较高的韧性。通常，晶体结构的岩石较非晶体结构的岩石具有较高的韧性。

（3）硬度

石材的硬度取决于石材的矿物组成的硬度与构造。凡由致密、坚硬矿物组成的石材，其硬度就高。岩石的硬度以莫氏硬度表示。

（4）耐磨性

耐磨性是指石材在使用条件下抵抗摩擦、边缘剪切以及冲击等复杂作用的能力。石材的耐磨性包括耐磨损与耐磨耗两方面。凡是用于可能遭受磨损作用的场所，如台阶、人行道、地面、楼梯踏步等和可能遭受磨耗作用的场所，如道路路面的碎石等，都应采用具有高耐磨性的石材。

3. 工艺性质

石材的工艺性质，主要指其开采和加工过程的难易程度及可能性，包括加工性、磨光性与抗钻性等。

（1）加工性

石材的加工性，主要是指对岩石开采、锯解、切割、凿琢、磨光和抛光等加工工艺的难易程度。凡强度、硬度、韧性较高的石材，不易加工；质脆而粗糙，有颗粒交错结构，含有层状或片状构造，以及业已风化的岩石，都难以满足加工要求。

（2）磨光性

指石材能否磨成平整光滑表面的性质。致密、均匀、细粒的岩石，一般都有良好的磨光性，可以磨成光滑亮洁的表面。疏松多孔、有鳞片状构造的岩石，磨光性不好。

（3）抗钻性

指石材钻孔时，其难易程度的性质。影响抗钻性的因素很复杂，一般石材的强度越高、硬度越大，越不易钻孔。

3.3 常用建筑石材

1. 花岗岩

花岗岩属于深成火成岩，是火成岩中分布最广的岩石，其主要矿物组成为长石、石英和少量云母等。它为全晶质，有细粒、中粒、粗粒、斑状等多种构造，属块状构造，但以细粒构造性质为好。它通常有灰、白、黄、粉红、红、纯黑等多种颜色，具有很好的装饰性。

花岗岩的体积密度为2500～2800kg/m^3，抗压强度为120～300MPa，孔隙率低，吸水率为0.1%～0.7%，耐磨性好、抗风化性及耐久性高、耐酸性好，但不耐火。

花岗岩主要用于基础、挡土墙、勒脚、踏步、地面、外墙饰面、雕塑等，属高档装饰材料。破碎后可用于配制混凝土。此外花岗岩还可用于耐酸工程。

2. 石灰岩

石灰岩俗称青石，属沉积岩，分布极广，主要由方解石组成，常含有一定数量的白云石、菱镁矿（碳酸镁晶体）、石英、黏土矿物等。它有密实、多孔和散粒构造，密实构造的即为普通石灰岩。石灰岩常呈灰、灰白、白、黄、浅红色、黑、褐红等颜色。

密实石灰岩的体积密度为2000～2600kg/m^3、抗压强度为20～120MPa。当含有的黏土矿物超过4%时，抗冻性和耐水性显著降低，当含有较多的氧化硅时，强度、硬度和耐久性提高。石灰岩遇稀盐酸时强烈起泡，硅质和镁质石灰岩起泡不明显。

石灰岩可用于大多数基础、墙体、挡土墙等石砌体。破碎后可用于混凝土。石灰岩也是生产石灰和水泥等的原料。石灰岩不得用于酸性水或二氧化碳含量多的水中，因方解石会被酸或碳酸溶蚀。

3. 大理岩

大理岩属副变质岩，由石灰岩或白云岩变质而成，主要矿物组成为方解石、白云石。具有等粒、不等粒、斑状结构，属块状构造。常呈白、浅红、浅绿、黑、灰等颜色（斑纹），抛光后具有优良的装饰性。白色大理石又称汉白玉。

大理岩的体积密度为2500～3800kg/m^3、抗压强度为100～300MPa，易于雕琢磨光。城市空气中的二氧化硫遇水后对大理岩中的方解石有腐蚀作用，即生成易溶的石膏，从而使表面变得粗糙多孔，并失去光泽。但大理岩吸水率小、杂质少、晶粒细小、纹理细密、质地坚硬，特别是白云岩或白云质石灰岩变质而成的某些大理岩也可用于室外，如汉白玉、艾叶青等。

大理岩主要用于室内的装饰，如墙面、柱面及磨损较小的地面、踏步等。

4. 玄武岩

玄武岩属于喷出岩，由辉石和长石组成。它为细粒或斑状构造、或块状和气孔状构造。玄武岩的体积密度为2900～3300kg/m^3、抗压强度为100～300MP，脆性大、抗风化性较强。玄武岩主要用于基础、梁等石砌体，破碎后可作为高强混凝土的骨料。

5. 辉长岩、闪长岩、辉绿岩

辉长岩和闪长岩属于深成岩，辉绿岩属于浅成岩，由长石、辉石和角闪石等组成。三者的体积密度均较大，为2800～3000kg/m^3，抗压强度为100～280MPa，耐久性及磨光性好。常呈深灰、浅灰、黑灰、灰绿、黑绿色等颜色和斑纹。除用于基础等石砌体外，还可用作名贵的装饰材料。

6. 砂岩

砂岩属于碎屑沉积岩，主要由石英组成。根据胶结物的不同分为下面几种。

① 硅质砂岩：氧化硅胶结而成。呈白、淡灰、淡黄、淡红色，强度可达300MPa，耐磨性、耐久性、耐酸性高，性能接近于花岗岩。可用于各种装饰及浮雕、踏步、地面及耐酸工程。

② 钙质砂岩：由碳酸钙胶结而成，为砂岩中最常见和最常用的。呈白、灰白色，强度较大，但不耐酸。可用于大多数工程。

③ 铁质砂岩：氧化铁胶结而成，常呈褐色，性能较差，密实的可用于一般工程。

④ 黏土质砂岩：黏土胶结而成，易风化、耐水性差，甚至会因水作用而溃散。一般不用于建筑工程。

7. 片麻岩

片麻岩属正变质岩，由花岗岩变质而成。它呈片状构造，各向异性。在冰冻作用下易成层剥落。抗压强度为120～250MPa（垂直解理方向）。片麻岩可用于一般建筑工程的基础、勒角等石砌体，也可用作混凝土骨料。

8. 石英岩

石英岩属副变质岩，由硅质砂岩变质而成。它的结构致密均匀、坚硬、加工困难、非常耐久、耐酸性好、抗压强度为250～400MPa。石英岩主要用于纪念性建筑等的饰面以及耐酸工程。使用寿命可达千年以上。

3.4 建筑石材的规格

1. 料石

外形规则（毛料石除外），截面的宽度、高度不小于200mm，且不小于长度的1/4。通常用质地均匀的岩石，如砂岩和花岗岩加工而成。按加工程度的粗细，又分为：

① 细料石。叠砌面的凹入深度不大于10mm。

② 半细料石。叠砌面的凹入深度不大于15mm。

③ 粗料石。叠砌面的凹入深度不大于20mm。

④ 毛料石。外形大致方正，一般不加工或稍加修正，高度不小于200mm，叠砌面凹入深度不大于25mm。

根据加工程度的不同，料石可以用于建筑物的外部装饰、勒脚、台阶、砌体、石拱等。

2. 毛石

毛石是形状不规则，中部厚度不小于200mm的石材。它主要用于基础、挡土墙、毛石混凝土等。

3. 板材

装饰用石材多为板材，且主要为大理石板材和花岗石板材。按板材的形状，主要有普通板材、异形板材。按板材的表面加工程度，分为以下三种。

① 粗面板材。表面平整粗糙，具有较规则的加工条纹的机刨板、剁斧板、锤击板等。

② 细面板材。表面平整，光滑的板材。

③ 镜面板材。表面平整，具有镜面光泽的板材。大理石板材一般均为镜面板材。

板材的长度和宽度范围一般为300～1200mm，厚度为10～30mm。

板材还根据尺寸偏差、平面度允许极限偏差、角度允许极限偏差、外观质量、镜面光泽度等，分为优等品、一等品、合格品三个等级。

粗面板材和细面板材一般只用于室外墙面、地面、台阶、柱面等，细面板材既可用于室外，还可用于室内。但大理石板材只适合用于室内。

3.5 建筑石材选用原则

建筑工程选用石材时，应根据建筑物的类型、使用要求和环境条件，再结合地方资源进行综合考虑，所选石材应满足适用、经济和美观等几方面的要求。因此在选用石材时应从以下几个方面考虑石材的选择。

1. 适用性

适用性是指在选用建筑石材时，应针对建筑物不同部位，选用满足技术要求的石材。例如，对于结构用石材，主要要求指标是石材的强度、耐水性、抗冻性等；对饰面用石材，主要技术要求是尺寸公差、表面平整度、光泽度、外观缺陷等，而强度及其他物理力学性能则不作规定，或仅供参考；对于要求耐磨、耐酸等专用石材，应分别就其耐磨、耐酸等性能，提出具体的要求。

2. 经济性

由于石材自重大，开采运输不方便，不宜长途运输，故应贯彻就地取材原则，以可缩短运距，减少劳动强度，降低成本。同时，岩石一般均质地坚硬，雕琢加工困难，加工时费工耗时，成本高。一些名贵石材，价格高昂。因此选材时必须予以多重考虑。

3. 色彩

石材装饰必须要与建筑环境相协调，其中色彩相融性尤其重要，因此选用石材时，必须认真考虑所选石材的颜色与纹理，力争取得最佳装饰效果。

4. 安全性

由于天然石材是构成地壳的基本物质，因此可能存在含有放射性的物质。石材中的放射性物质主要是指镭、钍等放射性元素，在衰变中会产生对人体有害的物质。

复习思考题

1. 岩石在建筑工程中有哪些用途？试举例说明。
2. 按地质成因，岩石可分为哪几类？各有何特征？
3. 一般岩石应具有哪些主要的技术性质？
4. 常用石材有哪些？各具有什么特性？宜用在工程的哪些部位？
5. 在建筑工程中合理选用建筑石材应遵循哪些原则？

第4章 气硬性无机胶凝材料

在建筑工业中常常将散粒材料（如砂和石子）或块状材料（如砖和石块）黏结成为整体，具有这种黏结作用的材料，统称为胶凝材料。胶凝材料按其化学成分可分为有机胶凝材料和无机胶凝材料。无机胶凝材料按其硬化时的条件又可分为：气硬性胶凝材料与水硬性胶凝材料。气硬性胶凝材料只能在空气中硬化，并保持或继续发展其强度，在水中会发生水解或溶解，因此只适用于在干燥环境下使用，如石灰、石膏、水玻璃等；水硬性胶凝材料不仅能在空气中，而且能很好地在水中硬化，保持并持续发展其强度，例如，各种水泥，水硬性胶凝材料既适用于地上，又可用于地下或水中环境。

本章主要介绍建筑石膏、石灰和水玻璃等气硬性无机胶凝材料的生产工艺、技术性质和应用内容。本章的学习目的，是使读者了解这三种气硬性无机胶凝材料的特性和用途，能在工程实践中合理地使用这些材料。

学习目标

- 了解建筑石膏的特性和用途。
- 了解石灰的特性和用途。
- 了解水玻璃的特性和用途。

4.1 建筑石膏

石膏作为建筑胶凝材料有着悠久的历史，石膏作为建筑材料在建筑工程中有着广泛的应用，其主要的优点是原料丰富，生产能耗低，不污染环境等，其主要的缺点是强度不高、不耐水，但可以通过改性或复合来加以改进。

4.1.1 建筑石膏的原料及其生产工艺

1. 建筑石膏的原料

生产石膏胶凝材料的原料有天然二水石膏（$CaSO_4 \cdot 2H_2O$）、天然无水石膏（$CaSO_4$）或含有硫酸钙成分的工业废料等。

天然二水石膏又称生石膏，是生产石膏胶凝材料的主要原料。它是一种外观常呈针状、片状或板状的白色或透明无色的矿物，密度为2.2～2.4g/cm^3。天然无水石膏因为质地较硬，故又称为硬石膏，常与二水石膏伴生，其密度为2.9～3.0 g/cm^3。天然石膏中常含有杂质，有时会呈现红、黄、褐、灰等不同颜色。

化学工业中含有硫酸钙成分的副产品与废渣，也常用作生产石膏的原料，其中应用较多的有磷石膏、氟石膏、硼石膏、芒硝石膏、制盐石膏等。

2. 建筑石膏的生产

石膏胶凝材料的主要生产工序是破碎、加热与磨细。

加热的目的是使天然二水石膏脱水。加热是在窑炉中进行煅烧，或是在密闭的蒸压釜中进行蒸炼。加热的温度与条件不同，可以得到不同性质的产品。

建筑石膏是以β型半水石膏为主要成分，不加任何外加剂的白色粉状胶结料。它是将天然二水石膏或化工石膏加热至107℃～170℃时，经脱水转变而成，其反应方程式如下。

$$CaSO_4 \cdot 2H_2O \rightarrow CaSO_4 \cdot \frac{1}{2}H_2O + \frac{3}{2}H_2O$$

在该加热阶段，若加热条件不同，所获得的半水石膏有α型和β型2种形态。若将二水石膏在非密闭的窑炉中加热脱水，可得到β型半水石膏，即建筑石膏。其晶体较细、调制成一定稠度的浆体时，需水量较大、因而强度较低。

若将二水石膏置于具有0.13MPa、124℃的过饱和蒸汽条件下蒸炼，在压蒸时掺入结晶转化剂十二烷基磺酸钠、十六烷基磺酸钠和木质素磺胺钙，可获得晶粒较粗、较致密的α型半水石膏，这就是高强石膏。

当加热温度为170℃～200℃时，石膏继续脱水，成为可溶性硬石膏，与水调和后仍能很快凝结硬化；当加热温度升高到200℃～250℃时，石膏中残留很少的水，凝结硬化非常缓慢；当加热高于400℃，石膏完全失去水分，成为不溶性硬石膏，失去凝结硬化能力，成为死烧石膏；当温度高于800℃时，部分石膏分解出的氧化钙起催化作用，磨细后的产品称为高温煅烧石膏，又重新具有凝结硬化性能，硬化后有较高的强度和耐磨性，抗水性也较好，也称地板石膏。

4.1.2 建筑石膏的凝结与硬化

建筑石膏能与水起水化反应，重新生成二水石膏，其反应式为：

$$CaSO_4 \cdot \frac{1}{2}H_2O + \frac{3}{2}H_2O \rightarrow CaSO_4 \cdot 2H_2O$$

建筑石膏与适量水拌和后，会发生溶解，很快形成饱和溶液。溶液中的半水石膏经过水化，会生成二水石膏。由于二水石膏在水中的溶解度（20℃为2.05g/L）比半水石膏的溶解度（20℃为8.16g/L）小得多，所以半水石膏的饱和溶液，对二水石膏来说，则成了过饱和溶液，因而，二水石膏会很快从过饱和溶液中以胶体微粒析出。而半水石膏不断溶解水化，石膏浆体中的自由水分逐渐减少，二水石膏的胶体微粒数量则不断增多，浆体逐渐变稠，颗粒之间的摩阻力与黏结力逐渐增大，可塑性逐渐降低，产生“凝结”现象。其后，随着水分的进一步蒸发，晶体长大，互相接触，连生与交错，形成结晶结构网，使浆体逐渐变硬，产生强度，直至完全干燥，强度停止发展，这就是石膏的“硬化”过程（见图4.1）。

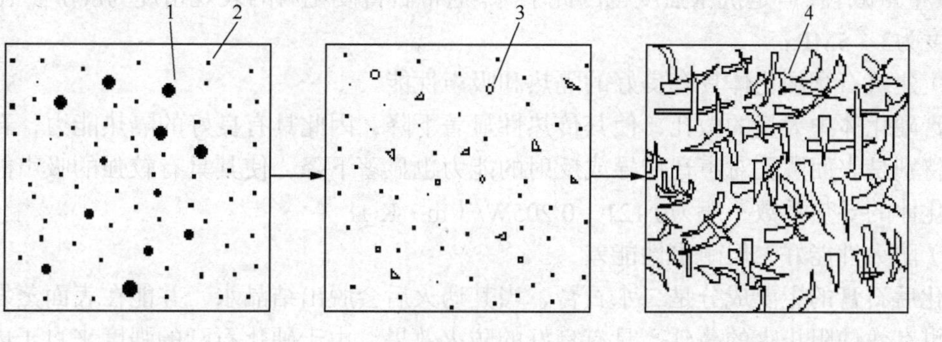

图4.1　建筑石膏凝结硬化示意图

1—半水石膏；2—二水石膏胶体微粒；3—二水石膏晶体；4—交错的晶体

4.1.3　建筑石膏的技术性质及应用

1．建筑石膏的质量标准

为满足建筑工程对石膏的技术要求，国家标准《建筑石膏》（GB/T 9776—2008）对其2h抗折强度、抗压强度的大小和细度以及初凝时间、终凝时间进行了限定，并将建筑石膏按2h强度（抗折）分为3.0、2.0和1.6三个等级，建筑石膏的物理力学性能应符合表4.1所示的要求。

表 4.1　建筑石膏的物理力学性能

等级	细度（0.2mm 方孔筛筛余）/%	凝结时间/min		2h 强度/MPa	
		初凝	终凝	抗折	抗压
3.0	≤10	≥3	≤30	≥3.0	≥6.0
2.0				≥2.0	≥4.0
1.6				≥1.6	≥3.0

2．建筑石膏的特性

（1）建筑石膏的凝结硬化速度快

建筑石膏的浆体，即使在不采取其他措施的情况下，其凝结硬化速度也很快。一般石膏的初凝时间仅为10min左右，终凝时间不超过30min，这对于普通工程施工操作十分方便。有时需要操作时间较长，可加入适量的缓凝剂，如动物胶、亚硫酸盐酒精废液等。

（2）建筑石膏凝结硬化时的体积稳定

建筑石膏凝结硬化是石膏吸收结晶水后的结晶过程，其体积不仅不会收缩，而且还稍有膨胀，这种膨胀不会对石膏造成危害，还能使石膏的表面较为光滑饱满，棱角清晰完整，避免了普通材料干燥时的开裂。

（3）建筑石膏硬化后孔隙率较大，重量轻，但强度低

建筑石膏在使用时，为获得良好的流动性，常加入的水分要比水化所需的水量多，因此，石膏在硬化过程中由于水分的蒸发，使原来的充水部分空间形成孔隙，造成石膏内部的大量微

孔，使其重量减轻，但是抗压强度也因此下降。通常石膏硬化后的表观密度为800 ～1000 kg/m^3，抗压强度为3～5MPa。

（4）建筑石膏硬化体具有良好的隔热和吸声性能

石膏硬化体中大量的微孔，使其传热性显著下降，因此具有良好的隔热能力；石膏的大量微孔，特别是表面微孔对声音传导或反射的能力也显著下降，使其具有较强的吸声能力。建筑石膏硬化体的导热系数一般为0.121～0.205W/（m·K）。

（5）防火性能好，但耐水性能差

硬化后石膏的主要成分是二水石膏，当其遇火后会脱出结晶水，并能在表面蒸发形成水蒸气幕，可有效地阻止火的蔓延，具有良好的防火效果。由于硬化石膏的强度来自于内部结晶体粒子间的黏结力，当遇水后，粒子间连接点的黏结力可能被削弱，甚至可能使部分二水石膏溶解而产生局部溃散，所以建筑石膏硬化体的耐水性较差，通常其软化系数为0.3～0.45。这就限制了建筑石膏的使用条件。

（6）有良好的装饰性和可加工性

石膏不仅表面光滑饱满，而且质地细腻，颜色洁白、所以具有良好的装饰性。石膏的微孔结构使其脆性有所改善，硬度也较低，所以硬化石膏可锯、可钉、可刨、易于连接，具有良好的可加工性。

[工程实例分析]

石膏饰条粘贴失效

现象：将石膏粉拌水成为一桶石膏浆，用以在光滑的天花板上直接粘贴，石膏饰条前后半小时完工。几天后最后粘贴的两条石膏饰条突然坠落，请分析原因。

分析讨论：① 建筑石膏拌水后一般于数分钟至半小时左右凝结，后来粘贴石膏饰条的石膏浆已初凝，导致黏结性能差。解决办法：可掺入缓凝剂，延长凝结时间；或者分多次配制石膏浆，即配即用。

② 在光滑的天花板上直接贴石膏条，粘贴难以牢固，宜对表面予以打刮，以利于粘贴。或者在黏结的石膏浆中掺入部分黏结性强的黏结剂。

4.1.4 建筑石膏的应用

建筑石膏可用于室内装修，如图4.2所示，石膏制品具有隔热、保温、不燃、不蛀、隔音、可锯、可钉、污染小等优点。

建筑石膏中加入外加剂、细骨料等，可制成粉刷石膏。粉刷石膏按用途可分为面层粉刷石膏、底层粉刷石膏和保温层粉刷石膏，具体可参见《粉刷石膏》（JC/T 517—2004）规定。

建筑石膏制品的种类较多，主要有纸面石膏板、空心石膏条板、纤维石膏板、石膏砌块和装饰石膏制品等，如图4.3所示。纸面石膏板又可分为普通纸面石膏板、耐水纸面石膏板和耐火纸面石膏板三种。

石膏的主要应用如表4.2所示。

石膏还可用来生产水泥和硅酸盐制品。石膏以其优良的建筑性能，丰富的藏量，生产能耗低，生产设备简单等优点，得到越来越广泛的应用。

图4.2　建筑石膏作为装饰材料

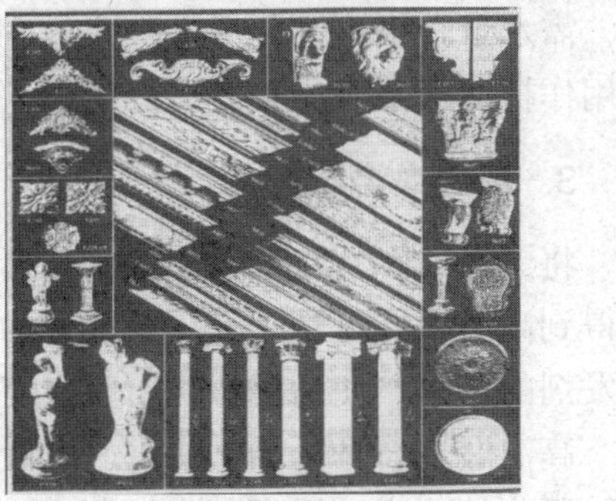

图4.3　石膏板

表 4.2　　石膏的主要应用

石膏的主要应用	粉刷石膏	面层粉刷石膏
		底层粉刷石膏
		保温层粉刷石膏
	建筑石膏制品	石膏砌块
		纸面石膏板
		纤维石膏板
		空心石膏条板
		艺术装饰石膏制品

石膏储存中要防雨防潮，储存期一般不宜超过三个月，超过三个月以后，强度可能会下降30%。

4.1.5　其他品种石膏胶凝材料

1. 高强度石膏

高强度石膏是将二水石膏在132.7MPa，124℃条件下的蒸压釜中蒸炼得到的，主要成分是α型半水石膏，因将其调成可塑性浆体的需水量比建筑石膏（β型半水石膏）少一半左右，所以硬化后具有较高的密实度和强度。一般来说，3h抗压强度可达9～24MPa，7d可达15～40MPa。

高强度石膏主要适用于强度要求较高的抹灰工程、装饰制品和石膏板。制成高强度耐水石膏，可用于较潮湿的环境中。

2. 无水石膏水泥

无水石膏水泥是由天然硬石膏或天然二水石膏加热至400℃～750℃时生成的不溶性硬石膏，加入适量的激发剂共同磨细所制得的材料，亦称硬石膏水泥。

煅烧过程中生成的不溶性硬石膏，失去了凝结硬化的能力，但当加入激发剂后，又可以使其具有一定的水化和硬化能力。常用的激发剂有硫酸盐激发剂，如5%硫酸钠或硫酸氢钠与1%铁矾或铜矾的混合物；还有碱性激发刑，如1%～5%石灰或石灰与少量半水石膏混合物、煅烧白云石、碱性粒化高炉矿渣等。

无水石膏水泥属于气硬性胶凝材料，与建筑石膏相比，凝结速度较慢，调成一定稠度的浆体，需水量较少，硬化后孔隙率较小。它适宜用于室内，主要用作石膏板和石膏建筑制品，也可用作抹面灰浆等，具有良好的耐火性和抵抗酸碱侵蚀的能力。

3. 高温煅烧石膏

将天然二水石膏或天然无水石膏在800℃～1000℃温度下煅烧，煅烧后的产物经磨细后，即可得到高温煅烧石膏。其主要成分为$CaSO_4$及部分$CaSO_4$分解出的CaO。CaO在这里可起到碱性激发剂的作用，使高温煅烧石膏具有凝结硬化的能力。

高温煅烧石膏凝结、硬化速度慢，掺入少量的石灰、半水石膏或$NaHSO_4$、明矾等，可加快凝结硬化的速度，提高其磨细程度，也可起到加速硬化、提高强度的作用。高温煅烧石膏硬化后，具有较高的强度和耐磨性，抗水性较好，宜用作地板，故也称地板石膏。

4.2 石灰

石灰是一种气硬性无机胶凝材料，有着悠久的发展历史，因为其原材料蕴藏丰富、生产设备简单、成本低廉，所以在建筑工程中得到广泛应用。

4.2.1 石灰的原料与煅烧

凡是以碳酸钙为主要成分的天然岩石，如石灰岩、白垩、白云质石灰岩等，都可用来生产石灰。石灰的原料中要求黏土杂质含量小于8%。超过时，制得的石灰具有一定的水硬性，这种石灰常称为水硬性石灰。

将主要成分为碳酸钙的天然岩石，在适当温度下进行煅烧，放出二氧化碳，得到以氧化钙为主要成分的生石灰。其反应式为：

$$CaCO_3 \rightarrow CaO + CO_2 \uparrow$$

碳酸钙的分解是吸热反应，石灰原料中常含有一些碳酸镁，因而生石灰中，除了含氧化钙外，还含一些氧化镁。生石灰中氧化镁含量不大于5%的为钙质石灰，大于5%的为镁质石灰。

碳酸钙分解时，释放出原质量44%的CO_2气体，但燃烧所得的石灰外观体积只比原来体积减小10%～15%，故石灰的结构具有很多孔隙。

在普通大气压情况下，碳酸钙的理论分解温度为898℃。实际生产中，为了提高产量，使原料烧透，需适当提高煅烧温度，一般控制在1000℃～1200℃。

如果煅烧温度较低，岩块尺寸过大，以及煅烧时间不够时，碳酸钙不能完全分解，其中一部分仍为石块，石块不能消解，故成为欠火石灰。欠火石灰的产浆量较低，质量较差。如果煅烧温度过高，或燃烧时间较长，则成为过火石灰。过火石灰的密度较大，表面常被黏土杂质熔化时所形成的玻璃釉状物包覆，因而消解很慢，若使用在工程上，过火石灰颗粒往往会在正常石灰硬化以后仍继续吸湿消解而发生体积膨胀。放入过火石灰也会降低石灰的品质，影响工程质量。

对于碳酸镁含量较高的原料，由于碳酸镁的分解温度比碳酸钙低得多，易于产生过火石灰。这是因为对于碳酸钙是属正常的煅烧温度，对碳酸镁来说，却成了过高的煅烧温度，因而容易得到过火的氧化镁。

4.2.2 石灰的熟化

石灰在使用时，一般要先加水，消解成氢氧化钙，称为熟石灰。这个过程称为石灰的消解或熟化。其反应式为：

$$CaO+H_2O \rightarrow Ca(OH)_2$$

石灰的消解为放热反应，石灰在消解过程中，释放出大量的热，使温度升高，从而加快石灰的消解速度。但是温度升得过高时，又会引起逆反应，使氢氧化钙发生分解，反而会减慢石灰的消解速度。因此，消解石灰时，最好是使水分沸腾，并不断搅拌，以保证温度不致过高或过低。

由于石灰消解时会放出大量热，因此，在贮藏和运输过程中，不允许受潮，不准与易燃易爆物品放在一起，以免发生火灾与爆炸事故。

石灰消解的理论用水量为生石灰质量的32%，由于生石灰消解时放热水蒸汽而蒸发，所以实际用水量是比较多的。

在建筑工地上熟化石灰常用的方法有两种：消石灰浆法和消石灰粉法。

1. 消石灰浆法

将生石灰在化灰池中热化成石灰浆，然后通过筛网进入储灰坑。

生石灰熟化时，放出大量的热，使熟化速度加快，但温度过高，且水量不足时，会造成Ca（OH）$_2$凝聚在CaO周围，阻碍熟化进行，而且还会产生逆方向，所以对于熟化快、放热量大的生石灰，要加入大量的水，并不断搅拌散热，控制温度不致过高；而对于熟化较慢的生石灰，应通过少加水、慢加水等方法，使之保持较高的温度，促进熟化的进行。

生石灰中也常含有过火石灰，它的表面常被黏土杂质融化形成的玻璃釉状物包覆，熟化很慢，石灰硬化后它仍继续熟化而产生体积膨胀，引起局部隆起和开裂。为了使石灰熟化得更充分，尽量消除过火石灰的危害，石灰浆应在储灰坑中存放两星期以上，这个过程称为石灰的陈伏。陈伏期间，石灰浆表面应保持有一层水分，使之与空气隔绝，避免碳化。

石灰浆在储灰坑中沉淀后，除去上层水分即可得到石灰膏。它是建筑工程中砌筑砂浆和抹面砂浆常用的材料之一。

2. 消石灰粉法

这种方法是将生石灰加适量的水熟化成消石灰粉。生石灰熟化成消石灰粉理论需水量为生石灰质量的32.1%，由于一部分水分会蒸发掉，所以实际加水量较多（60%～80%），这样可使生石灰充分熟化，又不致于过湿成团。工地上常采用分层喷淋等方法进行消化。人工消化石灰，劳动强度大，效率低，质量不稳定，目前多在工厂中用机械加工方法将生石灰熟化成消石灰粉，再供应使用。

4.2.3 石灰的硬化

石灰的硬化包括结晶和碳化两个过程，气硬性石灰在空气中的硬化是在这两个过程中同时进行的。

（1）结晶作用

石灰浆中的游离水分，或逐渐蒸发，或被砌体吸受，使氢氧化钙溶液达到饱和而析出Ca（OH）$_2$晶粒，这些晶粒最初被水膜隔开，但随着水分逐渐蒸发，水膜逐渐减薄，晶粒长大并彼此靠近，最后交错结合在一起，形成一个整体。

（2）碳化作用

表层的氢氧化钙，与空气中的二氧化碳起反应，生成碳酸钙结晶，释放出的水分则被蒸发掉。其反应式为

$$Ca(OH)_2 + CO_2 + nH_2O \rightarrow CaCO_3 + (n+1)H_2O\uparrow$$

碳化作用不能在没有水分的全干状态下进行。

随着时间的增长，表层形成的$CaCO_3$薄膜逐渐增厚，会阻止CO_2进入内部深处，因此内部的$Ca(OH)_2$主要产生结晶作用，由于内部水分蒸发很慢，所以结晶作用进行得很慢，因而石灰浆的硬化是相当缓慢的。

4.2.4 石灰的性质及技术指标

1. 石灰的性质

石灰与其他胶凝材料相比具有以下特性。

（1）保水性、可塑性好

熟化生成的氢氧化钙颗粒极其细小，比表面积（材料的总表面积与其质量的比值）很大，使得氢氧化钙颗粒表面吸附有一层较厚水膜，即石灰的保水性好。由于颗粒间的水膜较厚，颗粒间的滑移较易进行，即可塑性好。这一性质常被用来改善砂浆的保水性，以克服水泥砂浆保水性差的缺点。

（2）凝结硬化慢、强度低

石灰的凝结硬化很慢，且硬化后的强度很低。例如，1：3的石灰砂浆，28d的抗压强度仅为0.2～0.5MPa。

（3）耐水性差

潮湿环境中石灰浆体不会产生凝结硬化。硬化后的石灰浆体的主要成分为氢氧化钙，仅有少量的碳酸钙。由于氢氧化钙可微溶于水，所以石灰的耐水性很差，软化系数接近于零。

（4）干燥收缩大

氢氧化钙颗粒吸附的大量水分，在凝结硬化过程中不断蒸发，并产生很大的毛细管压力，使石灰浆体产生很大的收缩而开裂，因此石灰除粉刷外不宜单独使用。

2. 石灰的技术指标

我国建材行业标准，将建筑生石灰和建筑生石灰粉根据氧化镁的含量，分为钙质生石灰（MgO含量小于或等于5%）和镁质生石灰（MgO含量大于5%）；将建筑消石灰粉分为钙质消石灰粉（MgO含量小于4%）、镁质消石灰粉（MgO含量大于或等于4%，且小于24%）和白云质消石灰粉（MgO含量大于或等于24%，且小于30%）。它们又按技术指标分为优等品、一等品和合格品三个等级，主要技术指标如表4.3、表4.4和表4.5所示。

表 4.3　　建筑生石灰技术要求

项目	钙质生石灰			镁质生石灰		
	优等品	一等品	合格品	优等品	一等品	合格品
（CaO+MgO）含量/%	≥90	≥85	≥80	≥85	≥80	≥75
未消化残渣含量（5mm 圆孔筛筛余量）/%	≤5	≤10	≤15	≤5	≤10	≤15
CO_2/%	≤5	≤7	≤9	≤6	≤8	≤10
产浆量/（$L \cdot kg^{-1}$）	≥2.8	≥2.3	≥2	≥2.8	≥2.3	≥2

表 4.4　　建筑生石灰粉技术要求

项目		钙质生石灰			镁质生石灰		
		优等品	一等品	合格品	优等品	一等品	合格品
（CaO+MgO）含量/%		≥85	≥80	≥75	≥80	≥75	≥70
CO_2/%		≤7	≤9	≤11	≤8	≤10	≤12
细度	0.9mm 筛筛余/%	≤0.2	≤0.5	≤1.5	≤0.2	≤0.5	≤1.5
	0.125mm 筛筛余/%	≥7	≥12	≥18	≥7	≥12	≥18

表 4.5　　建筑消石灰粉的技术要求

项目		钙质消石灰粉			镁质消石灰粉			白云石消石灰粉		
		优等	一等	合格	优等	一等	合格	优等	一等	合格
（CaO+MgO）含量/%		≥70	≥65	≥60	≥65	≥60	≥55	≥65	≥60	≥55
游离水/%		0.4～2	0.4～2	0.4～2	0.4～2	0.4～2	0.4～2	0.4～2	0.4～2	0.4～2
体积安定性		合格	合格	—	合格	合格	—	合格	合格	—
细度	0.9mm 筛筛余/%	0	0	≤0.5	0	0	≤0.5	0	0	≤0.5
	0.125mm 筛筛余/%	≤3	≤10	≤15	≤3	≤10	≤15	≤3	≤10	≤15

4.2.5　石灰的应用

石灰在建筑上的主要用途有以下几个方面。

（1）配制石灰乳和石灰砂浆

将消石灰粉或石灰膏加入多量的水稀释，制成石灰乳，可用于室内粉刷。

石灰浆中加入砂子、矿渣、炉灰、纸筋或麻刀等，可制成石灰砂浆，用于砌筑砖石、块体材料或抹面。

（2）配制无熟料水泥

在具有一定火山灰活性的材料中，如粒化高炉矿渣、粉煤灰、煤矸石等工业废渣，按适当比例加以石灰作为碱性激发剂，经共同磨细可得到具有水硬性的胶凝材料，称为无熟料水泥。无熟料水泥不需经过煅烧，节省能源，减少污染。

（3）生产硅酸盐制品

磨细的生石灰与砂子、粒化高炉矿渣、炉渣、粉煤灰等混合，经压蒸或蒸养处理，可制得硅酸盐制品。如轻质墙板、砌块、保温隔热制品等。

（4）掺配灰土和三合土

石灰与黏土按1∶4～1∶2质量比拌制成灰土，或与黏土、炉渣或砂等按1∶2∶3配合比拌制成三合土，加水量与土壤最佳含水率接近，以能夯打密实为宜。混土颗粒表面少量活性SiO_2及$A1_2O_3$，可与石灰中$Ca(OH)_2$起反应，生成不溶性水化硅酸钙和水化铝酸钙，就将土颗粒黏结起来，可提高黏土的强度和耐水性。它们主要用于一般建筑物的基础、普通路面等。

（5）生产碳化石灰板

将磨细生石灰、纤维状填料（如玻璃纤维）或轻质骨料（如矿渣）搅拌成型，然后通以CO_2进行人工碳化（12～24h）可制成一种轻质板材。为了减轻表观密度和提高碳化效果，多制成空心板。

碳化石灰空心板的表观密度为700～800kg/m^3（孔洞率为34%～39%时），抗弯强度为3～5MPa，抗压强度为5～15MPa，导热系数小于0.23W/（m・K），能锯、刨、钉适用于非承重内隔墙板、天花板等。

另外，石灰还可以用来加固软土地基，制造膨胀剂和静态破碎剂等。

4.3 水玻璃

4.3.1 水玻璃的组成与生产

水玻璃俗称泡花碱，是由不同比例的碱金属氧化物和二氧化硅化合而成的一种可溶于水的硅酸盐。建筑常用的为硅酸钠（$NaO \cdot nSiO_2$）的水溶液，又称钠水玻璃。要求高时使用硅酸钾（$K_2O \cdot nSiO_2$）的水溶液，又称钾水玻璃。水玻璃为青灰色或淡黄色黏稠状液体。在水玻璃中二氧化硅与碱金属氧化物之间的摩尔比n称为水玻璃模数，即

$$n=\frac{SiO_2}{R_2O}$$

水玻璃的模数与浓度是水玻璃的主要化学性质。水玻璃的模数越高，越难溶于水，水玻璃的密度和黏度越大、硬化速度越快，硬化后的黏结力与强度、耐热性与耐酸性越高，建筑上常用的水玻璃模数为2.6～3.0。根据水玻璃模数不同，又分碱性水玻璃（$n<3$）和中性水玻璃（$n>3$）。实际上中性水玻璃和碱性水玻璃的溶液都呈明显的碱性反应。

同一模数的水玻璃，浓度越高，则水玻璃的密度和黏度越大、硬化速度越快，硬化后的黏结力、耐热性与耐酸性越高。但水玻璃的浓度太高，则黏度太大，不利于施工操作、难于保证施工质量。水玻璃的浓度一般用密度来表示。常用水玻璃的密度为1.3～1.58g/cm^3。水玻璃的密度太大或太小时，可用加水稀释或加热浓缩的办法来调整。在液体水玻璃中加入尿素，在不改变其黏度的情况下可提高黏结力25%左右。

4.3.2 水玻璃的硬化

水玻璃溶液能与空气中的二氧化碳反应，生成无定形的硅酸凝胶，随着水分的挥发干燥，

无定形硅酸脱水转变成二氧化硅而硬化，其反应式如下：

$$Na_2O \cdot nSiO_2 + CO_2 + mH_2O \rightarrow Na_2CO_3 + nSiO_2 \cdot mH_2O$$

由于空气中二氧化碳的含量较少，这一过程进行的很慢。因此水玻璃实际使用时常加入促硬剂以加速硬化。常用的促硬剂为氟硅酸钠（Na_2SiF_6）。其化学反应如下：

$$2(Na_2O \cdot nSiO_2) + Na_2SiF_6 + mH_2O \rightarrow 6NaF + (2n+1)SiO_2 \cdot mH_2O$$

$$(2n+1)SiO_2 \cdot mH_2O \xrightarrow{\text{干燥}} (2n+1)SiO_2 + mH_2O$$

加入氟硅酸钠后，初凝时间可缩短至30～60min。

氟硅酸钠的适宜掺量，一般占水玻璃的12%～15%，若掺量少于12%，则其凝结硬化慢，强度低，并且存在较多的没参加反应的水玻璃，当遇水时，残余水玻璃易溶于水，影响硬化后水玻璃的耐水性；若其掺量超过15%，则凝结硬化过快造成施工困难，且抗渗性和强度降低。

4.3.3 水玻璃的性质和使用

1. 水玻璃的性质

水玻璃在凝结硬化后，具有以下特性。

（1）黏结力强、强度较高

水玻璃在硬化后，其主要成分为二氧化硅凝胶和氧化硅，因而具有较高的黏结力和强度。用水玻璃配制的混凝土的抗压强度可达15～40MPa。

（2）耐酸性好

由于水玻璃硬化后的主要成分为二氧化硅，其可以抵抗除氢氟酸、过热磷酸以外的几乎所有的无机酸和有机酸。它主要用于配制水玻璃耐酸混凝土、耐酸砂浆、耐酸胶泥等。

（3）耐热性好

硬化后形成的二氧化硅网状骨架，在高温下强度下降不大。它主要用于配制水玻璃耐热混凝土、耐热砂浆、耐热胶泥等。

（4）耐碱性和耐水性差

水玻璃在加入氟硅酸钠后仍不能完全反应，硬化后的水玻璃中仍含有一定量的$Na_2O \cdot nSiO_2$。由于SiO_2和$Na_2O \cdot nSiO_2$均可溶于碱，且$Na_2O \cdot nSiO_2$可溶于水，所以水玻璃硬化后不耐碱，不耐水。为提高耐水性，常采用中等浓度的酸对已硬化的水玻璃进行酸洗处理。

2. 水玻璃的应用

水玻璃在建筑上有以下用途。

（1）配制建筑涂料

将水玻璃与聚乙烯按1∶2～1∶1比例配合，再加入填料（如碳酸钙）、助剂、色浆及稳定剂，可配制成内墙涂料（如106内墙涂料）。如进一步加入其他改性材料，可改进涂料的耐水性、耐久性等。

（2）涂刷材料表面，提高其抗风化能力

水玻璃可用来直接涂刷黏土砖、硅酸盐制品、水泥混凝土等多孔材料的表面，以提高它们的密实性、强度和耐久性等。因为水玻璃能与制品中的氢氧化钙反应生成硅酸钙凝胶，填充于制品的孔隙中，从而提高了制品的物理力学性能。

$$Na_2O \cdot nSiO_2 + Ca(OH)_2 \rightarrow Na_2O \cdot (n-1)SiO_2 + CaO \cdot SiO_2 \cdot H_2O$$

但水玻璃不能用于涂刷或浸渍石膏制品，因硅酸钠会与硫酸钙起反应生成硫酸钠，硫酸钠在制品孔隙中结晶产生膨胀应力，会使制品开裂。

（3）配制快凝防水剂

水玻璃能促进水泥快凝，所以可作为水泥的快凝剂，用于抢修、堵漏。如在水泥中掺入0.7倍水泥质量的水玻璃，初凝约为2min，可直接用于堵漏。

以水玻璃为基料，加入两种、三种、四种或五种矾配制成的防水剂，分别称为二矾、三矾、四矾或五矾防水剂。

（4）配制耐酸混凝土和砂浆

化工、冶金工业中常用水玻璃配制耐酸胶泥、耐酸砂浆、耐酸混凝土等。耐酸胶泥可采用模数为3.30～4.00，密度为1.30～1.45g/cm^{3}的水玻璃和磨细的石英粉或无定形二氧化硅、辉绿岩、铸石等填料和固化促硬剂氟硅酸钠等配成。例如，加入砂子和石子即可配成耐酸砂浆和耐酸混凝土。

（5）配制耐热砂浆和混凝土

由水玻璃、促硬剂（氟硅酸钠）、黏土熟料或铬铁矿等磨细填料，再加入细或粗骨料，就可配制成耐热砂浆或耐热混凝土。这种混凝土能长期在高温条件下保持结构的强度。

（6）加固土地基

将模数2.5～3.0的液体水玻璃和氯化钙溶液通过注浆管注入地层，两种溶液发生化学反应，析出硅酸胶体吸水膨胀，填充土壤孔隙，可加固地基，提高土层的承载能力。

复习思考题

1. 气硬性胶凝材料与水硬性胶凝材料有何区别？

2. 建筑石膏具有哪些技术性质？从建筑石膏凝结硬化形成的结构，说明石膏板为什么强度较低、耐水性差，而绝热性和吸声性较好？

3. 石膏制品有哪些特点？建筑石膏可用于哪些方面？

4. 石灰的煅烧温度对其质量有何影响？

5. 简述石灰的熟化和硬化原理。石灰在建筑工程中有哪些用途？

6. 某多层住宅楼室内抹灰采用的是石灰砂浆，交付使用后逐渐出现墙面普遍鼓包开裂，试分析其原因。避免这种事故发生，应采取什么措施？

7. 水玻璃的性质是怎样的？有何用途？

8. 何谓水玻璃的模数？水玻璃的模数和密度对水玻璃的黏结力有何影响？

9. 硬化后的水玻璃具有哪些性质？水玻璃在工程中有何用途？

第5章 水泥

在建筑材料中，凡能够细磨成粉末状，加入适量水后成为塑性浆体，既能在空气中硬化，又能在水中硬化、并能将砂、石等散粒或纤维材料牢固地胶结在一起的水硬性胶凝材料，通称为水泥。

水泥是重要的建筑材料和工程材料，它和钢材、木材一起是国民经济各部门的基本建设的三大材料。随着国民经济日益发展，水泥得到了越来越广泛的应用。水泥不但大量地用于工业与民用建筑、农业、水利、交通、国防等工程，还可以制成轨枕、坑木、水泥管、水泥船以及各种形式的混凝土、钢筋混凝土及预应力钢筋混凝土结构构件等，节省了大量的钢材和木材。而且混凝土、钢筋混凝土等结构又是现代建筑的主要结构形式之一。因此在工程中合理应用水泥，对保证国家基本建设的顺利进行起着极其重要的作用。

本章通过对硅酸盐水泥较详细的阐述，以了解水泥熟料的矿物组成及水泥浆凝结硬化过程对水泥硬化体的结构、性能的影响。掌握常用水泥的技术性质、质量要求及如何合理选用水泥。简要了解一些专用及特性水泥的组成和性能特点及应用范围。

学习目标

- 熟悉硅酸盐水泥与普通硅酸盐水泥的定义，矿物组成及其特性。
- 熟悉掺混和料的硅酸盐水泥的特点及应用范围。
- 了解高铝水泥及其他品种的特点。

5.1 硅酸盐水泥

5.1.1 硅酸盐水泥的定义、类型及代号

根据《通用硅酸盐水泥》（GB 175—2007）规定：凡由硅酸盐水泥熟料、0～5%石灰石或粒化高炉矿渣、适量石膏磨细制成的水硬性胶凝材料，称为硅酸盐水泥（即国外通称的波特兰水泥）。硅酸盐水泥分为Ⅰ型硅酸盐水泥和Ⅱ型硅酸盐水泥两类。

Ⅰ型硅酸盐水泥：不掺加混合材料的硅酸盐水泥，代号P·Ⅰ。

Ⅱ型硅酸盐水泥：掺加不超过水泥质量5%的石灰石或粒化高炉矿渣混合材料，代号P·Ⅱ。

5.1.2 硅酸盐水泥的生产

石灰质原料主要提供CaO，它可以采用石灰石、白垩、石灰质凝灰岩等。黏土质原料主要提供SiO_2、Al_2O_3及少量Fe_2O_3，它可以采用黏土、黄土等，还要配有适当的铁矿粉等。

硅酸盐水泥生产工艺（见图5.1）概括起来为“两磨一烧”，即：①生料的配制和磨细；②生料的煅烧，使之部分熔融而形成熟料；③将熟料与适量的石膏共同磨细而成硅酸盐水泥成品。

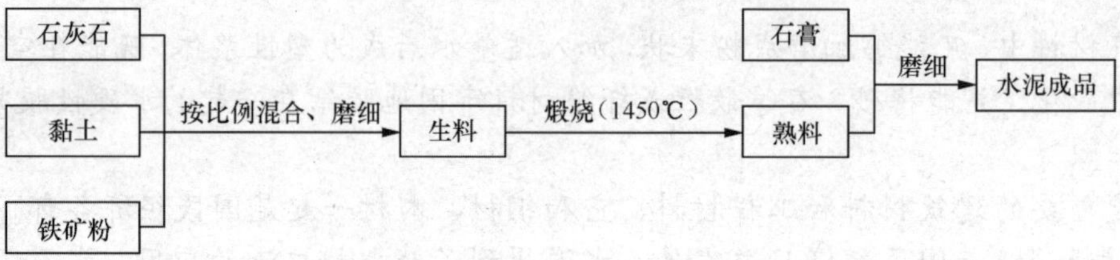

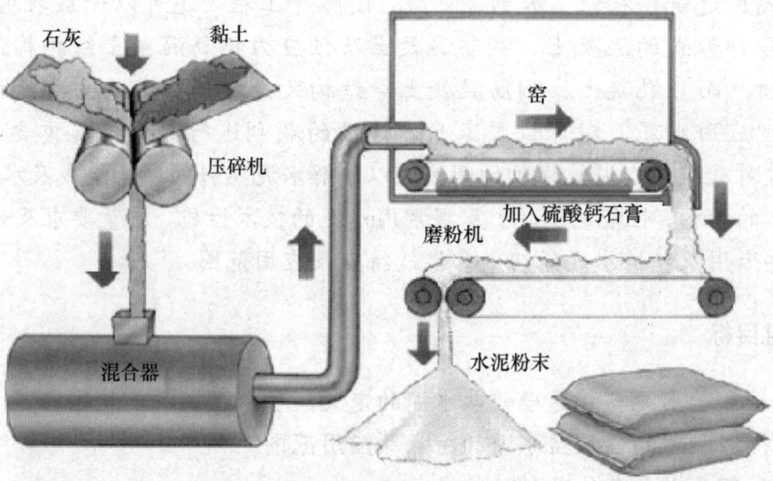

水泥的制造

图5.1　硅酸盐水泥主要生产流程

生料在煅烧过程中，各种原料分解成氧化钙、氧化硅、氧化铝和氧化铁。在更高的温度下氧化钙与氧化硅、氧化铝和氧化铁相化合，形成以硅酸钙为主要矿物成分的熟料矿物。

5.1.3 硅酸盐水泥熟料的矿物组成

硅酸盐水泥熟料主要由4种矿物组成，其名称、分子式和含量如表5.1所示。

表 5.1　硅酸盐水泥主要矿物组成及其含量

化合物名称	氧化物成分	缩写符号	含量/%
硅酸三钙	$3CaO \cdot SiO_2$	C_3S	36～60
硅酸二钙	$2CaO \cdot SiO_2$	C_2S	15～37
铝酸三钙	$3CaO \cdot Al_2O_3$	C_3A	7～15
铁铝酸四钙	$4CaO \cdot Al_2O_3 \cdot Fe_2O_3$	C_4AF	10～18

硅酸盐水泥熟料除上述主要组成外，尚含有少量以下成分。

① 游离氧化钙。它是煅烧过程中没有全部化合而残留下呈游离态存在的氧化钙，其含量过高将造成水泥安定性不良，危害很大。

② 游离氧化镁。若其含量高，晶粒大时也会导致水泥安定性不良。

③ 含碱矿物以及玻璃体等。含碱矿物及玻璃体中Na_2O和K_2O含量高的水泥，当遇到活性集料时，易产生碱—集料膨胀反应。

5.1.4 硅酸盐水泥的凝结和硬化

水泥加水拌和后，最初形成具有可塑性的浆体，然后逐渐变稠并失去塑性，但尚无强度，这一过程称为凝结。此后，随着时间的继续增长产生强度并逐渐提高变成坚固的石状物体——水泥石，这一过程称为硬化。水泥的凝结与硬化是一系列的复杂的化学反应及物理化学过程。

1. 硅酸盐水泥的水化

水泥加水后，水泥颗粒被水所包围，熟料矿物颗粒表面立即与水发生化学反应，即水化、水解作用，生成新的水化物，并放出一定的热量。

（1）硅酸三钙

硅酸三钙在水泥熟料中的含量约占50%，有时高达60%以上，硬化水泥浆体的性能在很大程度上取决于C_3S的水化作用、产物以及所形成的结构。C_3S水化反如下。

$$2(3CaO \cdot SiO_2)+6H_2O=3CaO \cdot 2SiO_2 \cdot 3H_2O+3Ca(OH)_2$$

上式表明其水化产物是水化硅酸钙和氢氧化钙。

C_3S水化速度很快，生成的水化硅酸钙几乎不溶于水中，而立即以胶体微粒析出，并逐渐凝聚而成为凝胶。硅酸钙水化物有各种各样的形状，如纤维颗粒、扁平颗粒，是一种错综复杂的网状结构。但是多以纤维颗粒形状为主，其颗粒一般长为0.5～2μm，宽不超过0.2μm，是结晶较差的水化硅酸钙。

（2）硅酸二钙

β型硅酸二钙的水化过程和C_3S极为相似，但水化速率很慢，约为C_3S的1/20。

β-C_2S的水化反应如下。

$$2(2CaO \cdot SiO_2)+4H_2O=3CaO \cdot 2SiO_2 \cdot 3H_2O+Ca(OH)_2$$

所形成的水化硅酸钙与C_3S生成的C-S-H在C/S比和形貌等方面都无大差别，故也统称C-S-H。

（3）铝酸三钙

铝酸三钙与水反应迅速，其水化产物的组成与结构受溶液中氧化钙、氧化铝离子浓度温度的影响很大。在常温下，铝酸三钙依如下方程式水化：

$$2(3CaO \cdot Al_2O_3)+27H_2O=4CaO \cdot Al_2O_3 \cdot 19H_2O+2CaO \cdot Al_2O_3 \cdot 8H_2O$$

C_4AH_{19}在低于85%的相对湿度时，即失去6mol的结晶水而成为C_4AH_{13}。C_4AH_{19}、C_4AH_{13}和C_2AH_8均为六方片状晶体，在常温下常处于介稳状态，有向C_3AH_6等轴晶体转化的趋势。

$$4CaO \cdot Al_2O_3 \cdot 13H_2O+2CaO \cdot Al_2O_3 \cdot 8H_2O=2(3CaO \cdot Al_2O_3 \cdot 6H_2O)+9H_2O$$

在液相的氧化钙浓度达到饱和时，C_3A还可能依下式水化。

$$3CaO \cdot Al_2O_3+Ca(OH)_2+12H_2O=4CaO \cdot Al_2O_3 \cdot 13H_2O$$

这个反应在硅酸盐水泥浆体的碱性液相中最易发生，而处于碱性介质中的C_4AH_{13}在室温下又能够稳定存在，其数量迅速增多，就足以阻碍粒子的相对移动，据认为是浆体产生瞬时凝结的一个主要原因。为此，在水泥粉磨时通常都掺有石膏。因为，在石膏、氧化钙同时存在的条件下，C_3A虽然开始也快速水化成C_4AH_{13}，但接着就会与石膏反应，如下式；

$$4CaO \cdot Al_2O_3 \cdot 13H_2O+3(CaSO_4 \cdot 2H_2O)+14H_2O=3CaO \cdot Al_2O_3 \cdot 3CaSO_4 \cdot 32H_2O+Ca(OH)_2$$

所形成的三硫型水化硫铝酸钙，又称钙矾石。由于其中的铝可被铁置换而成为铝、铁的硫酸盐，故常以AFt表示。

当C_3A尚未完全水化而石膏已经耗尽时，则C_3A水化所成的C_4AH_{13}又能与先前形成的钙矾石依下式反应，生成单硫型水化硫铝酸钙（AFm）。

$$3CaO \cdot Al_2O_3 \cdot 3CaSO_4 \cdot 32H_2O+2(4CaO \cdot Al_2O_3 \cdot 13H_2O)=$$
$$3(3CaO \cdot Al_2O_3 \cdot CaSO_4 \cdot 12H_2O)+2Ca(OH)_2+20H_2O$$

按照一般硅酸盐水泥的石膏掺量，其最终的铝酸盐水化物常为钙矾石与单硫型水化硫铝酸钙。

（4）铁相固溶体

水泥熟料中的一系列铁相固溶体除用C_4AF作为其代表式外，还可以用FSS表示，C_4AF的水化速度比C_3A略慢，水化热较低，即使单独水化也不会引起瞬凝。

在没有石膏的条件下，C_4AF与氢氧化钙及水反应生成部分铝被铁置换过的C_4AH_{13}，即C_4(A、F)H_{13}。所形成的C4（A、F）H_{13}为六方片状，在低温下也较稳定；到20℃左右，就要转化成C_3（A、F）H_6，如果有石膏存在时，其反应与C_3A大致相同。当石膏充分，形成铁置换过的钙矾石固溶体。

当石膏消耗完毕而尚有C_4（A、F）H_{13}时，所形成的三硫型相会转化成单硫四相C_4（A、F）• C S • H_{12}。

水泥浆在空气中硬化时，表层水化形成的氢氧化钙还会与空气中的二氧化碳反应，生成碳酸钙。

在水化过程中，如果忽略一些次要的和少量的成分，则硅酸盐水泥与水作用后，生成的主要水化物有：水化硅酸钙和水化铁酸钙凝胶、氢氧化钙、水化铝酸钙和水化硫铝酸钙晶体。在完成水化的水泥石中，水化硅酸钙约占50%，氢氧化钙约占25%。

根据目前的已有的知识可知，硅酸盐水泥加水后，C_3A立即发生反应，C_3S和C_4AF也很快水化。而C_2S则较慢。由于钙矾石的不断生长，使液相中SO_4^{2-}离子逐渐减少并在耗尽之后，就会有单硫型水化硫铝（铁）酸钙出现。如石膏不足，还有C_3A和C_4AF剩留，则会生成单硫型水化物和C_4(A、F)H_{13}的固溶体，甚至单独的C_4(A、F)H_{13}，而后者再逐渐转变成等轴晶体C_4（A、F）H_6。

2. 硅酸盐水泥的凝结硬化过程

水泥与水拌和后，熟料矿物发生水化反应，生成各种水化生成物，随着时间的推延，具有塑性的水泥浆体经过凝结、硬化逐渐成为具有一定强度的石状体。这种研究塑性水泥浆体如何转变和形成坚硬水泥石结构的理论，称为水泥凝结硬化理论。

水泥的凝结硬化过程如图5.2所示。

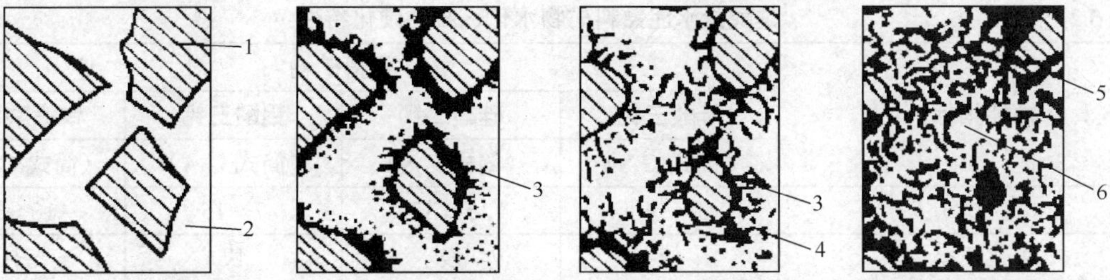

（a）分散在水中未水化的水泥颗粒　（b）在水泥颗粒表面形成水化物膜层　（c）膜层长大并互相连接（凝结）　（d）水化物进一步发展，填充毛细孔（硬化）

图5.2　水泥凝结硬化过程示意图

1—水泥颗粒；2—水分；3—凝胶；4—晶体；5—水化水泥颗粒内核；6—毛细孔

水泥凝结和硬化过程的机理比较复杂，一般来说，当水泥加水拌和后（见图5.2（a）），在水泥颗粒表面即发生化学反应，生成的胶体水化产物聚集在颗粒表面形成凝胶薄膜（见图5.2（b）），它使化学反应减慢。表面形成的凝胶薄膜使水泥浆体具有可塑性。由于生成的胶体状水化产物在某些点接触，构成疏松的网状结构，使浆体失去流动性和部分可塑性，这时为初凝。之后，由于水分不断渗入凝胶膜层内进行水化反应，使膜层向内增厚；同时，通过膜层向外扩散的水化物聚集于膜层外侧使膜层向外增厚。由于水分渗入膜层内部的速度大于水化物通过膜层向外扩散的速度，因而产生渗透压力，膜层内部水化物的饱和溶液向外突出造成膜层破裂。膜层的破裂，使水泥与水迅速而广泛地接触，反应又加速，生成较多量的水化硅酸钙凝胶、氢氧化钙和水化硫铝酸钙晶体等水化物，它们相互接触连生（见图5.2（c）），到一定程度，浆体完全失去可塑性，建立起充满全部间隙的网状结构，并在网状结构内不断充实水化物，这时称为终凝，之后浆体逐渐产生强度而进入硬化阶段（见图5.2（d））。

由此可见，水泥的水化和硬化过程是一个连续的过程。水化是水泥产生凝结硬化的前提，而凝结硬化是水泥水化的结果。凝结和硬化又是同一过程的不同阶段，凝结标志着水泥浆失去流动性而具有一定的塑性强度，硬化则表示水泥浆固化后所建立的网状结构具有一定的机械强度。

3. 影响硅酸盐水泥凝结硬化的主要因素

影响水泥凝结硬化的因素很多，主要涉及以下几方面。

（1）水泥的熟料矿物组成

硅酸盐水泥的熟料矿物组成，是影响水泥的水化速度、凝结硬化过程以及产生强度等的主要因素。

硅酸盐水泥的4种熟料矿物中，C_3A的水化和凝结硬化速度最快，因此它是影响水泥凝结时间的决定性因素。在无石膏存在时，它能使水泥瞬间凝结。C_3A的水化和凝结硬化速度可通过掺加适量石膏加以控制。在有石膏存在时，C_3A水化后易与石膏反应而生成难溶于水的钙矾石，它沉淀在水泥颗粒表面形成保护膜，阻碍C_3A的水化，从而起到延缓水泥凝结的作用。但石膏掺量不能过多，因过多时不仅缓凝作用不大，还会对水泥造成不良安定性。合理的石膏掺量主要取决于水泥中C_3A的含量和石膏的品种及质量，同时也与水泥细度和熟料中的SO_3的含量有关；一般生产水泥时石膏掺量占水泥重量的3%～5%，具体掺量应通过试验确定。

硅酸盐水泥各熟料矿物的水化、凝结硬化特性见表5.2。

表 5.2　　硅酸盐水泥熟料矿物水化、凝结硬化特性

性能指标		熟料矿物			
		硅酸三钙（简式 C_3S）	硅酸二钙（简式 C_2S）	铝酸三钙（简式 C_3A）	铁铝酸四钙（简式 C_4AF）
含量/%		37～60	15～37	7～15	10～18
水化速率		快	慢	快	中
凝结硬化速度		快	慢	最快	快
水化热		中	低	高	中
耐化学侵蚀		中	良	差	优
强度	早期	高	低	低	低
	后期	高	高	低	低

[工程实例分析]

挡墙开裂与水泥的选用

现象：某混凝土工程，浇注两周后拆模，发现挡墙有多道贯穿型的纵向裂缝。该工程使用某立窑水泥厂生产42.5Ⅱ型硅酸盐水泥，其熟料矿物组成如表5.3所示。

表 5.3　　熟料矿物组成

熟料矿物	C_3S	C_2S	C_3A	C_4AF
含量/%	61	14	14	11

分析讨论：由于该工程所使用的水泥C_3A和C_3S含量高，导致该水泥的水化热高，在浇注混凝土中，混凝土的整体温度高，以后混凝土温度随环境温度下降，混凝土产生冷缩，从而造成混凝土贯穿型的纵向裂缝。

（2）水泥的细度

水泥颗粒的粗细直接影响水泥的水化、凝结硬化、强度、干缩及水化热等，这是因为水泥加水后，开始仅在水泥颗粒的表面进行水化，而后逐渐向颗粒内部发展，这是一个较长时间的过程。显然，水泥颗粒越细，水化作用的发展就越迅速而充分，凝结硬化的速度加快，早期强度也就越高。但水泥颗粒过细，易与空气中的水分及二氧化碳反应，致使水泥不宜久存，过细的水泥硬化时产生的收缩亦较大，而且水泥磨制过细耗能多、成本高。一般认为，水泥颗粒小于40 μm时就具有较高的活性，大于100 μm活性较小。通常，水泥颗粒的粒径在7～200 μm。

（3）水泥浆的水灰比

水泥浆的水灰比是指水泥浆中水与水泥的质量之比。当水泥浆中加水较多时，水灰比较大，此时水泥的初期水化反应得以充分进行；但是水泥颗粒间由于被水隔开的距离较远，颗粒间相互连接形成骨架结构所需的凝结时间长，所以水泥浆凝结较慢。

水泥完全水化所需的水灰比为0.15～0.25，而工程实际中往往加入更多的水，以便利用水的润滑取得较好的塑性。当水泥浆的水灰比较大时，多余的水分蒸发后形成的孔隙较多、造成水泥石的强度较低，因此水泥浆的水灰比过大时，会明显降低水泥石的强度。

（4）环境温度和湿度

水泥水化反应的速度与环境的温度有关，只有处于适当温度下，水泥的水化、凝结和硬化才能进行。通常情况下，温度较高时，水泥的水化、凝结和硬化速度较快。当环境温度低于0℃时水泥水化趋于停止，就难以凝结硬化。

水泥水化是水泥与水之间的反应，必须在水泥颗粒表面保持有足够的水分，水泥的水化、凝结硬化才能充分进行。为保证水泥的硬化速度，促使水泥强度不断增长，采取的保持水泥浆温度和湿度的措施，称为水泥的养护。

（5）养护龄期

水泥的水化硬化是一个较长时期不断进行的过程，随着水泥颗粒内部熟料矿物水化程度的提高，凝胶体不断增加，毛细孔隙相应减少，从而随着龄期的增长使水泥石的强度逐渐提高。由于熟料矿物中对强度起决定性作用的C_3S在早期的强度发展快，所以水泥在3～14d内强度增长较快，28d后增长缓慢。

（6）调凝外加剂

加入促凝剂就能促进水泥水化、硬化，提高早期强度。相反，掺加缓凝剂就会延缓水泥的水化硬化，影响水泥早期强度的发展。

5.1.5 硅酸盐水泥的技术标准

《通用硅酸盐水泥》（GB 175—2007）对硅酸盐水泥品质要求如下。

1. 细度

细度是指水泥颗粒总体的粗细程度。水泥颗粒越细，与水发生反应的表面积越大，因而水化反应速度较快，而且较完全，早期强度也越高，但在空气中硬化收缩性较大，成本也较高。如果水泥颗粒过粗则不利于水泥活性的发挥。一般认为水泥颗粒小于40μm（0.04mm）时，才具有较高的活性，大于100μm（0.1mm）时，其活性就很小了。

硅酸盐水泥、普通硅酸盐水泥细度用比表面积表示。比表面积是水泥单位质量的总表面积（m^2/kg）。国家标准《通用硅酸盐水泥》（GB 175—2007）规定，硅酸盐水泥比表面积应大于300 m^2/kg；矿渣硅酸盐水泥、火山灰质硅酸盐水泥、粉煤灰硅酸盐水泥和复合硅酸盐水泥的细度以筛余表示，其80μm方孔筛筛余不大于10%或45μm方孔筛筛余不大于30%。

2. 标准稠度及其用水量

水泥标准稠度是表示水泥砂浆的稀稠程度。水泥砂浆中加水太多就变稀，砂浆太稀抹涂时砂浆易流淌；砂浆中加水过少就变稠，砂浆太稠抹涂时砂浆不易抹平。

水泥浆标准稠度需水量是指拌制水泥净浆时为达到标准稠度所需加的水量。它以水与水泥质量之比的百分数表示。用规定的仪器和《水泥标准稠度用水量、凝结时间、体积安定性检验方法》（GB/T 1346—2011）规定的方法测定。

3. 凝结时间

凝结时间分初凝和终凝。初凝为水泥加水拌和时起至标准稠度净浆开始失去可塑性所需的时间；终凝为水泥加水拌和时起至标准稠度净浆完全失去可塑性并开始产生强度所需的时间。

为使混凝土和砂浆有充分的时间进行搅拌、运输、浇捣和砌筑，水泥初凝时间不能过短。当施工完毕，则要求尽快硬化，具有强度，故终凝时间不能太长。

国家标准规定：硅酸盐水泥的凝结时间不得早于45mim，终凝时间不得迟于6.5h。凡初凝时间不符合规定的为废品，终凝时间不符合规定的为不合格品。

水泥凝结时间的影响因素很多：①熟料中铝酸三钙含量高，石膏容量不足，使水泥快凝；②水泥的细度越细，水化作用越快，凝结越快；③水灰比越小，凝结时的温度越高，凝结越快；④混合材料掺量大，水泥过粗等都会使水泥凝结缓慢。

4. 体积安定性

水泥的体积安定性是指水泥在凝结硬化过程中体积变化的均匀性。水泥体积安定性不良会使水泥制品、混凝土构件产生膨胀性裂缝，降低建筑物质量，甚至引起严重工程事故，因此体积安定性不合格的水泥作废品处理。

水泥安定性不良的原因是由于其熟料矿物组成中含有过多的游离氧化钙或游离氧化镁，以及水泥粉磨时所掺石膏过量等所致。熟料中所含的游离氧化钙或游离氧化镁都是过烧的，水化很慢，在水泥已经硬化后才进行水化。

$$CaO+H_2O=Ca(OH)_2$$

$$MgO+H_2O=Mg(OH)_2$$

这时体积膨胀，引起不均匀的体积变化，使水泥开裂。当石膏掺量过多时，在水泥硬化后，它还会继续与固态的水化铝酸钙反应生成高硫型水化硫铝酸钙，体积约增大1.5倍，也会引起水泥石开裂。

国家标准规定，由游离氧化钙引起的水泥安定件不良可采用试饼法或雷氏法检验，在有争议时以雷氏法为准。试饼法是将标准稠度的水泥净浆做成试饼并沸煮4h以后，试饼经肉眼观察未发现裂纹，用直尺检查没有弯曲，则称为体积安定性合格，反之为不合格；雷氏法是测量雷氏夹指针尖端间的距离，若其增加值不大于5.0mm，则该水泥体积安定性合格。由于游离氧化镁的水化作用比游离氧化钙更加缓慢，所以必须用压蒸法才能检验出它的危害作用。石膏的危害作用需经长期浸在常温水中才能发现。

体积安定性不良的水泥应作废品处理，不能用于工程中。体积安定性是水泥的最重要性质。

5. 强度及强度等级

强度是水泥的一项重要技术指标。强度的高低取决于水泥熟料的矿物组成、细度与石膏掺量。此外，还受养护条件、成型条件及龄期的影响。

按我国现行标准《水泥胶砂强度检验方法（ISO法）》（GB/T 17671—1999）规定，以水泥和标准砂按1：3，水灰比为0.5的配合比，加入规定数量的水，并按规定方法制成40mm × 40mm × 160mm的棱柱体，在标准养护条件下养护，分别测定其3d和28d的抗压和抗折强度，以确定水泥的强度等级。

根据3d和28d的抗压和抗折强度划分硅酸盐水泥强度等级，并按3d强度的大小分为普通型和早强型两种类型，其中有代号R为早强型水泥。

硅酸盐水泥分为42.5、42.5R、52.5、52.5R、62.5、62.5R六个强度等级。各强度等级水泥的各龄期强度值不得低于表5.4所示的数值。

表 5.4　　硅酸盐水泥各龄期的强度值

品种	强度等级	抗压强度/MPa		抗折强度/MPa	
		3d	28d	3d	28d
硅酸盐水泥	42.5	≥17.0	≥42.5	≥3.5	≥6.5
	42.5R	≥22.0	≥42.5	≥4.0	≥6.5
	52.5	≥23.0	≥52.5	≥4.0	≥7.0
	52.5R	≥27.0	≥52.5	≥5.0	≥7.0
	62.5	≥28.0	≥62.5	≥5.0	≥8.0
	62.5R	≥32.0	≥62.5	≥5.0	≥8.0

6. 水化热

水泥在水化、凝结与硬化过程中放出大量的热量，称为水化热。水化热的大小取决于水泥熟料的矿物组成。此外，水化热还与水泥细度、水泥中掺入的混合材料、外加剂的品种与数量等有关。水泥熟料矿物水化时，放热速度最快、放热量最大的是C_3A，其次是C_3S，而C_2S放热量最小，放热速度也较慢。水泥越细，标号越高，水化反应快，放热速度快，水化热也越大。

对于水坝、桥墩、大型设备基础等大体积混凝土工程，由于水化热积累在内部不易散发，内部温度上升较高，使混凝土内外产生较大的温差，引起的应力可使混凝土产生裂缝。因此，大体积的混凝土工程不宜采用硅酸盐水泥。

7. 碱含量

水泥中碱含量按$Na_2O+0.685K_2O$计算值来表示，若使用活性集料碱水泥时，水泥中碱含量不得大于0.60%，或由供需双方商定。

8. 密度与堆积密度

在进行混凝土配合比计算和储运水泥时需要知道水泥的密度和堆积密度。硅酸盐水泥和普通水泥的密度一般在3.1～3.2g/cm^3。水泥在松散状态时的堆积密度一般在900～1300kg/m^3，紧密堆积状态可达1400～1700kg/m^3。

[工程实例分析]

水泥凝结时间前后变化

现象：某立窑水泥厂生产的普通水泥游离氧化钙含量较高，加水拌合后初凝时间仅40min，本属于废品。但放置一个月后，凝结时间又恢复正常，而强度下降，请分析原因。

分析讨论：该立窑水泥厂的普通硅酸盐水泥游离氧化钙含量较高，加水拌合后，水与氧化钙迅速反应生成氢氧化钙，并放出水化热，使浆体的温度升高，加速了其他熟料矿物的水化速度。从而产生了较多的水化产物，形成了凝聚结晶网结构，所以短时间凝结。水泥放置一段时间后，吸收了空气中的水汽，大部分氧化钙生成氢氧化钙，或进一步与空气中的二氧化碳反应，生成碳酸钙。故此时加入拌合水后，不会再出现原来的水泥浆体温度升高、水化速度过快、凝结时间过短的现象。但其他水泥熟料矿物也会和空气中的水汽反应，部分产生结团、结块，使强度下降。

5.1.6 硅酸盐水泥石的腐蚀与防止

1. 水泥石的腐蚀

在某些腐蚀性介质的作用下，水泥石的结构逐渐遭到破坏，强度下降以致全部崩溃的现象为水泥石的腐蚀。水泥石的抗腐蚀性用耐蚀系数表示，以同一龄期浸在侵蚀性溶液中的水泥试体强度与在淡水中养护的水泥试体强度之比表示。耐蚀系数越大，水泥的抗侵蚀性越好。

（1）软水腐蚀（溶出性侵蚀）

硅酸盐水泥属于典型的水硬性胶凝材料，理应有足够的抗水能力，对一般的江水、河水、湖水或地下水等所谓的“硬水”毫无问题。但当不断受到冷凝水、雨水、雪水、冰川水或者某些泉水等“软水”，即淡水的作用时，其中的一些组成如$Ca(OH)_2$等将按照溶解度的大小，依次逐渐被水溶解，产生溶出性侵蚀。在静水无压的情况下，由于氢氧化钙的溶解度小，易达饱和，故渗出仅限于表层，影响不大。但在流水及压力水的作用下，氢氧化钙被不断溶解流失，使水泥石碱度不断降低，从而引起其他水化产物的分解溶蚀，如高碱性的水化硅酸盐、水化铝酸盐等分解成低碱性的水化产物，最后会变成胶结能力很差的产物，使水泥石结构遭受破坏，这种现象称为溶析。

当环境水中含有重碳酸盐时，则重碳酸盐与水泥石中的氢氧化钙起作用，生成几乎不溶于水的碳酸钙，其反应式为：

$$Ca(OH)_2 + Ca(HCO_3)_2 = 2CaCO_3 + 2H_2O$$

生成的碳酸钙沉积在已硬化水泥石中的孔隙内起密实作用，从而可阻止外界水的继续侵入及内部氢氧化钙的扩散析出。所以，对需与软水接触的混凝土，若预先在空气中硬化，存放一段时间后使之形成碳酸钙外壳，则对溶出性侵蚀起到一定的防护作用。

（2）离子互换反应

① 形成可溶性钙盐。在工业生产中，经常会有一些酸性溶液能与硬化水泥浆体中的Ca^{2+}离子形成可溶性的钙盐，随即被水带走。例如：

$$2HCl+Ca(OH)_2 \rightarrow CaCl_2 + 2H_2O$$

环境水中pH值越低，腐蚀性越强。

② 形成不溶性钙盐。侵蚀性水中有时含有某些阴离子，会与水泥浆体发生反应形成不溶性钙盐。如果所形成的产物既不产生膨胀，又不被流水冲刷、渗漏滤出或者车辆磨损而带走，是不会引起破坏的。草酸、酒石酸、氢氟酸以及磷酸与浆体中的$Ca(OH)_2$反应，所形成的就是不溶又不胀的钙盐。实际上，草酸还可用于处理混凝土表面，提高密实度，提高对其他弱有机酸的抗蚀性。

③ 镁盐侵蚀。在海水及地下水中，常会有大量的镁盐，主要是硫酸镁和氯化镁。它们与水泥石中的氢氧化钙起复分解反应：

$$MgSO_4+Ca(OH)_2+2H_2O = CaSO_4 \cdot 2H_2O+Mg(OH)_2$$

$$MgCl_2+Ca(OH)_2 = CaCl_2+Mg(OH)_2$$

生成的氢氧化镁松软而无胶凝力，氯化钙易溶于水，二水石膏又将引起硫酸盐的破坏作用。因此，硫酸镁对水泥石起镁盐和硫酸盐的双重侵蚀作用。

（3）形成膨胀性产物

产生这一类腐蚀的介质主要是硫酸盐，常存在于海水（如$MgSO_4$）、地下水（如Na_2SO_4）以及工业废水中。硫酸盐与水泥石中$Ca(OH)_2$反应生成石膏，发生体积膨胀，进而和水泥中的水化铝酸钙反应，生成体积膨胀的水化硫铝酸钙，使已硬化的水泥石遭受破坏。例如：

$$Na_2SO_4 \cdot 10H_2O+Ca(OH)_2= CaSO_4 \cdot 2H_2O+2NaOH+8H_2O$$

$$3(CaSO_4 \cdot 2H_2O)+3CaO \cdot Al_2O_3 \cdot 6H_2O+2H_2O=3CaO \cdot Al_2O_3 \cdot 3CaSO_4 \cdot 32H_2O$$

当环境介质中既有硫酸盐又有镁盐时，腐蚀方式更加复杂，腐蚀更加严重。

由以上腐蚀方式可见，水泥腐蚀的外因是环境中含腐蚀性介质，而内因是水泥中存在受腐蚀的组分$Ca(OH)_2$和C_3A。各种方式的腐蚀都是由于环境中的腐蚀性介质进入水泥的内部与上述组分发生反应。而水泥制品（混凝土或砂浆）的腐蚀还与水泥石的密实度有关。通常除化学因素外，冻融、干湿以及机械作用（如海浪冲刷、气蚀或空蚀等）也会损害水泥石、并促进化学腐蚀的发展。所以水泥的防腐蚀往往需要加以综合考虑，采取措施。

水泥受腐蚀的基本原因归纳如下：

① 水泥石中存在有易被腐蚀的成分，即氢氧化钙和水化铝酸钙等。

② 水泥石本身不密实，含有大量的毛细孔隙，使腐蚀性介质容易进入其内部。

此外，较高的温度、较快的流速或较高的压力、干湿交替和出现钢筋锈蚀等均可加速腐蚀过程，并且液态的腐蚀介质较固体状态引起的腐蚀更为严重。

2. 防止水泥石腐蚀的方法

针对水泥石腐蚀的原因，使用水泥时可采取下列防止措施。

（1）根据环境特点，选择合理的水泥品种或掺入活性混合料

例如，采用水化产物中氢氧化钙含量较少的水泥，可提高对软化等侵蚀作用的抵抗能力；为抵抗硫酸盐的腐蚀，采用铝酸三钙含量低于5%的抗硫酸盐水泥。掺入活性混合材料，可提高硅酸盐水泥对多种介质的抗腐蚀性。

（2）减少水泥石的孔隙率，提高水泥石的紧密程度

硅酸盐水泥完全水化理论需水量达23%左右，但实际用水量约占水泥重量的40%～70%，多余的水分蒸发后形成连通孔隙，腐蚀介质就容易侵入水泥石内部，从而加速了水泥石的腐蚀。在实际工程中，提高混凝土或砂浆密实度的措施有：合理进行混凝土配合比设计，降低水灰比，选择性能良好的集料，掺加外加剂，以及改善施工方法等。

（3）设置隔离层或表面加保护层

当侵蚀作用较强时，可在混凝土或砂浆表面采用耐腐蚀的涂料或板材保护水泥砂浆或混凝土不与腐蚀介质接触，保护层的材料可为耐酸石料、耐酸陶瓷、玻璃、塑料、沥青等。

5.2 水泥技术指标检测

5.2.1 水泥试验的一般规定

① 取样方法，以同一水泥厂、同品种、同强度等级、同期到达的水泥进行取样和编号。一般以不超过100t为一个取样单位，取样应具有代表性，可连续取，也可在20个以上不同部位抽

取等量的样品，总量不少于12kg。

② 取的试样应充分拌匀，分成两份，其中一份密封保存3个月，试验前，将水泥通过0.9mm的方孔筛，并记录筛余百分率及筛余物情况。

③ 试验用水必须是洁净的淡水。

④ 试验室温度应为（20±2）℃，相对湿度应不低于50%；湿气养护箱温度为（20±1）℃，相对湿度应不低于90%；养护池水温为（20±1）℃。

⑤ 水泥试样、标准砂、拌和水及仪器用具的温度应与试验室温度相同。

5.2.2 水泥细度检测

水泥细度检验分水筛法和负压筛法，如对两种方法检验的结果有争议时，以负压筛法为准。硅酸盐水泥的细度用比表面积表示，采用透气式比表面积仪测定。

1. 负压筛法

（1）主要仪器设备

负压筛析仪（由0.045mm方孔筛、筛座、负压源及收尘器组成）（见图5.3）；天平（感量0.1g）。

（2）试验步骤

① 检查负压筛析仪系统，调节负压至4000～6000Pa。

② 称取水泥试样25g，精确至0.1g。置于负压筛中，盖上筛盖并放在筛座上。

③ 启动负压筛析仪，连续筛析2min，在此间若有试样黏附于筛盖上，可轻轻敲击使试样落下。

④ 筛毕，取下筛子，到出筛余物，用天平称量筛余物的质量，精确至0.1g。

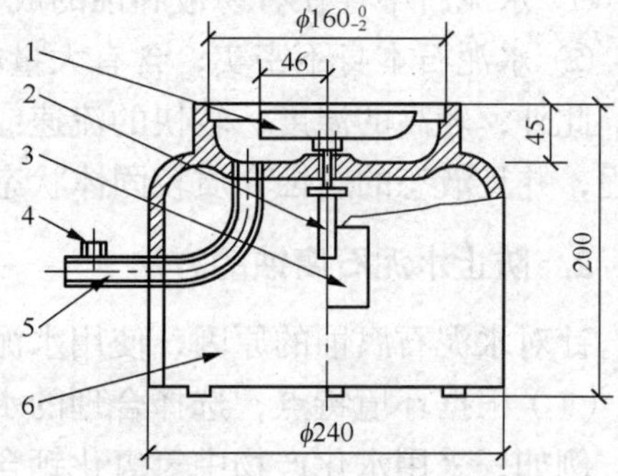

图5.3 负压筛析仪示意图

1—喷气嘴；2—微电机；3—控制板开口；4—负压表接口；5—负压源及吸尘器接口；6—壳体

（2）结果计算

以筛余物的质量克数除以水泥试样总质量的百分数，作为试验结果。本试验以一次试验结果作为检验结果。

2. 水筛法

（1）主要仪器设备

水筛及筛座采用边长为0.080mm的方孔铜丝筛网制成，筛框内径125mm，高80mm（见图5.4）；喷头（直径55mm，面上均匀分布90个孔，孔径0.5～0.7mm，喷头安装高度离筛网35～75mm为宜，见图5.5）；天平（称量为100g，感量为0.05g）；烘箱等。

（2）试验步骤

① 称取水泥试样50g，倒入水筛内，立即用洁净的自来水冲至大部分细粉过筛，再将筛子置于筛座上，用水压0.03～0.07MPa的喷头连续冲洗3min。

② 将筛余物冲到筛的一边，用少量的水将其全部冲至蒸发皿内，沉淀后将水倒出。

③ 将蒸发皿在烘箱中烘至恒重，称量筛余物，精确至0.1g。

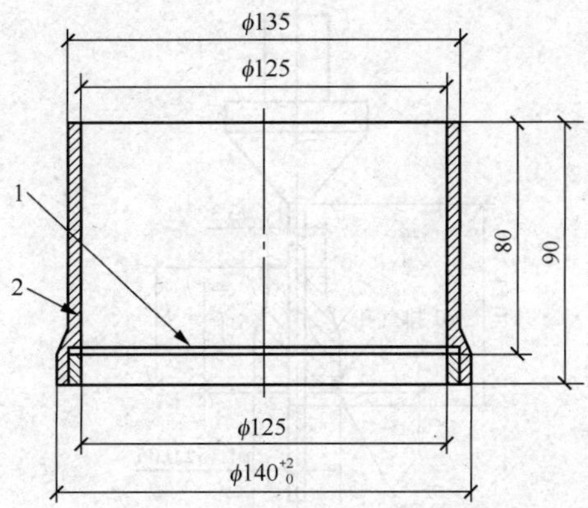

图5.4 水筛示意图

1—筛网；2—筛框

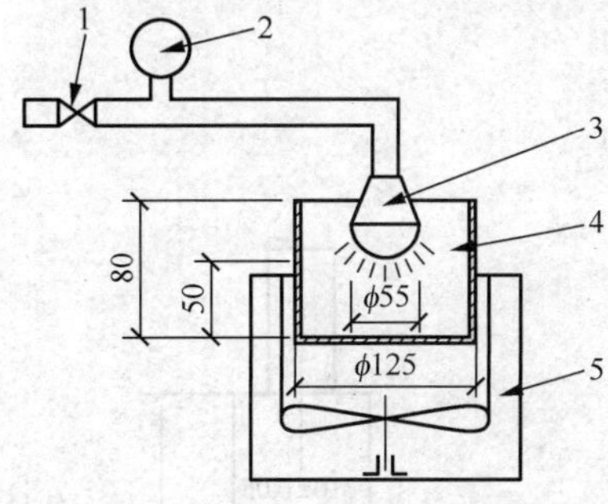

图5.5 筛座示意图

1—调节阀；2—压力表；3—喷头；4—筛框；5—搅拌器

（3）结果计算

以筛余物的质量克数除以水泥试样质量克数的百分数，作为试验结果。本试验以一次试验结果作为检验结果。

5.2.3 水泥标准稠度用水量检测

水泥净浆对标准试杆的沉入具有一定的阻力。通过试验不同含水量水泥浆的穿透性，以确定水泥标准稠度净浆中所需要加入的水量。

1. 主要仪器设备

水泥净浆搅拌机（由主机、搅拌叶和搅拌锅组成）；标准法维卡仪（主要由试杆和盛装水泥净浆的试模两部分组成），如图5.6所示；天平、铲子、小刀、平板玻璃底板、量筒等。

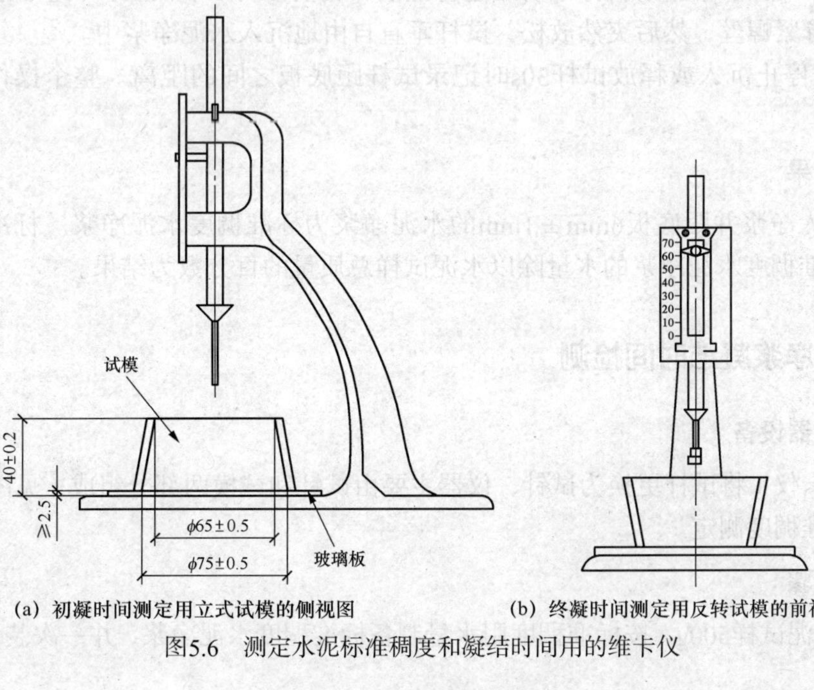

(a) 初凝时间测定用立式试模的侧视图　　(b) 终凝时间测定用反转试模的前视图

图5.6 测定水泥标准稠度和凝结时间用的维卡仪

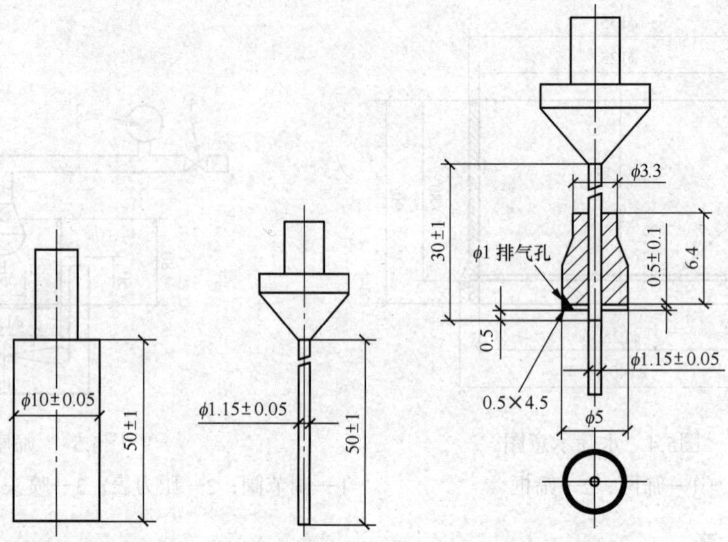

(c) 标准稠度试杆　(d) 初凝用试针　(e) 终凝用试针

图5.6　测定水泥标准稠度和凝结时间用的维卡仪（续）

2. 试验步骤

① 调整维卡仪并检查水泥净浆搅拌机。使得维卡仪上的金属棒能自由滑动，并调整至试杆（见图5.6（c））接触玻璃板时的指针对准零点。搅拌机运行正常，并用湿布将搅拌锅和搅拌叶片擦湿。

② 称取水泥试样500g，拌和水量按经验确定并用量筒量好。

③ 将拌和水倒入搅拌锅内，然后在5～10s内将水泥试样加入水中。将搅拌锅放在锅座上，升至搅拌位，启动搅拌机，先低速搅拌120s，停15s，再快速搅拌120s，然后停机。

④ 拌和结束后，立即将水泥净浆装入已置于玻璃底板上的试模中，用小刀插捣，轻轻振动数次排出气泡，刮去多余净浆；抹平后迅速将试模和底板移到维卡仪上，调整试杆至与水泥净浆表面接触，拧紧螺丝，然后突然放松，试杆垂直自由地沉入水泥净浆中。

⑤ 在试杆停止沉入或释放试杆30s时记录试杆距底板之间的距离。整个操作应在搅拌后1.5min内完成。

3. 试验结果

以试杆沉入净浆并距底板6mm ± 1mm的水泥净浆为标准稠度水泥净浆。标准稠度用水量（P）以拌和标准稠度水泥净浆的水量除以水泥试样总质量的百分数为结果。

5.2.4　水泥净浆凝结时间检测

1. 主要仪器设备

标准法维卡仪（将试杆更换为试针，仪器主要由试针和试模两部分组成（见图5.6））；其他仪器设备同标准稠度测定。

2. 试验步骤

① 称取水泥试样500g，按标准稠度用水量制备标准稠度水泥净浆，并一次装满试模，振动

数次刮平，立即放入湿气养护箱中。记录水泥全部加入水中的时间作为凝结时间的起始时间。

② 初凝时间的测定。首先调整凝结时间测定仪，使其试针（见图5.6（d））接触玻璃板时的指针为零。试模在湿气养护箱中养护至加水后30min时进行第一次测定：将试模放在试针下，调整试针与水泥净浆表面接触，拧紧螺丝，然后突然放松，试针垂直自由地沉入水泥净浆。观察试针停止下沉或释放试针30s时指针的读数。临近初凝时，每隔5min测定一次，当试针沉至距底板4mm ± 1mm时为水泥达到初凝状态。

③ 终凝时间的测定（为了准确观察试针（见图5.6（e））沉入的状况，在试针上安装一个环形附件）。在完成水泥初凝时间测定后，立即将试模连同浆体以平移的方式从玻璃板取下，翻转180°，直径大端向上，小端向下放在玻璃板上，再放入湿气养护箱中继续养护，临近终凝时间时每隔15min测定一次，当试针沉入水泥净浆只有0.5mm时，即环形附件开始不能在水泥浆上留下痕迹时，为水泥达到终凝状态。

④ 达到初凝或终凝时应立即重复一次，当两次结论相同时才能定为到达初凝或终凝状态。每次测定不能让试针落入原针孔，每次测定后，须将试模放回湿气养护箱内，并将试针擦净，而且要防止试模受振。

3. 试验结果

① 由水泥全部加入水中至初凝状态的时间为水泥的初凝时间，以“min”为单位表示。

② 由水泥全部加入水中至终凝状态的时间为水泥的终凝时间，以“min”为单位表示。

5.2.5 水泥体积安定性检测

1. 主要仪器设备

① 雷式夹（由铜质材料制成，其结构见图5.7。当用300g砝码校正时，两根针的针尖距离增加应在17.5mm ± 2.5mm范围内，见图5.8）；雷式夹膨胀测定仪（其标尺最小刻度为0.5mm，见图5.9）。

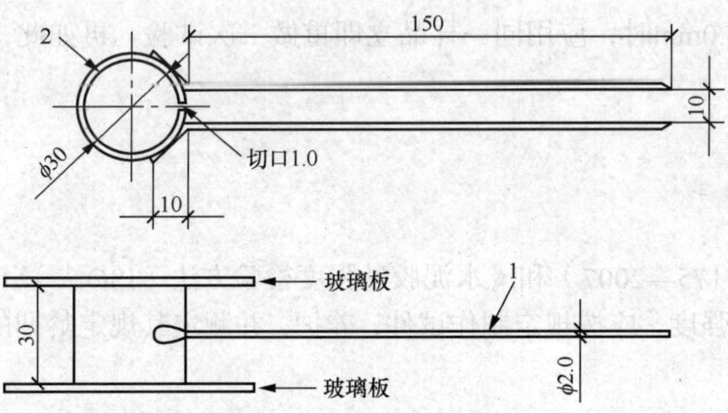

图5.7 雷式夹示意图

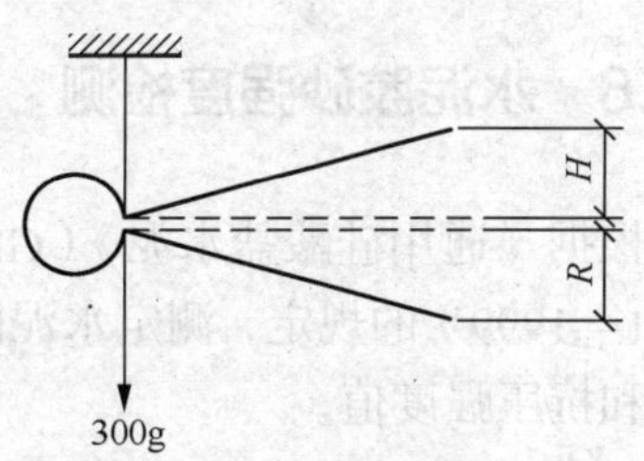

图5.8 雷式夹校正图

② 沸煮箱 有效容积410mm×240mm×310mm，内设篦板及加热器两组。能在（30 ± 5）min内将一定量的水由20℃升至沸腾，并保持恒沸3h。

③ 净浆搅拌机、天平、标准养护箱、小刀等。

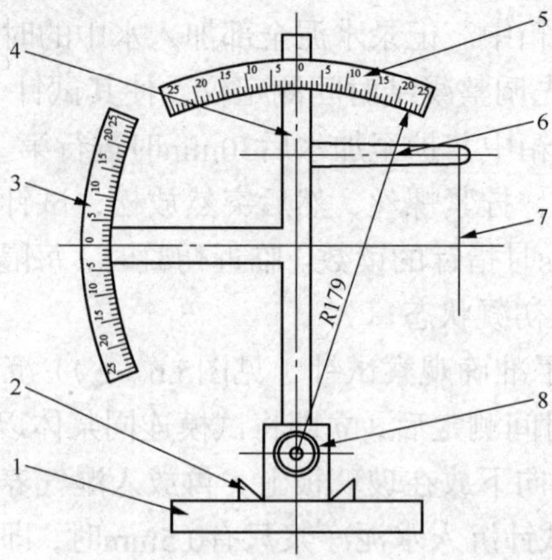

图5.9　雷式夹膨胀测定仪示意图

1—底座；2—模子座；3—测弹性标尺；4—立柱；5—测膨胀值标尺；6—悬臂；7—悬丝

2. 试验步骤

① 测定前准备工作：每个试样需成型两个试件，每个雷式夹需配备两块质量为75～85g的玻璃板，一垫一盖，并先在与水泥接触的玻璃板和雷式夹表面涂一层机油。

② 将制备好的标准稠度水泥净浆立即一次装满雷式夹，用小刀插捣数次，抹平，并盖上涂油的玻璃板，然后将试件移至湿气养护箱内养护24h±2h。

③ 脱去玻璃板取下试件，先测量雷式夹指针尖的距离（A），精确至0.5mm。然后将试件放入沸煮箱水中的试件架上，指针朝上，调好水位与水温，接通电源，在30min±5min之内加热至沸腾，并保持3h±5min。

④ 取出沸煮后冷却至室温的试件，用雷式夹膨胀测定仪测量试件雷式夹两指针尖的距离（C），精确至0.5mm。

3. 试验结果

当两个试件沸煮后增加的距离（$C-A$）的平均值不大于5.0mm时，即认为水泥安定性合格。当两个试件的（$C-A$）值相差超过4.0mm时，应用同一样品立即重做一次试验。再如此，则认为该水泥为安定性不合格。

5.2.6 水泥胶砂强度检测

根据《通用硅酸盐水泥》（GB 175—2007）和《水泥胶砂强度检验方法（ISO法）》（GB/T 17671—1999）的规定，测定水泥的强度，应按规定制作试件，养护，并测定其规定龄期的抗折强度和抗压强度值。

1. 主要仪器设备

行星式胶砂搅拌机（搅拌叶片和搅拌锅相反方向转动的搅拌设备，见图5.10）。胶砂试件成型震实台；试模（可装拆的三联试模，试模内腔尺寸为40mm×40mm×160mm，见图5.11）；水泥电动抗折试验机；抗压试验机；抗压夹具，见图5.12；套模、两个播料器、刮平直尺、标准养护箱等。

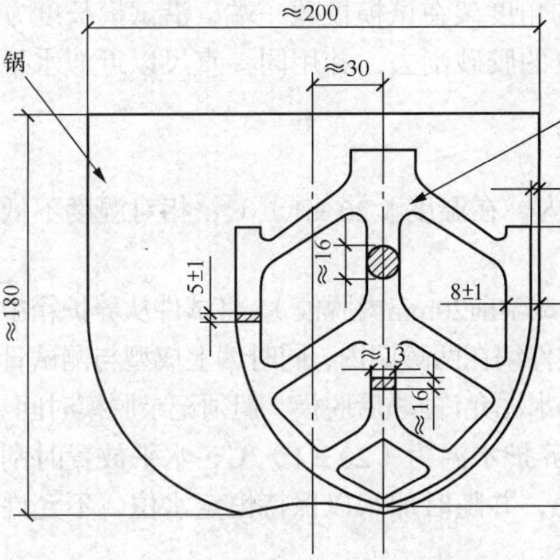

图5.10　胶砂搅拌机示意图

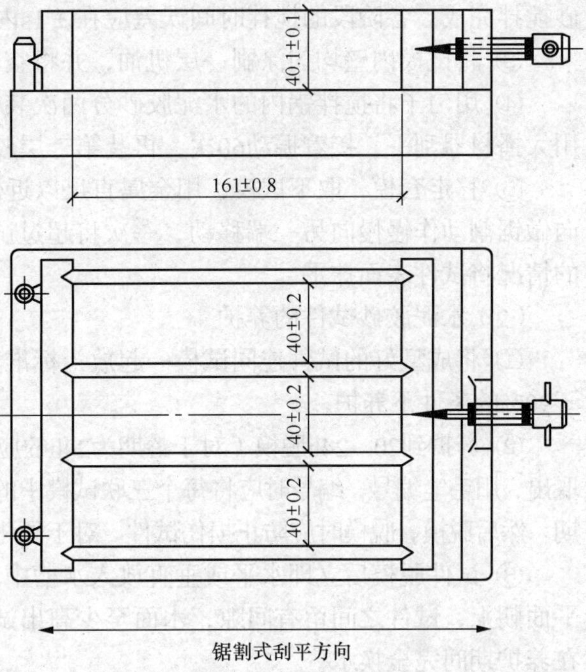

图5.11　典型水泥试模

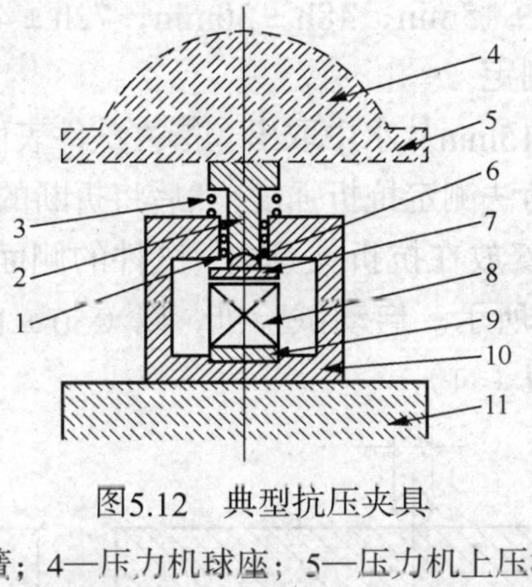

图5.12　典型抗压夹具

1—滚珠轴承；2—滑块；3—复位弹簧；4—压力机球座；5—压力机上压板；6—夹具球座；7—夹具上压板；8—试体；9—底板；10—夹具下垫板；11—压力机下压板

2. 试验步骤

（1）制作水泥胶砂试件

① 水泥胶砂试件是由水泥、中国ISO标准砂、拌和用水按1∶3∶0.5的比例拌制而成。一锅胶砂可成型三条试体，每锅材料用量见表5.5。按规定称量好各种材料。

表 5.5　　每锅胶砂的材料用量

材料	水泥	中国 ISO 标准砂	水
用量/g	450 ± 2	1350 ± 5	225 ± 1

② 将水加入胶砂搅拌锅内，再加入水泥，把锅放在固定架上，升至固定位置，然后启动机器，低速搅拌30s，在第二个30s开始时，同时均匀地加入标准砂。再高速搅拌30s后停90s，在第一个15s内用一胶皮刮具将叶片上和锅壁上的胶砂刮入锅内，在调整下继续高速搅拌60s。胶

砂搅拌完成。各阶段的搅拌时间误差应在±1s内。

③ 将试模内壁均匀涂刷一层机油，并将空试模和套模固定在振实台上。

④ 用勺子将搅拌锅内的水泥胶砂分两次装模。装第一层时，每个槽里先放入300g胶砂，并用大播料器刮平，接着振动60次，再装第二层胶砂，用小播料器刮平，再振动60次。

⑤ 移走套模，取下试模，用金属直尺以近似90°的角度架在试模模顶一端，沿试模长度方向做锯割动作慢慢向另一端移动，一次将超过试模部分的胶砂刮去，并用同一直尺以近似水平的情况将试件表面抹平。

（2）水泥胶砂试件的养护

① 将成型好的试件连同试模一起放入标准养护箱内，在温度（20±1）℃，相对湿度不低于90%的条件下养护。

② 养护到20～24h脱模（对于龄期为24h的应在破坏试验前20min内脱模）。将试件从养护箱中取出，用毛笔编号，编号时应将每个三联试模中的三条试件编在两龄期内，同时编上成型与测试日期。然后脱模，脱模时应防止损伤试件。对于硬化较慢的水泥允许24h后脱模，但须记录脱模时间。

③ 试件脱模后立即水平或垂直放入水槽中养护，养护水温为（20±1）℃，水平放置时刮平面朝上，试件之间留有间隙，水面至少高出试件5mm，并随时加水以保持恒定水位，不允许在养护期间完全换水。

④ 水泥胶砂试件养护至各规定龄期。试件龄期是从水泥加水搅拌开始起算。不同龄期的强度在下列时间里进行测定：24h±15min；48h±30min；72h±45min；7d±2h；>28d±8h。

（3）水泥胶砂试件的强度测定

水泥胶砂试件在破坏试验前15min从水中取出。揩去试件表面的沉积物，并用湿布覆盖至试验为止。先用抗折试验机以中心加荷法测定抗折强度；然后将折断的试件进行抗压试验测定抗压强度。

① 抗折强度试验。将试件安放在抗折夹具内，试件的侧面与试验机的支撑圆柱接触，试件长轴垂直于支撑圆柱，如图5.13所示。启动试验机，以（50±10）N/s的速度均匀地加荷直至试体断裂。记录最大抗折破坏荷载（N）。

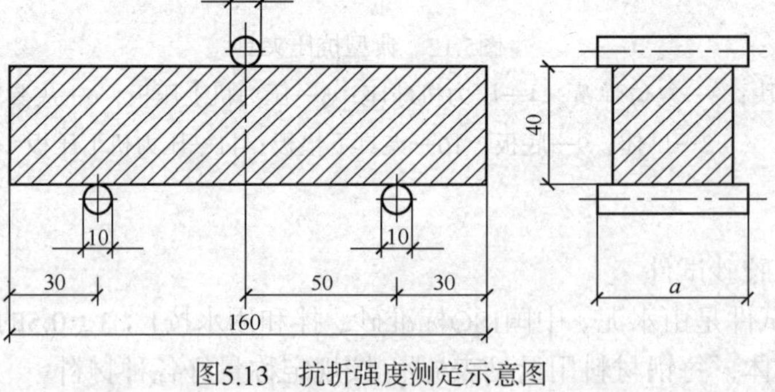

图5.13　抗折强度测定示意图

② 抗压强度试验。抗折强度试验后的六个断块试件保持潮湿状态，并立即进行抗压试验。将断块试件放入抗压夹具（见图5.12）内，并以试件的侧面作为受压面。启动试验机，以（2.4±0.2）kN/s的速度进行加荷，直至试件破坏。记录最大抗压破坏荷载（N）。

3. 结果评定

（1）抗折强度

① 每个试件的抗折强度$f_{ce,m}$按下式计算（精确至0.1MPa）。

$$f_{ce,m}=\frac{3FL}{2b^3}=0.00234F \quad (5.1)$$

式中，F——折断时施加于棱柱体中部的荷载，N；

L——支撑圆柱体之间的距离，mm，L=100mm；

b——棱柱体截面正方形的边长，mm，b=40mm。

② 以一组三个试件抗折结果的平均值作为试验结果。当三个强度值中有超出平均值±10%时，应剔除后再取平均值作为抗折强度试验结果。试验结果，精确至0.1MPa。

（2）抗压强度

① 每个试件的抗压强度$f_{ce,c}$按下式计算（精确至0.1MPa）。

$$f_{ce,c}=\frac{F}{A}=0.000625F \quad (5.2)$$

式中，F——试件破坏时的最大抗压荷载，N；

A——受压部分面积，mm^2（40mm×40mm=1600mm^2）。

② 以一组三个棱柱体上得到的六个抗压强度测定值的算术平均值作为试验结果。如六个测定值中有一个超出六个平均值的±10%，就应剔除这个结果，而以剩下五个的平均值作为结果。如果五个测定值中再有超过它们平均值±10%的，则此组结果作废。试验结果精确至0.1MPa。

5.3 掺混和材料的硅酸盐水泥

5.3.1 水泥混合料

在生产水泥时，为改善水泥性能，调节水泥标号而加到水泥中的人工和天然矿物材料，称为水泥混合材料。掺混合材料的硅酸盐水泥有普通硅酸盐水泥、矿渣硅酸盐水泥、火山灰质硅酸盐水泥、粉煤灰硅酸盐水泥以及复合硅酸盐水泥。

水泥混合材料按化学活性通常可分为活性混合材料和非活性混合材料两大类。

1. 活性混合材料

活性混合材料中有一定活性组分，常温下能与水泥熟料水化时析出的氢氧化钙或在硫酸钙的作用下生成具有胶凝性质的稳定化合物。常用的活性混合材料有粒化高炉矿渣、火山灰质混合材料和粉煤灰等。

（1）粒化高炉矿渣

高炉矿渣是冶炼生铁时的副产品。用高炉冶炼生铁时，除了铁矿石和燃料外，还需加入相当数量的石灰石和白云石作为熔剂。白云石和石灰石分解所得的CaO和MgO及铁矿石中的废矿、还有焦炭中的灰分相互熔化在一起，生成组成主要为硅酸钙（镁）和铝硅酸钙（镁）的熔融体。经水或空气急冷处理成为粒状的颗粒，称为粒化高炉矿渣。

粒化高炉矿渣为玻璃体，其中玻璃体含量达80%以上，因此储有大量化学潜能，高炉矿渣主要化学成分为CaO、SiO_2和$A1_2O_3$，另外还含有少量的MgO、Fe_2O_3及其他杂质。粒化高炉矿渣的活性主要来自玻璃体结构中的活性SiO_2和活性$A1_2O_3$，它们在与水作用时，尤其是在碱性激发剂$Ca(OH)_2$的作用下，会使玻璃体中的Ca^{2+}、$A1O_4^{5-}$、$A1^{3+}$、SiO_4^{4-}离子进入溶液，生成新的水化产物，即水化硅酸钙、水化铝酸钙等，从而产生胶凝作用。

（2）火山灰质混合材料

火山灰质混合材料按其成因分为天然的和人工的两大类。天然的火山灰质混合材料有火山灰（火山喷发形成的碎屑）、凝灰岩（由火山灰沉积而成的致密岩石）、浮石（火山喷出时形成的玻璃质多孔岩石）、沸石（凝灰岩经环境介质作用而形成的一种以含水铝硅酸盐矿物为主的多孔岩石）、硅藻土（由极细的硅藻介壳聚集、沉积而成）等。人工的火山灰质混合材料有煤矸石渣（煤层中煤质页岩经自然或煅烧后的产物）、烧页岩、烧黏土、煤渣和硅质渣等。

火山灰质混合材料结构上的特点是疏松多孔、比表面积大、易吸水、易反应等。

（3）粉煤灰

粉煤灰是火力发电厂以煤粉作燃料而排出的燃料渣，实际上它也属于火山灰质混合材料，故其水硬性原理与火山灰质混合材料相同。就粉煤灰化学成分而言，氧化钙、氧化铝两者总含量在60%以上。一般来说，粉煤灰的含碳量越低、5～45μm的细颗粒含量越多、低铁玻璃体越多、细小而密实球形玻璃体的含量越高时，其质量越好，活性越大。

2. 活性混合材料的作用

粒化高炉矿渣、火山灰质混合材料和粉煤灰属于活性混合材料，它们与水调和后，本身不会硬化或硬化极为缓慢。但在氢氧化钙溶液中，会发生显著水化。其水化反应式一般认为是：

$$x\mathrm{Ca(OH)_2}+\mathrm{SiO_2}+m\mathrm{H_2O}=x\mathrm{CaO}\cdot\mathrm{SiO_2}\cdot n\mathrm{H_2O}$$

$$y\mathrm{Ca(OH)_2}+\mathrm{Al_2O_3}+m\mathrm{H_2O}=y\mathrm{CaO}\cdot\mathrm{Al_2O_3}\cdot n\mathrm{H_2O}$$

式中x，y值决定于混合材料的种类、石灰和活性氧化硅及活性Al_2O_3的比例、环境温度以及作用所延续的时间等，一般为1或稍大，n值一般为1～2.5。

$Ca(OH)_2$和SiO_2相互作用的过程是无定性的硅酸吸收了钙离子，开始形成不定成分的吸附系统，然后形成无定形的水化硅酸钙，再经过较长一段时间后慢慢转变为微晶体或凝胶。

氢氧化钙与活性氧化铝相互作用形成水化铝酸钙。当液相中有石膏存在时，水化铝酸钙与石膏反应生成水化硫铝酸钙。这些水化物能在空气中凝结硬化，也能在水中凝结硬化，具有一定的强度。

3. 非活性混合材料

非活性混合材料与水泥矿物成分不起化学反应或化学反应很弱，在水泥中主要起填充作用，掺入硅酸盐水泥中主要起调节水泥标号、增加产量、降低水化热等作用。属于这类的混合材料有磨细石英砂、石灰石、黏土、慢冷矿渣及其他与水泥矿物成分不起反应的工业废渣等。

5.3.2 普通硅酸盐水泥

凡由硅酸盐水泥熟料、5%～20%的混合材料、适量石膏混合磨细制成的水硬性胶凝材料，称为普通硅酸盐水泥，代号P·O。

混合材料的加入量根据其具有的活性大小而定。按我国标准规定：普通硅酸盐水泥中如果要掺加活性混合材料（如粒化高炉矿渣、火山灰、粉煤灰等），其掺加量按质量计大于5%且小于等于20%，也允许不超过水泥质量5%的窑灰或不超过水泥质量8%的非活性混合材料来代替。掺非活性混合材料，最大掺量不得超过水泥质量的8%。

由于普通水泥混合料掺量很小，因此其性能与同等级的硅酸盐水泥相近。但由于掺入了少量的混合材料，与硅酸盐水泥相比，普通硅酸盐水泥硬化速度稍慢，其3d、28d的抗压强度稍低，这种水泥被广泛应用于各种强度等级的混凝土或钢筋混凝土工程，是我国的主要水泥品种之一。

普通硅酸盐水泥按照国家标准《通用硅酸盐水泥》（GB 175—2007）规定，其强度等级分为42.5、42.5R、52.5、52.5R四种，各强度等级水泥的各龄期强度不得低于表5.6所示的数值。

表 5.6　　普通硅酸盐水泥各龄期的强度值

强度等级	抗压强度/MPa		抗折强度/MPa	
	3d	28d	3d	28d
42.5	≥17.0	≥42.5	≥3.5	≥6.5
42.5R	≥22.0	≥42.5	≥4.0	≥6.5
52.5	≥23.0	≥52.5	≥4.0	≥7.0
52.5R	≥27.0	≥52.5	≥5.0	≥7.0

5.3.3 矿渣硅酸盐水泥

矿渣硅酸盐水泥是我国产量最多和应用广泛的水泥品种，凡由硅酸盐水泥熟料、粒化高炉矿渣和适量石膏磨细制成的水硬性胶凝材料，称为矿渣硅酸盐水泥，简称矿渣水泥，代号为P·S（A或B）。水泥中粒化高炉矿渣掺量大于20%且小于等于50%者，代号为P·S·A；水泥中粒化高炉矿渣掺量大于50%且小于等于70%者，代号为P·S·B。允许用火山灰质混合材料、石灰石、窑灰中的一种来代替部分粒化高炉矿渣，代替数量不得超过水泥重量的8%。

矿渣水泥中加入的石膏，一方面为调节水泥的凝结时间，另一方面又作为矿渣的激发剂，因此石膏的掺量比硅酸盐水泥稍多。标准规定矿渣水泥中SO_3含量不得超过4%。

矿渣水泥按3d和28d的抗压和抗折强度分为32.5、32.5R、42.5、42.5R、52.5、52.5R等强度等级，其各龄期的强度要求如表5.7所示。矿渣水泥的密度一般为2.8～3.0g/cm^3，松堆密度为900～1200kg/m^3。其80μm方孔筛的筛余量不得超过10.0%。凝结时间一般比硅酸盐水泥要长、标准规定初凝不得早于45mim，终凝不得迟于10h。实际初凝一般为2～5h，终凝为5～9h。安定性必须合格。

表 5.7　　矿渣水泥各龄期强度

强度等级	抗压强度/MPa		抗折强度/MPa	
	3d	28d	3d	28d
32.5	≥10.0	≥32.5	≥2.5	≥5.5
32.5R	≥15.0		≥3.5	
42.5	≥15.0	≥42.5	≥3.5	≥6.5
42.5R	≥19.0		≥4.0	
52.5	≥21.0	≥52.5	≥4.0	≥7.0
52.5R	≥28.0		≥4.5	

1. 矿渣水泥的水化过程

矿渣水泥的水化过程由两步组成：首光是水泥熟料颗粒开始水化，这时所生成的水化产物与硅酸盐水泥基本相同。生成的氢氧化钙是矿渣的碱性激发剂，它解离了玻璃体的结构，使玻璃体中的Ca^{2+}、AlO_4^{5-}、Al^{3+}、SiO_4^{4}离子进入溶液，生成新的水化物，即水化硅酸钙、水化铝酸钙。有石膏存在时，还会生成水化硫铝酸钙。由于矿渣水泥中熟料含量相对减少、并且有相当多的氢氧化钙又和矿渣组分相互作用，所以与硅酸盐水泥相比，其水化产物中的氢氧化钙含量相对减少，碱度要低些。

2. 矿渣水泥的性质

由于矿渣水泥掺入了大量的混合材料，因此在水泥硬化过程中及表现的性能上，相对硅酸盐水泥来说具有以下一些特点。

（1）早期强度低，后期强度高

矿渣水泥中由于硅酸盐水泥熟料矿物含量比硅酸盐水泥少得多，且混合材料中的活性氧化硅、活性氧化铝与氢氧化钙、石膏在常温下反应十分缓慢，因此，矿渣水泥与硅酸盐水泥相比，凝结硬化速度稍慢，早期强度（3d，7d）较低，但在硬化后期，由于水化硅酸钙凝胶数量增多，水泥石强度不断增长，甚至超过硅酸盐水泥（见图5.14）。需要注意的是，矿渣水泥在凝结硬化过程中对环境温度变化十分敏感，为使其强度稳步增长，需要较长时间的养护，如采用蒸汽养护或压蒸养护，则效果更好。

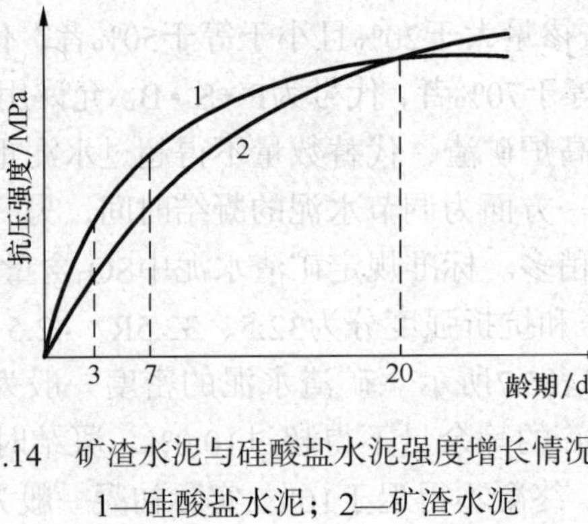

图5.14　矿渣水泥与硅酸盐水泥强度增长情况比较

1—硅酸盐水泥；2—矿渣水泥

（2）水化热低

在矿渣水泥中，由于熟料用量减少，使水化时发热最高的C_3S和C_3A含量相对减少，故其水化热较低，宜用于大体积混凝土工程中。

（3）抗侵蚀能力强

由于矿碴水泥的水化产物中氢氧化钙含量少，从而提高了抗溶出性及抗硫酸盐侵蚀的能力。故矿渣水泥适用于有溶出性或硫酸盐侵蚀的水工建筑工程、海港工程及地下工程。

（4）抗碳化能力较差

用矿渣水泥拌制的砂浆及混凝土，由于水泥石中氢氧化钙数量少，碱度低，因而表层的碳化作用进行得较快，碳化深度也较大。这对钢筋混凝土极为不利，因为当碳化深入达到钢筋的表面时，就会导致钢筋的锈蚀，最后使混凝土产生顺筋裂缝。

（5）具有较好的耐热性

由于氢氧化钙含量较低，且矿渣本身即是水泥的耐火掺料，故具有较好的耐热性，因此可用于耐热混凝土工程，如制作冶炼车间、锅炉房等高温车间的受热构件和窑炉外壳等。

（6）保水性较差，泌水性较大

将一定量的水分保存在浆体中的性能称为保水性，由于矿渣颗粒难以磨得很细，且矿渣玻璃体亲水性较差，因而矿渣水泥的保水性较差，泌水性较大。它容易使混凝土形成毛细通路及水囊，当水分蒸发后，便留下孔隙，降低混凝土的密实性及均匀性，故要严格控制用水量，加强早期养护。

（7）干缩性较大

水泥在空气中硬化时，随着水分的蒸发，体积会有微小的收缩，称为干缩。由于矿渣水泥的泌水性大，形成毛细通道，增加水分的蒸发所以其干缩性较大。干缩易使混凝土表面发生很多微细裂缝，从而降低混凝土的力学性能和耐久性。

（8）抗冻性和耐磨性较差

矿渣水泥抗冻性及耐磨性均较硅酸盐水泥及普通水泥差。因此，矿渣水泥不宜用于严寒地区水位经常变动的部位，也不宜用于高速夹砂水流冲刷或其他具有耐磨要求的工程。

5.3.4 火山灰质硅酸盐水泥

由硅酸盐水泥熟料、火山灰质混合材料和适量石膏磨细制成的水硬性胶凝材料，称为火山灰质硅酸盐水泥（简称火山灰水泥），代号为P·P。水泥中火山灰质混合材料掺加量按质量百分比计为大于20%且小于等于40%。

火山灰水泥的强度等级、类型及各龄期强度均与矿渣水泥相同，见表5.7。火山灰水泥中MgO含量不得超过50%，若经压蒸安定性检验合格，则熟料中MgO含量允许放宽到60%。细度、凝结时间及安定性要求与矿渣水泥相同。火山灰水泥密度较小，一般为2.8～3.1g/cm^3，装填密度为900～1000kg/m^3。

火山灰水泥的凝结硬化过程与矿渣水泥相似，首先是硅酸盐水泥熟料水化，然后是水化产物中的氢氧化钙和水泥中的石膏与混合材料中的活性氧化硅、活性氧化铝发生二次反应，生成水化硅酸钙、水化铝酸钙、水化硫铝酸钙等水化产物。特别需要指出的是各种火山灰质水泥的硬化过程虽然相似，但水化产物、水化速度常常由于具体的混合材料、熟料以及硬化环境的不同而有所变化，所以必须具体分析，不能一律看待。

与硅酸盐水泥相比，火山灰水泥在其凝结硬化及使用过程中具有以下特点。

① 火山灰水泥的强度及其增进率、水化热、温湿度对凝结硬化的影响、碳化速度等，都与矿渣水泥有相同的特点。

② 火山灰水泥在空气中的干缩率较大，干缩率与掺加的火山灰质混合材料的品种有关，通常比面积较大和疏松多孔的混合材料，干缩性较大。

③ 火山灰水泥在硬化后，所含游离$Ca(OH)_2$较少，所以对淡水溶蚀作用的抵抗力比普通水泥好，有时甚至比矿渣水泥还强。而且水化铝酸盐含量较低，故在硫酸盐水中的稳定性也高。

④ 当处在干燥空气中时，水化生成胶体的反应就会中止，强度也停止增长，而且已经形成的水化硅酸钙凝胶还会逐渐干燥，产生较大的体积收缩和内应力而形成微细裂纹。碳化作用又能使水泥石表面产生“起粉”现象。所以，火山灰质硅酸盐水泥不宜用在干燥环境中的地上结构物。

⑤ 当处在潮湿环境或水中养护时，火山灰质硅酸盐水泥中的活性混合材料吸收石灰而产生

膨胀胶化作用，并且形成较多的水化硅酸钙凝胶，使水泥石结构致密，因此有较高的紧密度和抗渗性，故宜用于抗渗要求较高的工程。

5.3.5 粉煤灰硅酸盐水泥

凡由硅酸盐水泥熟料和粉煤灰、适量石膏磨细制成的水硬性胶凝材料，称为粉煤灰硅酸盐水泥（简称粉煤灰水泥），代号为P·F。

粉煤灰水泥的强度等级、类型及各龄期强度均与矿渣水泥相同，如表5.7所示。细度、凝结时间、体积安定性与普通水泥的要求一致，三氧化硫含量超过35%为废品。

1. 粉煤灰水泥的水化过程

粉煤灰水泥的凝结硬化过程与火山灰水泥也极为相似，先是水泥熟料矿物的水化，然后粉煤灰中的活性SiO_2和Al_2O_3与熟料矿物水化所释出的$Ca(OH)_2$相反应。但也存在一定的特点：粉煤灰的玻璃体中的SiO_2、Al_2O_3与$Ca(OH)_2$反应生成水化硅酸钙和水化铝酸钙，但粉煤灰的球形玻璃体比较稳定，表面又相当致密，不易水化。在水化90d后，粉煤灰颗粒表面才开始生成大量的水化硅酸钙凝胶体，它们相互交叉连接，形成很好的黏结强度，所以鉴定粉煤灰的活性，要以3个月的抗压强度值来表示。

2. 粉煤灰水泥的特点

粉煤灰水泥的凝结硬化过程与火山灰质水泥相似。首先是熟料水化，而后是粉煤灰中的活性氧化放、活性氧化铝等与熟料水化时所析出的氢氧化钙进行反应，产生水化硅酸钙和水化铝酸钙。但由于粉煤灰的化学组成及矿物结构与火山灰质水泥有所差异，故粉煤灰水泥具有以下的特点。

（1）早期强度低，后期强度高

由于粉煤灰结构严密，不易水化，而只能在三个月后粉煤灰球形颗粒表面上才与熟料中析出的氢氧化钙发生明显的反应，产生强度。所以这种水泥的早期强度低于矿渣水泥与火山灰质水泥，而后期强度可以追上。

（2）水化热低

粉煤灰水泥水化时放热量比硅酸盐水泥低，约比同标号硅酸盐水泥低27%左右。

（3）抗裂性好

由于粉煤灰呈球形颗粒，因此表面积小，表面致密、光滑、吸水能力弱，故粉煤灰水泥的干缩率小于火山灰质水泥，裂缝也减少，因而提高了抗裂性。

（4）泌水性大、抗冻性差、抗碳化性能差

因粉煤灰的颗粒较细，在磨细过程中有部分颗粒仍保持表面光滑和球形颗粒，故拌和的混凝土和砂浆的流动性较好，但保水性差，泌水较快，如处理不妥会引起失水而产生裂纹。

5.3.6 复合硅酸盐水泥

复合硅酸盐水泥是由硅酸盐水泥熟料、两种或两种以上规定的混合材料、适量石膏磨细制成的水硬性胶凝材料，称为复合硅酸盐水泥（简称复合水泥），代号P·C。水泥中混合材料总掺加量按质量百分比应大于20%，不超过50%。

复合硅酸盐水泥的强度等级、类型及各龄期强度均与矿渣水泥相同，见表5.6。

5.3.7 水泥的选用、验收与保管

1. 六种常用水泥的特性与应用

硅酸盐水泥、普通硅酸盐水泥、矿渣硅酸盐水泥、火山灰硅酸盐水泥、粉煤灰硅酸盐水泥和复合硅酸盐水泥是建筑工程中广泛使用的6种水泥，它的选用如表5.8所示。

表 5.8 通用水泥的选用

混凝土工程特点及所处环境条件			优先选用	可以选用	不宜选用
普通混凝土	1	一般气候环境中的混凝土	普通水泥	矿渣水泥、火山灰水泥、粉煤灰水泥、复合水泥	
	2	在干燥环境中的混凝土	普通水泥	矿渣水泥	火山灰水泥、粉煤灰水泥
	3	在高湿环境中或长期处于水中的混凝土	矿渣水泥、火山灰水泥、粉煤灰水泥、复合水泥	普通水泥	
	4	厚大体积混凝土	矿渣水泥、火山灰水泥、粉煤灰水泥、复合水泥		硅酸盐水泥
有特殊要求的混凝土	1	要求快硬、高强（＞C40）的混凝土	硅酸盐水泥	普通水泥	矿渣水泥、火山灰水泥、粉煤灰水泥、复合水泥
	2	严寒地区的露天混凝土、寒冷地区处于水位升降范围内的混凝土	普通水泥	矿渣水泥（标号＞325）	火山灰水泥、粉煤灰水泥
	3	严寒地区处于水位升降范围内的混凝土	普通水泥（标号＞425）		矿渣水泥、火山灰水泥、粉煤灰水泥、复合水泥
	4	有抗渗要求的混凝土	普通水泥、火山灰水泥	矿渣水泥（标号＞325）	矿渣水泥
	5	有耐磨性要求的混凝土	硅酸盐水泥、普通水泥		火山灰水泥、粉煤灰水泥
	6	受侵蚀性介质作用的混凝土	矿渣水泥、火山灰水泥、粉煤灰水泥、复合水泥		硅酸盐水泥、普通水泥

2. 水泥的验收

（1）品种的验收

水泥包装袋上应清楚标明：执行标准、水泥品种、代号、强度等级、生产者名称、生产许可证标志（QS）及编号、出厂编号、包装日期、净含量。包装袋两侧应根据水泥的品种采用不同的颜色印刷水泥名称和强度等级，硅酸盐水泥和普通硅酸盐水泥采用红色，矿渣硅酸盐水泥采用绿色；火山灰硅酸盐水泥、粉煤灰硅酸盐水泥和复合硅酸盐水泥采用黑色或蓝色。

散装水泥发运时应提交与袋装标志相同内容的卡片。

（2）数量验收

水泥可以是袋装或散装，袋装水泥每袋净含量为50kg，且应不少于标示质量的99%；随机抽取20袋总含量（含包装袋）应不少于1000kg。其他包装形式由供需双方协商确定。

（3）质量验收

① 检验报告。检验报告内容应包括出厂检验项目（化学指标、凝结时间、安定性、强度）、细度、混合材料品种和掺加量、石膏和助磨剂的品种及掺加量、属悬窑或立窑生产及合同约定的其他技术要求。当用户需要时，生产者应在水泥发出之日起7d内寄发除28d强度以外的各项检验结果，32d内补报28d强度的检验结果。

② 质量验收方法。交货时水泥的质量验收可抽取实物试样以其检验结果为依据，也可以生产者同编号水泥的检验报告为依据。采取何种方法验收由买卖双方商定，并在合同或协议中注明。

以抽取实物试样的检验结果为验收依据时，买卖双方应在发货前或交货地共同取样或签封。取样数量为20kg，缩分为二等份。一份由卖方保存40d，另一份由买方按标准规定的项目和方法进行检验。在40d以内，买方检验认为产品质量不符合标准要求，而卖方又有异议时，则双方应将卖方保存的另一份试样送省级或省级以上国家认可的水泥质量监督检验机构进行仲裁检验。水泥安定性仲裁检验时，应在取样之日10d以内完成。

以生产者同编号水泥的检验报告为验收依据时，在发货前或交货时买方在同编号水泥中取样，双方共同签封后由卖方保存90d，或认可卖方自行取样，签封并保存90d的同编号水泥的封存样。在90d内，买方对水泥质量有疑问时，则买卖双方应将共同认可的试样送省级或省级以上国家认可的水泥质量监督机构进行仲裁检验。

（4）判定规则

检验结果符合标准《通用硅酸盐水泥》（GB 175—2007）的化学指标、凝结时间、安定性、强度规定为合格品；检验结果不符合国家标准的化学指标、凝结时间、安定性、强度中的任何一项技术要求为不合格品。

3. 水泥的保管

① 水泥在运输及储存时不得受潮和混入杂物，不同品种和标号的水泥应分别储运。

② 储存水泥的仓库应注意防潮、防雨水渗漏；存放袋装水泥时，地面垫板要离地300mm，四周离墙300mm；袋装水泥堆垛不宜太高，以免下部水泥受压结硬，一般以10袋为宜，如果存放期短、库房紧张，也不宜超过15袋。

③ 水泥的储存应按照水泥到货先后，依次堆放，尽量做到先存先用。

④ 水泥储存期不宜过长，以免受潮而降低水泥强度。存期一般不应超过3个月，因为即使在储存条件良好的情况下，水泥也会吸收空气中的水分缓慢水化而降低强度。

一般水泥存放3个月以上为过期水泥，强度将降低10%～20%，存放期越长，强度降低越大。过期水泥使用前必须重新检验、标定标号，否则不得使用。

5.4 特性水泥和专用水泥

特性水泥是为满足紧急抢修、冬季施工、海港和地下工程的特殊要求而生产的具有某种比较突出的性能的水泥。常用的有白色（彩色）硅酸盐水泥、快硬硅酸盐水泥、高铝水泥、膨胀水泥、抗硫酸盐硅酸盐水泥等。

专用水泥指为了适应专门用途的水泥。常用的有中热硅酸盐水泥、道路水泥、低热矿渣硅酸盐水泥等。

5.4.1 白色和彩色硅酸盐水泥

白色和彩色硅酸盐水泥主要用于建筑装饰工程，可配制成彩色灰浆或制造各种彩色和白色混凝土。白色和彩色水泥与其他天然的和人造的装饰材料相比，具有许多优点：价格较低廉，耐久性好，能使装饰工程机械化等。

1. 白色硅酸盐水泥

凡以适当成分的生料烧至部分熔蚀，所得以硅酸钙为主要成分、氧化铁含量很少的白色硅酸盐水泥熟料，再加入适量石膏，共同磨细制成的水硬性胶凝材料称为白色硅酸盐水泥，简称白水泥。

白水泥要保证白度，除了对原料要求含铁量低以外，燃料也需用重油或煤气、天然气等在生料制备及熟料粉磨时，球磨机要采用橡胶衬板或硅质石材衬板，研磨体要采用瓷球及天然卵石等，以免铁屑混入。由于白水泥对原料、工艺过程及工艺设备的要求较高，因此价格较贵。

白色硅酸盐水泥的基本性质与一般硅酸盐水泥相同，按我国《白色硅酸盐水泥》（GB/T 2015—2005）规定，白水泥的初凝时间不得小于45min，终凝时间不得迟于12h，分为325、425、525、625四个标号。按白度分一级、二级、三级、特级四个等级。按白度和标号分优等品、一等品和合格品。

2. 彩色硅酸盐水泥

彩色硅酸盐水泥的制造方法有2种：一种是将着色剂以干式混合的方式混入白色硅酸盐水泥或硅酸盐水泥之中，或在粉磨白色水泥和硅酸盐水泥时掺入着色剂；另一种方法是在水泥生料中掺入适量着色物质，煅烧成彩色熟料，然后磨制成彩色硅酸盐水泥。

混合法制造彩色硅酸盐水泥，所用着色剂要求对光和大气的耐久性好，不溶于水，分散性好，既能耐碱，也不会对水泥石起破坏作用，亦不能使水泥的强度显著下降，颜色要浓、不含杂质，加入量要少、价格比较便宜。

5.4.2 快硬硅酸盐水泥

以硅酸盐水泥熟料，加入适量石膏磨细制成的具有早期强度增进率较高的水硬性胶凝材料，称为快硬硅酸盐水泥（简称快硬水泥）。

快硬水泥的生产方法与硅酸盐水泥基本相同，只是要求C_3S、C_3A的含量高一些。通常快硬水泥熟料中C_3S（硅酸三钙）含量为50%～60%，C_3A（铝酸三钙）含量为8%～14%，两者总量应不少于60%～65%。为了加快硬化速度，可适当增加石膏的掺量（可达8%）和提高水泥的细度，水泥的比表面积一般控制在3000～4000cm^2/g。

快硬硅酸盐水泥以3d强度确定其强度等级，分为32.5、37.5、42.5三个等级。各级快硬水泥各规定龄期的强度不低于表5.9所示的数据。

表 5.9　快硬硅酸盐水泥各龄期强度

标号	抗压强度/MPa			抗折强度/MPa		
	1d	3d	28d	1d	3d	28d
325	15.0	32.5	52.5	3.5	5.0	7.2
375	17.0	37.5	57.5	4.0	6.0	7.6
425	19.0	42.5	62.5	4.5	6.4	8.6

快硬硅酸盐水泥品质指标：细度以0.080mm方孔筛筛余不得超过10%，凝结时间初凝规定不得早于45min，终凝不得迟于10h。

由于快硬水泥的比表面积大，在储存和运输过程中容易风化，一般储存期不应超过1个月，应及时使用。

快硬水泥的水化热较高，这是由于水泥细度高、水化活性大、硅酸三钙和铝酸三钙的含量较高之故。快硬水泥的早期干缩率较大。由于水泥石比较致密，不透水性和抗冻性往往优于普通水泥。快硬水泥主要用于抢修工程、军事工程、预应力钢筋混凝土制品。

5.4.3 高铝水泥

高铝水泥也称矾土水泥。凡以铝酸钙为主、氧化铝含量约50%的熟料所磨制的水硬性胶凝材料，称为高铝水泥。它是以矾土和石灰石作原料，按适当比例配合后，经烧结或熔融，再粉磨而成。

1. 矿物组成

（1）铝酸一钙（CA）

这是高铝水泥的主要矿物，只有很高的水硬活性，其特点是凝结正常，硬化迅速，是提高高铝水泥强度的主要来源。但CA含量过高的水泥，早期强度发展较快，后期强度增进率就不显著。

（2）二铝酸一钙（CA_2）

在氧化钙含量低的高铝水泥中，CA_2的含量较多。CA_2水化硬化较慢，早期强度低，但后期强度能不断增高。如含量过多，将影响高铝水泥的快硬性能。

（3）七铝酸十二钙（$C_{12}A_7$）

其水化特点为水化极快，凝结极快，强度不及CA高。

（4）钙铝黄长石（C_2AS）

也称铝方柱石，水化活性很低。

(5)六铝酸一钙(CA_6)

惰性矿物，没有水硬性，含有矿物CA_6，水泥的耐热性提高。

2. 高铝水泥的水化和硬化

铝酸盐水泥中的铝酸一钙水化反应很快，水化产物会随温度不同而异。

当温度小于20℃时：

$$CaO \cdot Al_2O_3 + 10H_2O = CaO \cdot Al_2O_3 \cdot 10H_2O$$

当温度在20～30℃时：

$$2(CaO \cdot Al_2O_3) + 11H_2O = 2CaO \cdot Al_2O_3 \cdot 8H_2O + Al_2O_3 \cdot 3H_2O$$

当温度大于30℃时：

$$3(CaO \cdot Al_2O_3) + 12H_2O = 3CaO \cdot Al_2O_3 \cdot 6H_2O + 2(Al_2O_3 \cdot 3H_2O)$$

铝酸盐水泥的正常使用温度应在30℃以下，这时，铝酸盐水泥水化反应后的产物，以水化铝酸二钙为主。水化铝酸二钙和水化铝酸一钙具有针状和片状晶体，它们互相交错攀附，重叠结合，形成坚强的晶体骨架，使水泥石获得较高的强度。氢氧化铝凝胶填充于晶体骨架的空隙，能形成较致密的结构。这种水泥水化5～7d后，水化产物就很少增加，因此硬化初期强度增长很快，以后则不显著。

需要注意的是，水化铝酸一钙和水化铝酸二钙是不稳定的晶体，在常温下，能很缓慢地转化为稳定地水化铝酸三钙。当温度升高时，转化大为加速。在转化过程中不仅晶形发生变化，而且析出较多游离水，使水泥石的强度下降。

3. 高铝水泥的特点与应用

① 快硬早强，早期强度增长快，24h即可达到极限强度的80%左右。故宜用于紧急抢修工程和早期强度要求高的工程。但高铝水泥后期强度可能会下降，尤其是在高于30℃的湿热环境下，强度下降更快，甚至会引起结构的破坏。因此，结构工程中使用高铝水泥应慎重。

② 水化热大，而且集中在早期放出。高铝水泥的1d放热量约相当于硅酸盐水泥的7d放热量。因此，适合于冬季施工，不适合于最小断面尺寸超过45cm的构件及大体积混凝土的施工。

③ 具有较好的抗硫酸盐侵蚀能力。这是因为其主要成分为低钙铝酸盐，游离的氧化钙极少，水泥石结构比较致密，故适合于有抗硫酸盐侵蚀要求的工程。

但高铝水泥不耐碱，高铝水泥与破件溶液接触，甚至混凝土骨料内含有少量碱性化合物时，都会引起不断的侵蚀，故不能用于接触碱溶液的工程。

④ 耐高温性能好。因为高温时产生了固相反应，烧结结合代替了水化结合，使得高铝水泥在高温下仍能保持较高的强度，如干燥的高铝水泥混凝土，900℃仍能保持70%强度，1300℃时尚有53%的强度。例如，采用耐火的粗细骨料(如烙铁矿等)，可制成使用温度达1300℃～1400℃的耐热混凝土。

高铝水泥使用时应注意：

① 最适宜的硬化温度为15℃左右，一般施工时环境温度不得超过25℃，否则强度降低。高铝水泥拌制的混凝土不能进行蒸汽养护。

② 高铝水泥使用时，严禁与硅酸盐水泥或石灰相混，也不得与尚未硬化的硅酸盐水泥混凝土接触使用，否则将产生瞬凝，以至无法施工，且强度很低。

③ 高铝水泥的长期强度，由于晶型转化及铝酸盐凝胶体老化等原因，有降低的趋势，如果需用于工程中，应按最低稳定强度进行设计。

5.4.4 膨胀水泥

膨胀水泥是一种在水化过程中体积产生微量膨胀的水泥。它通常由胶凝材料和膨胀剂混合制成。膨胀剂使水泥在水化过程中形成膨胀性物质（如水化硫铝酸钙），导致体积稍有膨胀。

由于这一过程是在未硬化浆体中进行，所以不致引起破坏和有害应力。按水泥主要组成可分为硅酸盐型、铝酸盐型和硫铝酸盐型膨胀水泥。根据水泥的膨胀值及其用途，又可分为收缩补偿水泥和自应力水泥两大类。

按化学反应的生成物可分为水化硫铝酸钙，钙、镁氢氧化物，铁氧化物3类膨胀水泥，按水泥主要组成可分为硅酸盐型、铝酸盐型、硫铝酸盐型膨胀水泥。

根据膨胀值和用途的不同，膨胀水泥可用于收缩补偿膨胀和产生自应力。

常用的膨胀水泥主要分为以下3种。

1. 以硅酸盐水泥熟料为主

① 硅酸盐膨胀水泥和硅酸盐自应力水泥：由硅酸盐水泥熟料或水泥加高铝水泥和石膏制成。

② K型膨胀水泥：由硅酸盐水泥熟料或水泥加膨胀剂制成。膨胀剂由C_4A_3S和石灰、石膏组成。

③ S型膨胀水泥：由C_3A含量高的硅酸盐水泥熟料加二水石膏磨细制成。

④ 明矾石膨胀水泥和明矾石自应力水泥：由硅酸盐水泥熟料加煅烧的或未煅烧的明矾石和石膏磨细制成。

⑤ 膨胀油井水泥；由硅酸盐水泥熟料加入适量在一定温度下煅烧的CaO制成。

⑥ 加气型水泥：由硅酸盐水泥加铝粉或加铁粉和氧化剂而制成。

2. 以高铝水泥熟料为主

① 膨胀性不透水水泥：由高铝水泥加水化铝酸钙和半水石膏制成。

② 无收缩不透水水泥：由高铝水泥加半水石膏和消石灰制成。

③ 石膏矾土膨胀水泥：快凝膨胀水泥、铝酸盐自应力水泥，由高铝水泥加石膏制成。

3. 以硫铝酸盐熟料为主

硫铝酸盐早强微膨胀水泥、硫铝酸盐自应力水泥，由硫铝酸钙熟料加二水石膏制成。

[工程实例分析]

膨胀水泥与膨胀剂的应用

硅酸盐水泥水化收缩，会产生裂缝。为此，引入明矾石、石灰等膨胀组分以补偿收缩，或产生自应力。但是对大批量生产的膨胀水泥，调节其不同需求的膨胀量较困难，所以为适应不同工程的需求，又发展为膨胀剂，如我国较著名的U型膨胀剂（UEA）。我国驻孟加拉国大使馆1991年2月正式开工，1992年6月竣工，被评为使馆建设“优质样板”工程。孟加拉国是世界暴风雨灾害中心区，年降雨量 2000～3000mm，雨期长达6个月，使馆区地势低洼，暴雨后地面积水深达500mm。在该使馆工程楼板、公寓、地下室、室外游泳池、观赏池的混凝土中采用UEA膨胀剂防水混凝土。掺UEA的混凝土用内掺法，UEA的用量为水泥用量的12%，经长时间使用未发现混凝土收缩裂缝，效果好。膨胀剂的应用除需正确选用品种、配比外，还需合理养护等一系列技术措施。

5.4.5 抗硫酸盐硅酸盐水泥

简称抗硫酸盐水泥，是以硅酸钙为主的特定矿物组成的熟料，加入适量石膏，磨细制成的具有一定抗硫酸盐侵蚀性能的水硬性胶凝材料。适当降低C_3A的含量，以C_4AF代替C_3A，可提高水泥的抗侵蚀性。

抗硫酸盐水泥具有较高的抗硫酸盐侵蚀的性能，水化热较低，适用于受硫酸盐侵蚀的海港、水利、地下隧涵、引水、道路与桥梁基础等工程。

5.4.6 道路水泥

道路水泥是由道路硅酸盐水泥熟料、0～10%活性混合材料和适量石膏，经磨细制成的水硬性胶凝材料。

道路硅酸盐水泥熟料中铝酸三钙的含量不得大于5.0%，铁铝酸四钙的含量不得小于16.0%。

道路水泥分为42.5、52.5和62.5三个强度等级，其早期强度较高，干缩值小，耐磨性好。适于修筑道路路面和飞机场地面，也可用于一般土建工程。

5.4.7 中热硅酸盐水泥和低热矿渣硅酸盐水泥

中热硅酸盐水泥，简称中热水泥，是以适当成分的硅酸盐水泥熟料，加入适量石膏，经磨细制成的具有中等水化热的水硬性胶凝材料，分42.5和52.5两个强度等级。

低热矿渣硅酸盐水泥简称低热水泥，是以适当成分的硅酸盐水泥熟料，加入矿渣、适量石膏，经磨细制成的具有低水化热的水硬性胶凝材料，分32.5和42.5两个强度等级。

中、低热水泥适用于要求水化热较低的大体积混凝土，如大坝、大体积建造物和厚大的基础等工程中，可以克服因水化热引起的温度应力而导致的混凝土破坏。

复习思考题

1. 硅酸盐水泥熟料是由哪几种矿物组成的？它们的水化产物是什么？
2. 硅酸盐水泥的凝结硬化过程是怎样进行的？
3. 制造硅酸盐水泥时为什么必须掺入适量的石膏？石膏掺量太少或过多时，将产生什么情况？
4. 何谓水泥的凝结时间？国家标准为什么要规定水泥的凝结时间？
5. 什么是水泥的体积安定性？产生安定性不良的原因是什么？
6. 为什么生产硅酸盐水泥时掺适量石膏对水泥石不起破坏作用，而硬化水泥石在有硫酸盐的环境介质中生成石膏时就有破坏作用？
7. 硅酸盐水泥腐蚀的类型有哪些？腐蚀后水泥石破坏的形式有哪几种？
8. 什么是水泥的混合材料？在硅酸盐水泥中掺混合材料起什么作用？
9. 活性混合材料产生水硬性的条件是什么？

10. 某工地材料仓库存有白色胶凝材料3桶，原分别标明为磨细生石灰、建筑石膏和白水泥，后因保管不善，标签脱落，问可用什么简易方法来加以辨认？

11. 在下列混凝土工程中，试分别选用合适的水泥品种，并说明选用的理由？

（1）早期强度要求高、抗冻性好的混凝土；

（2）抗软水和硫酸盐腐蚀较强、耐热的混凝土；

（3）抗淡水侵蚀强、抗渗性高的混凝土；

（4）抗硫酸盐腐蚀较高、干缩小、抗裂性较好的混凝土；

（5）夏季现浇混凝土；

（6）紧急军事工程；

（7）大体积混凝土；

（8）水中、地下的建筑物；

（9）在我国北方，冬季施工混凝土；

（10）位于海水下的建筑物；

（11）填塞建筑物接缝的混凝土。

12. 试述快硬硅酸盐水泥、膨胀水泥、白色水泥的特性和用途。

第6章

混凝土

从广义上讲，凡由胶凝材料、骨料和水（或不加水）按适当的比例配合、拌和制成混合物、经一定时间后硬化而成的人造石材，叫做混凝土。目前使用最多的是以水泥为胶凝材料的混凝土，称为水泥混凝土，它是当今世界上用途最广、用量最大的人造建筑材料，而且是最重要的建筑结构材料。

本章以普通混凝土为主，是全书的重点内容之一。本章重点讲述了与混凝土相关的知识，涉及混凝土的组成材料、混凝土的外加剂、混凝土拌合物的性质、混凝土的主要技术性质（强度、变形性能、耐久性）、混凝土配合比设计的原理及方法步骤、混凝土质量控制的参数与强度检验的评定标准以及轻混凝土和其他品种的混凝土。

学习目标

- 掌握普通混凝土组成材料的品种、技术要求及选用。
- 熟练掌握各种组成材料各项性质的要求，测定方法及对混凝土性能的影响。
- 熟练掌握混凝土拌和物的性质及其测定和调整方法。
- 熟练掌握硬化混凝土的力学性质，变形性质和耐久性及其影响因素。
- 熟练掌握普通混凝土的配合比设计方法。

6.1 混凝土概述

6.1.1 混凝土的分类

混凝土是指用胶凝材料将粗细骨料胶结成整体的复合固体材料的总称。混凝土的种类很多，分类方法也很多。

1. 按表观密度分类

（1）重混凝土。表观密度大于2600kg/m^{3}的混凝土。常由重晶石和铁矿石配制而成。

（2）普通混凝土。表观密度为1950～2500kg/m^{3}的水泥混凝土。它主要由砂、石子和水泥配制而成，是土木工程中最常用的混凝土品种。

（3）轻混凝土。表观密度小于1950kg/m^{3}的混凝土。它包括轻骨料混凝土、多孔混凝土和大孔混凝土等。

2. 按胶凝材料的品种分类

通常根据主要胶凝材料的品种，并以其名称命名，如水泥混凝土、石膏混凝土、水玻璃混凝土、硅酸盐混凝土、沥青混凝土、聚合物混凝土等。有时也以加入的特种改性材料命名，如水泥混凝土中掺入钢纤维时，称为钢纤维混凝土；水泥混凝土中掺加大量粉煤灰时则称为粉煤灰混凝土等。

3. 按使用部位、功能和特性分类

按使用部位、功能和特性通常可分为结构混凝土、道路混凝土、水工混凝土、耐热混凝土、耐酸混凝土、防辐射混凝土、补偿收缩混凝土、防水混凝土、泵送混凝土、自密实混凝土、纤维混凝土、聚合物混凝土、高强混凝土、高性能混凝土等。

6.1.2 混凝土的特点

普通混凝土在建筑工程中能得到广泛的应用，其主要原因是由于它具有以下优点。

① 原材料来源丰富，造价低廉。混凝土中砂、石骨料约占80%，而砂、石为地方性材料，到处可得，因此可就地取材，价格便宜。

② 混凝土拌合物具有良好的可塑性。可按工程结构要求浇筑成各种形状和任意尺寸的整体结构或预制构件。

③ 配制灵活、适应性好。改变混凝土组成材料的品种及比例，可制得不同物理力学性能的混凝土，以满足各种工程的不同需要。

④ 抗压强度。硬化后的混凝土其抗压强度一般为20～40MPa，也可高达60～100MPa，故很适于作建筑结构材料。

⑤ 与钢筋有牢固的黏结力，并混凝土与钢筋的线膨胀系数基本相同，二者复合成钢筋混凝土后，能保证共同工作，从而大大扩展了混凝土的应用范围。

⑥ 耐久性良好。混凝土一般不需要维护保养，故维修费用少。

⑦ 耐火性好。普通混凝土的耐火性远比木材、钢材和塑料好，可经数小时的高温作用而仍保持其力学性能，有利于火灾时扑救。

⑧ 生产能耗较低。混凝土生产的能源消耗远比烧土制品及金属材料低。

普通混凝土的不足之处主要为：

① 自重大、比强度（强度与表观密度之比）小。每立方米普通混凝土重达2400kg左右，致使在建筑工程中形成肥梁、胖柱、厚基础，对高层、大跨度建筑不利。

② 抗拉强度低。一般其抗拉强度为抗压强度的1/10～1/20，因此受拉时易产生脆裂。

③ 导热系数大。普通混凝土导热系数为1.40W/（m·K），为红砖的两倍，故保温隔热性能较差。

④ 硬化较慢，生产周期长。

应该着重指出，随着现代混凝土科学技术的发展，混凝土的不足之处已经得到或正在被克服。例如，采用轻骨料，可使混凝土的自重和导热系数显著降低；在混凝土中掺入纤维或聚合物，可大大降低混凝土的脆性；混凝土采用快硬水泥或掺入早强剂、减水剂等，可明显缩短其硬化周期。由于混凝土具有以上这些重要的优点，使得许多比强度大的、效益高的结构材料，

也无法与之相竞争。普通混凝土已成为现代建筑工程的主要建筑材料，广泛应用于工业与民用建筑工程、水利工程、地下工程、公路、铁路、桥梁及国防建设等工程中。

6.2 混凝土的组成材料

混凝土的性能在很大程度上取决于组成材料的性能。因此必须根据工程性质、设计要求和施工现场条件合理选择原料的品种、质量和用量。要做到合理选择原材料，则首先必须了解组成材料的性质、作用原理和质量要求。

6.2.1 水泥

1. 水泥品种的选择

水泥品种的选择主要根据工程结构特点、工程所处环境及施工条件确定。例如，高温车间结构混凝土有耐热要求，一般宜选用耐热性好的矿渣水泥等。

2. 水泥强度等级的选择

水泥强度等级的选择原则：混凝土设计强度等级越高，则水泥强度等级也宜越高；设计强度等级低，则水泥强度等级也相应低。例如，C40以下混凝土，一般选用32.5级；C45～C60混凝土一般选用42.5级，在采用高效减水剂等条件下也可选用32.5级；大于C60的高强混凝土，一般宜选用42.5级或更高强度等级的水泥；对于C15以下的混凝土，则宜选择强度等级为32.5级的水泥，并外掺粉煤灰等混合材料，目标是保证混凝土中有足够的水泥，既不过多，也不过少。因为水泥用量过多（低强水泥配制高强度混凝土），一方面成本增加；另一方面，混凝土收缩增大，对耐久性不利。水泥用量过少（高强水泥配制低强度混凝土），混凝土的黏聚性变差，不易获得均匀密实的混凝土，严重影响混凝土的耐久性。

6.2.2 砂

公称粒径在0.15～5.0mm的骨料称为细骨料，亦即砂。常用的细骨料有河砂、海砂、山砂和机制砂（有时也称为人工砂、加工砂）等。通常根据技术要求分为Ⅰ类、Ⅱ类和Ⅲ类。Ⅰ类用于强度等级大于C60的混凝土；Ⅱ类用于C30～C60的混凝土；Ⅲ类用于小于C30的混凝土。

海砂可用于配制素混凝土，但不能直接用于配制钢筋混凝土，主要是氯离子含量高，容易导致钢筋锈蚀，如要使用，必须经过淡水冲洗，使有害成份含量减少到要求以下。山砂可以直接用于一般工程混凝土结构，当用于重要结构物时，必须通过坚固性试验和碱活性试验。机制砂是指将卵石或岩石用机械破碎的方法，通过冲洗、过筛制成。通常是在加工碎卵石或碎石时，将小于10mm的部分进一步加工而成。

细骨料的主要质量指标有：

1. 有害杂质含量

细骨料中的有害杂质主要包括两方面：①黏土和云母。它们黏附于砂表面或夹杂其中，严重降低水泥与砂的黏结强度，从而降低混凝土的强度、抗渗性和抗冻性，增大混凝土的收缩。②有机质、硫化物及硫酸盐。它们对水泥有腐蚀作用，从而影响混凝土的性能。因此对有害杂质含量必须加以限制。国家标准《建筑用砂》（GB/T 14684—2011）对有害物质含量的限值见表6.1。其中云母含量不得大于2%，轻物质含量和硫化物及硫酸盐含量分别不得大于1%，含泥量及泥块含量的限值为：当小于C30时分别不大于5%和1%，当大于等于C30时，分别不大于3%和1%。

表 6.1　　砂中有害物质含量限值

类别	Ⅰ	Ⅱ	Ⅲ
云母含量（按质量计）/%	≤1.0	≤2.0	
轻物质	≤1.0		
有机物	合格		
硫化物及硫酸盐（按 SO_3 质量计）/%	≤0.5		
氯化物（以氯离子质量计）/%	≤0.01	≤0.02	≤0.06
贝壳（按质量计）/%*	≤3.0	≤5.0	≤8.0
含泥量（按质量计）/%	≤1.0	≤3.0	≤5.0
泥块含量（按质量计）/%	0	≤1.0	≤2.0

*该指标仅适用于海砂，其他砂种不作要求。

此外，由于氯离子对钢筋有严重的腐蚀作用，当采用海砂配制钢筋混凝土时，海砂中氯离子含量要求小于0.06%（以干砂重计）；对预应力混凝土不宜采用海砂，若必须使用海砂时，需经淡水冲洗至氯离子含量小于0.02%。用海砂配制素混凝土，氯离子含量不予限制。

2. 颗粒形状及表面特征

河砂和海砂经水流冲刷，颗粒多为近似球状，且表面少棱角、较光滑，配制的混凝土流动性往往比山砂或机制砂好，但与水泥的黏结性能相对较差；山砂和机制砂表面较粗糙，多棱角，故混凝土拌合物流动性相对较差，但与水泥的黏结性能较好。水灰比相同时，山砂或机制砂配制的混凝土强度略高；而流动性相同时，因山砂和机制砂用水量较大，故混凝土强度相近。

3. 坚固性

砂是由天然岩石经自然风化作用而成，机制砂也会含大量风化岩体，在冻融或干湿循环作用下有可能继续风化，因此对某些重要工程或特殊环境下工作的混凝土用砂，应做坚固性检验。如严寒地区室外工程，并处于湿潮或干湿交替状态下的混凝土，有腐蚀介质存在或处于水位升降区的混凝土等。坚固性根据标准《建筑用砂》（GB/T 14684—2011）规定，采用硫酸钠溶液浸泡→烘干→浸泡循环试验法检验。测定5个循环后的重量损失率，其指标应符合表6.2所示的要求。

表 6.2　砂的坚固性指标

类别	Ⅰ	Ⅱ	Ⅲ
质量损失/%	≤8		≤10

4. 粗细程度与颗粒级配

砂的粗细程度是指不同粒径的砂粒混合体平均粒径大小。通常用细度模数（M_x）表示，其值并不等于平均粒径，但能较准确反映砂的粗细程度。细度模数M_x越大，表示砂越粗，单位重量总表面积（或比表面积）越小；M_x越小，则砂比表面积越大。

砂的颗粒级配是指不同粒径的砂粒搭配比例。良好的级配指粗颗粒的空隙恰好由中颗粒填充，中颗粒的空隙恰好由细颗粒填充，如此逐级填充（见图6.1）使砂形成最密致的堆积状态，空隙率达到最小值，堆积密度达最大值。这样可达到节约水泥，提高混凝土综合性能的目标。因此，砂颗粒级配反映空隙率大小。

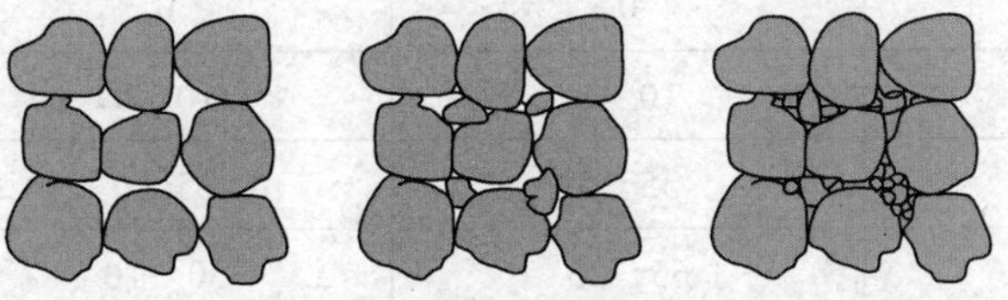

图6.1　砂颗粒级配示意图

（1）细度模数和颗粒级配的测定

砂的粗细程度和颗粒级配用筛分析方法测定，用细度模数表示粗细，用级配区表示砂的级配。根据国家标准《建筑用砂》(GB/T 14684—2011)，筛分析是用一套孔径为4.75 mm，2.36 mm，1.18mm，0.600mm，0.300mm，0.150mm的标准筛，将500g干砂由粗到细依次过筛，称量各筛上的筛余量m_i（g），计算各筛上的分计筛余率a_i（%），再计算累计筛余率A_i（%）。a_i和A_i的计算关系见表6.3。（JGJ 52—2006采用的筛孔尺寸为5.00mm、2.50mm、1.25mm、0.630mm、0.315 mm及0.160mm。其测试和计算方法均相同，目前混凝土行业普遍采用该标准。）

表 6.3　累计筛余与分计筛余计算关系

筛孔尺寸/mm	筛余量/g	分计筛余/%	累计筛余/%
4.75	m_1	$a_1=m_1/m$	$A_1=a_1$
2.36	m_2	$a_2=m_2/m$	$A_2=A_1+a_2$
1.18	m_3	$a_3=m_3/m$	$A_3=A_1+a_3$
0.6	m_4	$a_4=m_4/m$	$A_4=A_1+a_4$
0.3	m_5	$a_5=m_5/m$	$A_5=A_1+a_5$
0.15	m_6	$a_6=m_6/m$	$A_6=A_1+a_6$
底盘	$m_{底}$	$m=m_1+m_2+m_3+m_4+m_5+m_6+m_{底}$	

细度模数根据下式计算（精确至0.01）：

$$M_x = \frac{(A_2 + A_3 + A_4 + A_5 + A_6) - 5A_1}{100 - A_1} \quad (6.1)$$

根据细度模数M_x大小将砂按下列分类：

M_x＞3.7特粗砂；M_x=3.1～3.7粗砂；M_x=3.0～2.3中砂；M_x=2.2～1.6细砂；M_x=1.5～0.7特细砂。

砂的颗粒级配根据0.600mm筛孔对应的累计筛余百分率A_4，分成Ⅰ区、Ⅱ区和Ⅲ区3个级配区，见表6.4。级配良好的粗砂应落在Ⅰ区；级配良好的中砂应落在Ⅱ区；细砂则在Ⅲ区。实际使用的砂颗粒级配可能不完全符合要求，除了4.75mm和0.600mm对应的累计筛余率外，其余各档允许有5%的超界，当某一筛档累计筛余率超界5%以上时，说明砂级配很差，视作不合格。

表 6.4　　砂的颗粒级配区范围

筛孔尺寸/mm	累计筛余/%		
	Ⅰ区	Ⅱ区	Ⅲ区
10	0	0	0
4.75	10～0	10～0	10～0
2.36	35～5	25～0	15～0
1.18	65～35	50～10	25～0
0.6	85～71	70～41	40～16
0.3	95～80	92～70	85～55
0.15	100～90	100～90	100～90

以累计筛余百分率为纵坐标，筛孔尺寸为横坐标，根据表6.4的级区可绘制Ⅰ、Ⅱ、Ⅲ级配区的筛分曲线，如图6.2所示。在筛分曲线上可以直观地分析砂的颗粒级配优劣。

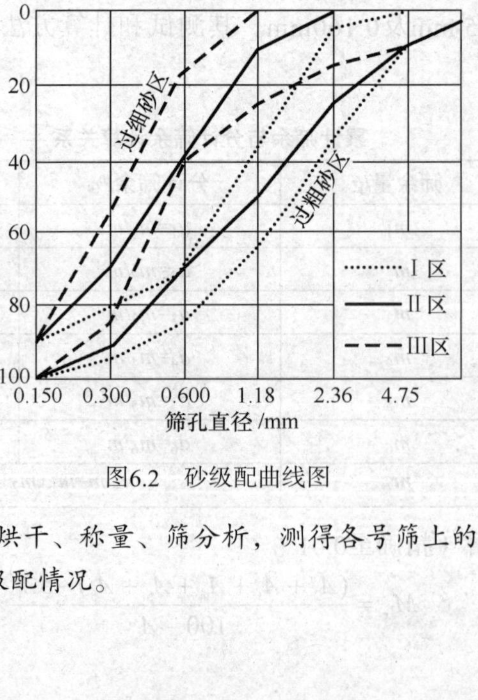

图6.2　砂级配曲线图

[例6-1] 某工程用砂，经烘干、称量、筛分析，测得各号筛上的筛余量列于表6.5中。试评定该砂的粗细程度（M_x）和级配情况。

表 6.5　　　　筛分析试验结果

筛孔尺寸/mm	4.75	2.36	1.18	0.6	0.3	0.15	底盘	合计
筛余量/g	28.5	57.6	73.1	156.6	118.5	55.5	9.7	499.5

解：

① 分计筛余率和累计筛余率计算结果列于表6.6。

表 6.6　　　　分计筛余和累计筛余计算结果

分计筛余率/%	a_1	a_2	a_3	a_4	a_5	a_6
	5.71	11.53	14.63	31.35	23.72	11.11
累计筛余率/%	A_1	A_2	A_3	A_4	A_5	A_6
	5.71	17.24	31.87	63.22	86.94	98.05

② 计算细度模数：

$$M_x = \frac{(A_2 + A_3 + A_4 + A_5 + A_6) - 5A_1}{100 - A_1}$$

$$= \frac{(17.24 + 31.87 + 63.22 + 86.94 + 98.05) - 5 \times 5.71}{100 - 5.71} = 2.85$$

③ 确定级配区、绘制级配曲线：该砂样在0.600mm筛上的累计筛余率A_4=63.22落在Ⅱ级区，其他各筛上的累计筛余率也均落在Ⅱ级区规定的范围内，因此可以判定该砂为Ⅱ级区砂。级配曲线如图6.3所示。

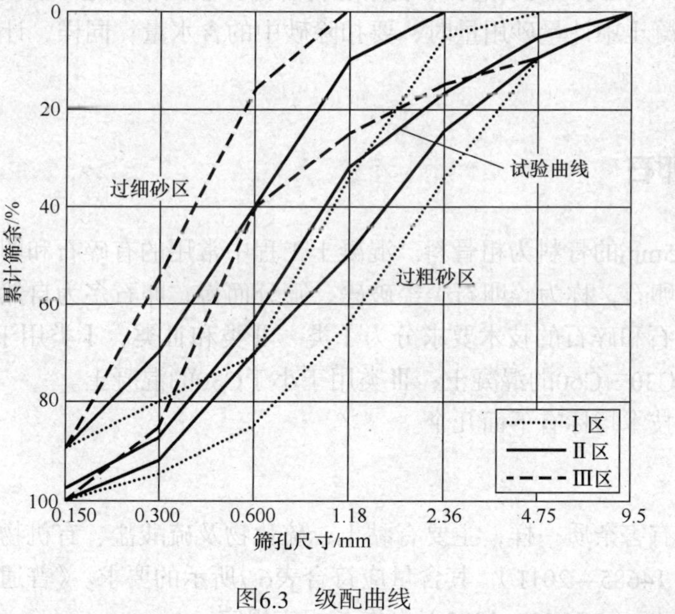

图6.3　级配曲线

④ 结果评定：该砂的细度模数M_x=2.85，属中砂；Ⅱ级区砂，级配良好。可用于配制混凝土。

（2）砂的掺配使用

配制普通混凝土的砂宜为中砂（M_x=2.3～3.0），Ⅱ级区。但实际工程中往往出现砂偏细或偏粗的情况。通常有下面两种处理方法。

① 当只有一种砂源时，对偏细砂适当减少砂用量，即降低砂率；对偏粗砂则适当增加砂用量，即增加砂率。

② 当粗砂和细砂可同时提供时，宜将细砂和粗砂按一定比例掺配使用，这样既可调整M_x，也可改善砂的级配，有利于节约水泥，提高混凝土性能。掺配比例可根据砂资源状况，粗细砂各自的细度模数及级配情况，通过试验和计算确定。

5. 砂的含水状态

砂的含水状态有以下4种，如图6.4所示。

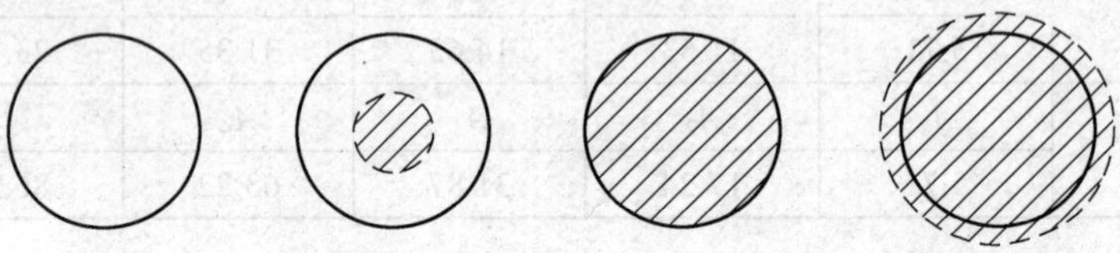

（a）绝干状态　（b）气干状态　（c）饱和面干状态　（d）湿润状态

图6.4　骨料含水状态示意图

① 绝干状态：砂粒内外不含任何水，通常在（105±5）℃条件下烘干而得。

② 气干状态：砂粒表面干燥，内部孔隙中部分含水。指室内或室外（天晴）空气平衡的含水状态，其含水量的大小与空气相对湿度和温度密切相关。

③ 饱和面干状态：砂粒表面干燥，内部孔隙全部吸水饱和。水利工程上通常采用饱和面干状态计量砂用量。

④ 湿润状态：砂粒内部吸水饱和，表面还含有部分表面水。施工现场，特别是雨后常出现此种状况，搅拌混凝土中计量砂用量时，要扣除砂中的含水量；同样，计量水用量时，要扣除砂中带入的水量。

6.2.3 碎石和卵石

颗粒粒径大于5mm的骨料为粗骨料。混凝土工程中常用的有碎石和卵石两大类。碎石为岩石（有时采用大块卵石，称为碎卵石）经破碎、筛分而得；卵石多为自然形成的河卵石经筛分而得。通常根据卵石和碎石的技术要求分为Ⅰ类、Ⅱ类和Ⅲ类。Ⅰ类用于强度等级大于C60的混凝土；Ⅱ类用于C30～C60的混凝土；Ⅲ类用于小于C30的混凝土。

粗骨料的主要技术指标有下面几个。

1. 有害杂质

与细骨料中的有害杂质一样，主要有黏土、硫化物及硫酸盐、有机物等。根据《建筑用卵石、碎石》（GB/T 14685—2011），其含量应符合表6.7所示的要求。《普通混凝土用碎石和卵石质量标准及检验方法》（JGJ 53—1992）也作了相应规定。

2. 颗粒形态及表面特征

粗骨料的颗粒形状以近立方体或近球状体为最佳，但在岩石破碎生产碎石的过程中往往产生一定量的针、片状，使骨料的空隙率增大，并降低混凝土的强度，特别是抗折强度。针状是指长度大于该颗粒所属粒级平均粒径的2.4倍的颗粒；片状是指厚度小于平均粒径0.4倍的颗粒。

各别类粗骨料针片状含量要符合表6.7所示的要求。

表 6.7　　碎石或卵石技术指标

类别	指标		
	Ⅰ	Ⅱ	Ⅲ
含泥量（按质量计）/%	≤0.5	≤1.0	≤1.5
泥块含量（按质量计）/%	0	≤0.2	≤0.5
硫化物与硫酸盐含量（以 SO_3 质量计）/%	≤0.5	≤1.0	
有机物	合格	合格	合格
针、片状颗粒总含量（按质量计）/%	≤5	≤10	≤15
质量损失/%	≤5	≤8	≤12
碎石压碎指标/%	≤10	≤20	≤30
卵石压碎指标/%	≤12	≤14	≤16
空隙率/%	≤43	≤45	≤47
吸水率/%	≤1.0	≤2.0	

粗骨料的表面特征指表面粗糙程度。碎石表面比卵石粗糙，且多棱角，因此，拌制的混凝土拌合物流动性较差，但与水泥黏结强度较高，配合比相同时，混凝土强度相对较高。卵石表面较光滑，少棱角，因此拌合物的流动性较好，但黏结性能较差，强度相对较低。但若保持流动性相同，由于卵石可比碎石少用适量水，因此卵石混凝土强度并不一定低。

3. 粗骨料最大粒径

混凝土所用粗骨料的公称粒级上限称为最大粒径。骨料粒径越大，其表面积越小，通常空隙率也相应减小，因此所需的水泥浆或砂浆数量也可相应减少，有利于节约水泥、降低成本，并改善混凝土性能。所以在条件许可的情况下，应尽量选用较大粒径的骨料。但在实际工程上，骨料最大粒径受到多种条件的限制：①最大粒径不得大于构件最小截面尺寸的1/4，同时不得大于钢筋净距的3/4。②对于混凝土实心板，最大粒径不宜超过板厚的1/3，且不得大于40mm。③对于泵送混凝土，当泵送高度在50m以下时，最大粒径与输送管内径之比，碎石不宜大于1:3；卵石不宜大于1:2.5。④对大体积混凝土（如混凝土坝或围堤）或疏筋混凝土，往往受到搅拌设备和运输、成型设备条件的限制。有时为了节省水泥，降低收缩，可在大体积混凝土中抛入大块石（或称毛石），常称作抛石混凝土。

4. 粗骨料的颗粒级配

石子的粒级分为连续粒级和单粒级两种。连续粒级指5mm以上至最大粒径D_{max}，各粒级均占一定比例，且在一定范围内。单粒级指从1/2最大粒径开始至D_{max}。单粒级用于组成具有要求级配的连续粒级，也可与连续粒级混合使用，以改善级配或配成较大密实度的连续粒级。单粒级一般不宜单独用来配制混凝土，如必须单独使用，则应作技术经济分析，并通过试验证明不发生离析或影响混凝土的质量。

石子的级配与砂的级配一样，通过一套标准筛筛分试验，计算累计筛余率确定。根据《建筑用卵石、碎石》（GB/T 14685—2011），碎石和卵石级配均应符合表6.8所示的要求。

表 6.8　　碎石或卵石的颗粒级配范围

公称粒级/mm		累计筛余/%											
		方孔筛/mm											
		2.36	4.75	9.5	16.0	19.0	26.5	31.5	37.5	53.0	63.0	75.0	90.0
连续粒级	5～16	95～100	85～100	30～60	0～10	0	—	—	—	—	—	—	—
	5～20	95～100	90～100	40～80	—	0～10	0	—	—	—	—	—	—
	5～25	95～100	90～100	—	30～70	—	0～5	0	—	—	—	—	—
	5～31.5	95～100	90～100	70～90	—	15～45	—	0～5	0	—	—	—	—
	5～40	—	95～100	70～90	—	30～65	—	—	0～5	0	—	—	—
单粒粒级	5～10	95～100	80～100	0～15	0	—	—	—	—	—	—	—	—
	10～16	—	95～100	80～100	0～15	—	—	—	—	—	—	—	—
	10～20	—	95～100	85～100	—	0～15	0	—	—	—	—	—	—
	16～25	—	—	95～100	55～70	25～40	0～10	—	—	—	—	—	—
	16～31.5	—	95～100	—	85～100	—	—	0～10	0	—	—	—	—
	20～40	—	—	95～100	—	80～100	—	—	0～10	0	—	—	—
	40～80	—	—	—	—	95～100	—	—	70～100	—	30～60	0～10	0

5. 粗骨料的强度

根据GB/T 14685—2011和JGJ 53—1992规定，碎石和卵石的强度可用岩石的抗压强度或压碎值指标两种方法表示。

岩石的抗压强度采用ϕ50mm×50mm的圆柱体或边长为50mm的立方体试样测定。一般要求其抗压强度大于配制混凝土强度的1.5倍，且不小于45MPa（饱水）。

根据GB/T 14685—2011，压碎值指标是将9.5～19mm的质量为m的石子，装入专用试样筒中，施加200kN的荷载，卸载后用孔径2.36mm的筛子筛去被压碎的细粒，称量筛余，计作m_1，则压碎值指标Q按下式计算。

$$Q = \frac{m - m_1}{m} \times 100 \tag{6.2}$$

压碎值越小，表示石子强度越高，反之亦然。各类别骨料的压碎值指标应符合表6.7所示的要求。

6. 粗骨料的坚固性

粗骨料的坚固性指标与砂相似，各类别骨料的质量损失应符合表6.7所示的要求。

6.2.4 混凝土拌和合用水和养护用水

根据《混凝土用水标准》（JGJ 63—2006）的规定，凡符合国家标准的生活饮用水，均可拌制各种混凝土。海水可拌制素混凝土，但不宜拌制有饰面要求的素混凝土，更不得拌制钢筋混凝土和预应力混凝土。

值得注意的是，在野外或山区施工采用天然水拌制混凝土时，均应对水的有机质、Cl^-和SO_4^{2-}含量等进行检测，合格后方能使用。特别是某些污染严重的河道或池塘水，一般不得用于拌制混凝土。

6.3 混凝土用骨料性能检测

6.3.1 混凝土用骨料试验基本规定

1. 细骨料的取样方法

（1）分批方法

细骨料取样应按批取样，在料堆上取样一般以400m或600t为一批。

（2）抽取试样

在料堆上取样时，应在料堆均匀分布的8个不同的部位，各取大致相等的试样一份，取样时先将取样部位的表层除去，于较深处铲取，由各部位大致相等的8份试样，组成一组试样。

（3）取样数量

每组试样的取样数量，对于每一单项试验应不少于表6.9所示规定的取样重量。如确能保证试样经一项试验后不致影响另一项试验结果，可用一组试样进行几项不同的试验。

表 6.9　单项试验取样数量（kg）

序号	试验项目	最少取样数量	序号	试验项目		最少取样数量
1	颗粒级配	4.4	8	硫化物与硫酸盐含量		0.6
2	含泥量	4.4	9	氯化物含量		4.4
3	石粉含量	6.0	10	坚固性	天然砂	8.0
4	泥块含量	20.0			人工砂	20.0
5	云母含量	0.6	11	表观密度		2.6
6	轻物质含量	3.2	12	堆积密度与空隙率		5.0
7	有机物含量	2.0	13	碱集料反应		20.0

（4）试样缩分

试样缩分可用分料器法与人工四分法。分料器法是将样品在潮湿状态下拌和均匀，然后通过分料器，将接料斗中的其中一份再次通过分料器。重复上述过程，直到把样品缩分至试验所需量为止。人工四分法是将所取的样品置于平板上，在潮湿的状态下拌和均匀，并堆成厚度约为20mm的圆饼。然后沿互相垂直的两条直径把圆饼分成大致相等的4份，取其中对角线的两份重新拌匀，再堆成圆饼。重复上述过程，直到把样品缩分至试验所需量为止。

2. 粗骨料取样法

（1）分批方法

粗骨料取样应按批进行，一般以400m为一批。

（2）抽取试样

取样应自料堆的顶、中、底三个不同高度处，在均匀分布的5个不同部位，取大致相等的试样一份，共取15份，组成一组试样，取样时先将取样部位的表面铲除，于较深处铲取。从皮带运输机上取样时，应用接料器在皮带运输机机尾的出料处，定时抽取大致等量的石子8份，组成一组样品。从火车、汽车、货船上取样时，由不同部位和深度抽取大致等量的石子16份，组成一组样品。

（3）取样数量

单项试验的最少取样数量应符合表6.10所示的规定。做几项试验时，如确能保证试样经一项试验后不致影响另一项试验的结果，可用同一试样进行几项不同的试验。

表 6.10　单项试验取样数量（kg）

试验项目	不同最大粒径（mm）下的最少取样量							
	9.5	16.0	19.0	26.5	31.5	37.5	63.0	75.0
颗粒级配	9.5	16.0	19.0	25.0	31.5	37.5	63.0	80.0
表观密度	8.0	8.0	8.0	8.0	12.0	16.0	24.0	24.0
堆积密度	40.0	40.0	40.0	40.0	80.0	80.0	120.0	120.0

（4）试样缩分

将所取样品置于平板上，在自然状态下拌和均匀，并堆成堆体，然后用前述四分法把样品缩分至试验所需量为止。堆积密度试验所用试样可不经缩分，在拌匀后直接进行试验。

若试验不合格应重新取样，对不合格项应进行加倍复检，若仍有一个试样不能满足标准要求，按不合格处理。

6.3.2 砂的筛分析检测

1. 目的

测定砂子的颗粒级配并计算细度模数，为混凝土配合比设计提供依据。

2. 主要仪器设备

标准筛（孔径为9.5mm、4.75 mm、2.36 mm、1.18 mm、0.6 mm、0.3 mm、0.15mm）、天平、烘箱，摇筛机、浅盘、毛刷等。

3. 试验步骤

① 按规定取样，并将试样缩分至1100g，放在烘箱中于（105±5）℃下烘干至恒重，等冷却至室温后，筛除大于9.50mm的颗粒（并算出其筛余百分率），分为大致相等的两份备用。

② 取试样500g，精确至1g。将试样倒入按孔径大小从上到下组合的套筛（附筛底）上，然后进行筛分。

③ 将套筛置于摇筛机上，摇10min（也可用手筛）。取下套筛，按筛孔大小顺序再逐个用手筛，筛至每分钟通过量小至试样总量的0.1%为止。通过的试样放入下一号筛中，并和下一号筛中的试样一起过筛，按顺序进行，直至各号筛全部筛完为止。

④ 称出各号筛的筛余量，精确至1g，试样在各号筛上的筛余量不得超过按下式计算出的量，超过时应按下列方法之一处理。

$$G=\frac{A\sqrt{d}}{200} \tag{6.3}$$

式中，G——在一个筛上的筛余量，g；

A——筛面面积，mm^2；

d——筛孔直径，mm。

（a）将该粒级试样分成少于按上式计算出的量，分别筛分，并以筛余量之和作为该号筛的筛余量。

（b）将该粒级及以下各粒级的筛余混合均匀，称出其质量，精确至1g。再用四分法缩分为大致相等的两份，取其中一份，称出其质量，精确至1g，继续筛分。计算该粒级及以下各粒级的分计筛余量时，应根据缩分比例进行修正。

4. 试验结果确定

（1）分计筛余百分率

各号筛的筛余量与试样总量之比，计算精确至0.1%。

（2）累计筛余百分率

该号筛的分计筛余百分率加上该号筛以上各分计筛余百分率之和，精确至0.1%。筛分后，如果每号筛的筛余量与筛底的剩余量之和同原试样质量之差超过1%时，须重新试验。

5. 试验结果鉴定

（1）级配的鉴定

用各筛号的累计筛余百分率绘制级配曲线，对照国家规范规定的级配区范围，判定其是否都处于一处级配区内。除4.75mm和0.6mm筛孔外，其他各筛的累计筛余百分率允许略有超出，但超出总量不应大于5%。

（2）粗细程度鉴定

砂的粗细程度用细度模数的大小来判定。细度模数按下式计算（精确到0.1）。

$$M_x=\frac{(A_2+A_3+A_4+A_5+A_6)-5A_1}{100-A_1} \tag{6.4}$$

式中，A_1、A_2、A_3、A_4、A_5、A_6——分别为4.75、2.36、1.18、0.6、0.3、0.15mm筛上的累计筛余百分率。

根据细度模数的大小，可确定砂的粗细程度。

筛分试验应采用两个试样平行进行，取两次结果的算术平均值作为测定结果精确至0.1；如两次所得的细度模数之差大于0.2，应重新进行试验。

6.3.3 碎石或卵石的筛分析检测

1. 目的

测定粗集料的颗粒级配及粒级规格，以便于选择优质粗集料，达到节约水泥和提高混凝土强度的目的，同时为使用集料和混凝土配合比设计提供依据。

2. 主要仪器设备

方孔筛（孔径规格有：2.36mm、4.75 mm、9.50 mm、16.0 mm、19.0 mm、26.5 mm、31.5 mm、37.5 mm、53.0 mm、63.0 mm、75.0 mm、90.0mm各一只）、托盘、台秤、烘箱、容器、浅盘等。

3. 试样制备

从取回的试样中用四分法缩取不少于表6.11所示规定的试样数量，经烘干或风干后备用（所余试样做表观密度、堆积密度试验）。

表 6.11　粗集料筛分试验取样数量

最大粒径/mm	9.5	16.0	19.0	26.5	31.5	37.5	63.0	75.0
试样质量/kg	≥1.9	≥3.2	≥3.8	≥5.0	≥6.3	≥7.5	≥12.6	≥16.0

4. 试验方法与步骤

① 按表6.11所示规定称取试样。

② 按试样的粒径选用一套筛，按孔径由大到小顺序叠置于干净、平整的地面或铁盘上，然后将试样倒入上层筛中，将套筛置于摇筛机上，摇10min。

③ 按孔径由大到小顺序取下各筛，分别于洁净的铁盘上摇筛，直至每分钟通过量不超过试样总量的0.1%为止，通过的颗粒并入下一筛中。顺序进行，直到各号筛全部筛完为止。当试样粒径大于19.0mm，筛分时，允许用手拨动试样颗粒，使其通过筛孔。

④ 称取各筛上的筛余量，精确至1g。在筛上的所有分计筛余量和筛底剩余的总和与筛分前测定的试样总量相比，相差不得超过1%。否则，须重做试验。

⑤ 试验结果确定。

（a）分计筛余百分率：各号筛上筛余量除以试样总质量的百分数（精确到0.1%）。

（b）累计筛余百分率：该号筛上分计筛余百分率与大于该号筛的各号筛上的分计筛余百分率之总和（精确至1%）。

粗集料各号筛上的累计筛余百分率应满足国家规范规定的粗集料颗粒级配范围要求。

6.4 混凝土的外加剂

在混凝土、砂浆或水泥净浆拌和时、拌和前或额外拌和工序中掺入的，其掺量小于或等于水泥重量的5%，能保持水泥重量的混凝土、砂浆或净浆的正常性能，并按使用要求能改性的产品，叫做混凝土外加剂。

许多外加剂是在混凝土、砂浆拌和时临时加入的，操作很简单，一般不需要改变原材料和施工工艺，使用方便。各类外加剂能对混凝土或砂浆的某些性能有明显的改善，这不仅对普通混凝土有好处，还可利用外加剂配制出有某些特殊要求的混凝土，其技术经济效果十分明显。因而外加剂已逐渐成为混凝土组成中不可缺少的第五种材料。

混凝土外加剂的种类繁多，品种复杂，国内外对外加剂的分类方法很不一致。目前，我国使用和研究的外加剂是按其作用分类的。

① 改善混凝土流变性能的外加剂。主要有减水剂、引气剂、泵送剂等。

② 调节混凝土凝结硬化性能的外加剂。主要有缓凝剂、速凝剂、早强剂等。

③ 调节混凝土含气量的外加剂。主要有引气剂、加气剂、泡沫剂等。

④ 改善混凝土耐久性的外加剂。主要有引气剂、防水剂、阻锈剂等。

⑤ 提供混凝土特殊性能的外加剂。主要有防冻剂、膨胀剂、着色剂、引气剂和泵送剂等。

6.4.1 减水剂

减水剂是指在混凝土坍落度相同的条件下，能减少拌和用水量；或者在混凝土配合比和用水量均不变的情况下，能增加混凝土坍落度的外加剂。根据减水率大小或坍落度增加幅度分为普通减水剂和高效减水剂两大类。此外，尚有复合型减水剂，如引气减水剂，既具有减水作用，同时具有引气作用；早强减水剂，既具有减水作用，又具有提高早期强度作用；缓凝减水剂，同时具有延缓凝结时间的功能等。

1. 减水剂的主要功能

① 配合比不变时显著提高流动性。

② 流动性和水泥用量不变时，减少用水量，降低水灰比，提高强度。

③ 保持流动性和强度不变时，节约水泥用量，降低成本。

④ 配置高强高性能混凝土。

2. 减水剂的作用机理

减水剂提高混凝土拌和物流动性的作用机理主要包括分散作用和润滑作用两方面。减水剂实际上为一种表面活性剂，长分子链的一端易溶于水——亲水基，另一端难溶于水——憎水基，如图6.5所示。

（1）分散作用

水泥加水拌和后，由于水泥颗粒分子引力的作用，使水泥浆形成絮凝结构，使10%～30%的拌合水被包裹在水泥颗粒之中，不能参与自由流动和润滑作用，从而影响了混凝土拌合物的流动性（见图6.6（a））。当加入减水剂后，由于减水剂分子能定向吸附于水泥颗粒表面，使水泥颗粒表面带有同一种电荷（通常为负电荷），形成静电排斥作用，促使水泥颗粒相互分散，絮凝结构破坏，释放出被包裹部分水，参与流动，从而有效地增加混凝土拌合物的流动性（见图6.6（b））。

（2）润滑作用

减水剂中的亲水基极性很强，因此水泥颗粒表面的减水剂吸附膜能与水分子形成一层稳定的溶剂化水膜（见图6.6（c）），这层水膜具有很好的润滑作用，能有效降低水泥颗粒间的滑动阻力，从而使混凝土流动性进一步提高。

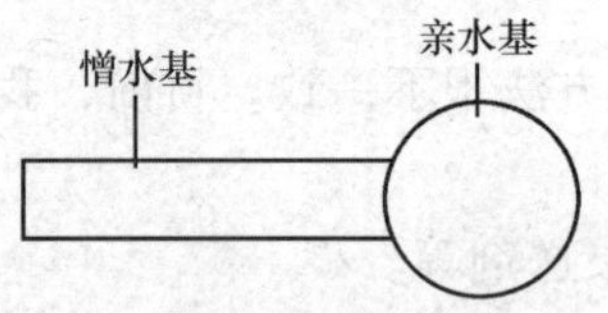

图6.5 表面活性剂（减水剂）

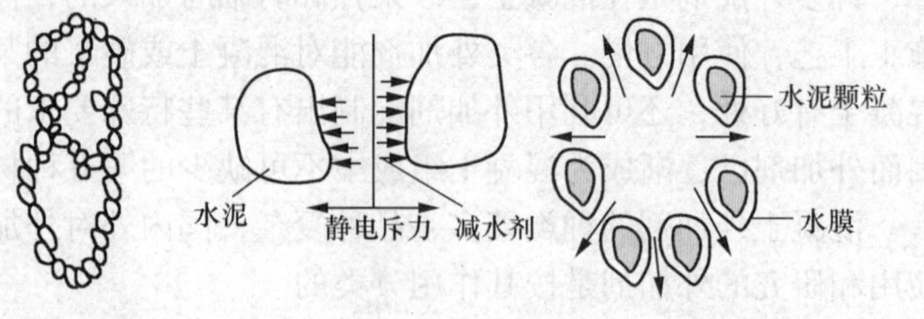

图6.6 减水剂作用机理示意图

3. 常用减水剂品种

（1）木质素系减水剂

木素质系减水剂主要有木质素磺酸钙（简称木钙，代号MG），木质素磺酸钠（木钠）和木质素磺酸镁（木镁）3大类。工程上最常使用的为木钙。

MG是由生产纸浆的木质废液，经中和发酵、脱糖、浓缩、喷雾干燥而制成的棕黄色粉末。

MG属缓凝引气型减水剂，掺量应控制在0.2%～0.3%，超掺有可能导致数天或数十天不凝结，并影响强度和施工进度，严重时导致工程质量事故。

MG的减水率约为10%，保持流动性不变，可提高混凝土强度8%～10%；若不减水则可增大混凝土坍落度80～100mm；若保持和易性与强度不变时，可节约水泥5%～10%；

MG主要适用于夏季混凝土施工、滑模施工、大体积混凝土和泵送混凝土施工，也可用于一般混凝土工程。

MG不宜用于蒸汽养护混凝土制品和工程。

（2）萘磺酸盐系减水剂

萘磺酸盐系减水剂简称萘系减水剂，它是以工业萘或由煤焦油中分馏出含萘的同系物经分馏为原料，经磺化、缩合等一系列复杂的工艺而制成的棕黄色粉末或液体。其主要成分为β—萘磺酸盐甲醛缩合物。品种很多，如FDN、NNO、NF、MF、UNF、XP、SN-Ⅱ、建1、NHJ等。

萘系减水剂多数为非引气型高效减水剂，适宜掺量为0.5%～1.2%，减水率可达15%～30%，相应地可提高28d强度10%以上，或节约水泥10%～20%。

萘系减水剂对钢筋无锈蚀作用，具有早强功能。但混凝土的坍落度损失较大，故实际生产的萘系减水剂，极大多数为复合型的，通常与缓凝剂或引气剂复合。

萘系减水剂主要适用于配制高强、早强、流态和蒸养混凝土制品和工程，也可用于一般工程。

（3）树脂系减水剂

树脂系减水剂为磺化三聚氰胺甲醛树脂减水剂，通常称为密胺树脂系减水剂。主要以三聚氰胺、甲醛和亚硫酸钠为原料，经磺化、缩聚等工艺生产而成的棕色液体。最常用的有SM树脂减水剂。

SM为非引气型早强高效减水剂，性能优于萘系减水剂，但目前价格较高，适宜掺量0.5%～2.0%，减水率可达20%以上，1d强度提高一倍以上，7d强度可达基准28d强度，长期强度也能提高，且可显著提高混凝土的抗渗、抗冻性和弹性模量。

掺SM减水剂的混凝土黏聚性较大，可泵性较差，且坍落度经时损失也较大。目前主要用于配制高强混凝土、早强混凝土、流态混凝土、蒸汽养护混凝土和铝酸盐水泥耐火混凝土等。

（4）糖蜜类减水剂

糖蜜类减水剂是以制糖业的糖渣和废蜜为原料，经石灰中和处理而成的棕色粉末或液体。国产品种主要有3FG、TF、ST等。

糖蜜减水剂与MG减水剂性能基本相同，但缓凝作用比MG强，故通常作为缓凝剂使用。适宜掺量0.2%～0.3%，减水率10%左右。主要用于大体积混凝土、大坝混凝土和有缓凝要求的混凝土工程。

（5）复合减水剂

单一减水剂往往很难满足不同工程性质和不同施工条件的要求，因此，减水剂研究和生产中往往复合各种其他外加剂，组成早强减水剂、缓凝减水剂、引气减水剂、缓凝引气减水剂等。随着工程建设和混凝土技术进步的需要，各种新型多功能复合减水剂正在不断研制生产中，如2～3h内无坍落度损失的保塑高效减水剂等，这一类外加剂主要有聚羧酸盐与改性木质素的复合物、带磺酸端基的聚羧酸多元聚合物、芳香族氨基磺酸系高分子化合物、改性羟基衍生物与烷基芳香磺酸盐的复合物、萘磺酸甲醛缩合物与木钙等的复合物、三聚氰胺甲醛缩合物与木钙等的复合物。

其他减水剂新品种还有以甲基萘为原料的聚次甲基萘磺酸钠减水剂；以古马隆为原料的氧茚树脂磺酸钠减水剂；胺基磺酸盐系高效减水剂；丙烯酸酯或醋酸乙烯的接枝共聚物系高效减水剂；聚羧酸醚系与交联聚合物的复合物系高效减水剂；顺丁烯二酸衍生共聚物系高效减水剂；聚羧酸系高分子聚合物系减水剂等。

6.4.2 早强剂

早强剂是指能加速混凝土早期强度发展的外加剂。其主要作用机理是加速水泥水化速度，加速水化产物的早期结晶和沉淀，主要功能是缩短混凝土施工养护期，加快施工进度，提高模板的周转率。它主要适用于有早强要求的混凝土工程及低温、负温施工混凝土、有防冻要求的混凝土、预制构件、蒸汽养护等。早强剂的主要品种有氯盐、硫酸盐和有机胺三大类，但更多使用的是它们的复合早强剂。

1. 氯化钙早强剂

氯盐类早强剂主要有$CaCl_2$、NaCl、KCl、$AlCl_3$和$FeCl_3$等。工程上最常用的是$CaCl_2$，为白色粉末，适宜掺量0.5%～3%。由于Cl^-对钢筋有腐蚀作用，故钢筋混凝土中掺量应控制在1%以内。$CaCl_2$早强剂能使混凝土3d强度提高50%～100%，7d强度提高20%～40%，但后期强度不一定提高，甚至可能低于基准混凝土。此外，氯盐类早强剂对混凝土耐久性有一定影响，因此$CaCl_2$早强剂及氯盐复合早强剂不得在下列工程中使用。

① 环境相对湿度大于8%、水位升降区、露天结构或经常受水淋的结构。主要是防止泛卤。

② 镀锌钢材或铝铁相接触部位及有外露钢筋埋件而无防护措施的结构。

③ 含有酸碱或硫酸盐侵蚀介质中使用的结构。

④ 环境温度高于60℃的结构。

⑤ 使用冷拉钢筋或冷拔低碳钢丝的结构。

⑥ 给排水构筑物、薄壁构件、中级和重级吊车、屋架、落锤或锻锤基础。

⑦ 预应力混凝土结构。

⑧ 含有活性骨料的混凝土结构。

⑨ 电力设施系统混凝土结构。

此外，为消除$CaCl_2$对钢筋的锈蚀作用，通常要求与阻锈剂亚硝酸钠复合使用。

2. 硫酸盐类早强剂

硫酸盐类早强剂主要有硫酸钠（即元明粉，俗称芒硝）、硫代硫酸钠、硫酸钙、硫酸铝及硫酸铝钾（即明矾）等。建筑工程中最常用的为硫酸钠早强剂。

硫酸钠为白色粉末，适宜掺量为0.5%～2.0%；早强效果不及$CaCl_2$。对矿渣水泥混凝土早强效果较显著，但后期强度略有下降。硫酸钠早强剂在预应力混凝土结构中的掺量不得大于1%；潮湿环境中的钢筋混凝土结构中掺量不得大于1.5%；严格控制最大掺量，超掺可导致混凝土后期膨胀开裂，强度下降；混凝土表面起“白霜”，影响外观和表面装饰。此外，硫酸钠早强剂不得用于下列工程。

① 与镀锌钢材或铝铁相接触部位的结构及外露钢筋预埋件而无防护措施的结构。

② 使用直流电源的工厂及电气化运输设施的钢筋混凝土结构。

③ 含有活性骨料的混凝土结构。

3. 有机胺类早强剂

有机胺类早强剂主要有三乙醇胺、三异醇胺等。工程上最常用的为三乙醇胺。三乙醇胺为无色或淡黄色油状液体，呈碱性，易溶于水。三乙醇胺的掺量极微，一般为水泥重的0.02%～0.05%，虽然早强效果不及$CaCl_2$，但后期强度不下降并略有提高，且无其他影响混凝土耐久性的不利作用。但掺量不宜超过0.1%，否则可能导致混凝土后期强度下降。掺用时可将三乙醇胺先用水按一定比例稀释，以便于准确计量。此外，为改善三乙醇胺的早强效果，通常与其他早强剂复合使用。

4. 复合早强剂

为了克服单一早强剂存在的各种不足，发挥各自特点，通常将三乙醇胺、硫酸钠、氯化钙、氯化钠、石膏及其他外加剂复配组成复合早强剂，效果大大改善，有时可产生超叠加作用。常用配方有下面几种。

① 三乙醇胺0.02%～0.05%+NaCl 0.5%。

② 三乙醇胺0.02%～0.05%+NaCl 0.3～0.5%+亚硝酸钠1%～2%。

③ 三乙醇胺0.02%～0.05%+生石膏2%+亚硝酸钠1%。

④ 硫酸钠（1%～1.5%）+亚硝酸钠（1%～3%）+氯化钙（0.3%～0.5%）+氯化钠（0.3%～0.5%）。

⑤ 硫酸钠（0.5%～1.5%）+NaCl（0.3%～0.5%）。

⑥ 硫酸钠（0.5%～1.5%）+亚硝酸钠1.0%。

⑦ 硫酸钠（0.5%～1.5%）+三乙醇胺0.05%。

⑧ 硫酸钠（1%～1.5%）+三乙醇胺（0.03%～0.05%）+石膏2%。

⑨ $CaCl_2$（0.5%～3.5%）+亚硝酸钠1%。

6.4.3 防冻剂

在规定温度下，能显著降低混凝土的冰点，使混凝土液相不冻结或仅部分冻结，以保证水泥的水化作用，并在一定时间内获得预期强度的外加剂，称防冻剂。

防冻剂可分两类：一类主要是通过降低混凝土冰点，使混凝土在初期养护阶段不遭受冻害。如氯化钠、亚硝酸钠及尿素等；另一类可直接与水泥水化反应，加速混凝土的凝结硬化，有利于混凝土强度增长。如碳酸钾、氯化钙、硝酸钙等。

目前冬季使用的防冻剂大部分是由几种外加剂复合而成的，一般由减水剂、引气剂、早强剂和防冻剂复合而成。这是因为复合防冻剂比单独使用防冻剂能获得更理想的效果。

防冻剂的掺入量，应根据施工温度，通过试验确定。

亚硝酸钠虽然对钢筋有阻锈作用，但掺量超过8%，会使水泥水化反应减慢，造成混凝土抗冻性减弱，强度下降。

尿素在正温时对混凝土有塑化早强作用，负温时有缓凝作用，但使用尿素防冻剂会使混凝土表面析盐霜，气温越低越明显，尿素的掺量最大不超过4%。

碳酸钾掺量过大时，会在混凝土转入正温后遭到破坏，碳酸钾掺量不宜大于10%。

6.4.4 引气剂

引气剂是指加入混凝土拌合物中能产生许多均匀分布的微小气泡（孔径为0.01～2mm），并在硬化后仍能保留其气泡的外加剂。引气剂一般为憎水性表面活性物质，溶于水中能显著降低水的表面张力，因此掺入拌合物后，在混凝土搅拌过程中，由于物理作用会产生无数微细的气泡。这些活性物质定向吸附在气泡表面，形成单分子吸附膜，液膜稳定牢固，不易破裂，能均匀分布于混凝土拌合物中。

大量微细气泡的存在能使混凝土拌合物中的水分较均匀地分布于气泡表面上，从而可大大改善拌合物的保水性和黏聚性，使其泌水现象减轻。气泡介于颗粒之间，能起一定的润滑作用，使颗粒间摩擦力减小，从而提高混凝土拌合物的流动性。

在硬化的混凝土中，由于气泡隔断了毛细孔渗水通路，故能提高抗渗、抗冻性，同时因气泡有较大的弹性变形能力，对冰冻等破坏力能起缓冲作用，故也能提高抗冻性。但大量气泡的存在使混凝土有效受力面积减少，且因气泡多集聚在砂子颗粒外表，削弱了砂粒与水泥石的黏结力，因而使混凝土强度降低。含气量越大，强度降低越明显。

混凝土中掺用引气剂是提高混凝土耐久性（抗冻性、抗渗性等），改善和易性，节约水泥的有效方法。20世纪50年代国内就开始使用，当时应用最多的是松香热聚物、松香皂及木质素磺酸盐类。近年来又开始使用烷基磺酸钠、烷基苯磺酸钠、脂肪醇硫酸钠和烷基酚环氧乙烷缩合物等。它们一般可使混凝土抗冻标号提高3倍左右，抗渗性约提高50%，在保持坍落度不变的情况下，可降低混凝土用水量5%～9%。引气剂的掺加量极微小，通常为（0.5～1.2）/10000，应通过试验确定，一般以控制混凝土的含气量约3%～6%为宜。

掺用引气剂主要是为了提高混凝土的抗渗、抗冻等耐久性，故多用于严寒地区或水工混凝土。

6.4.5 缓凝剂

凡能延续混凝土凝结时间并对后期强度无显著影响的外加剂称为缓凝剂。当混凝土拌合物需长距离运输、采用滑模施工以及在混凝土浇灌中断时为避免设置施工缝或为减少水泥水化热对结构物的影响时，常需采用缓凝剂。

在我国，作为缓凝剂用得较多的是糖蜜及木质素磺酸钙。糖蜜是经石灰处理过的制糖下脚料，将其掺入新拌混凝土中，能吸附在水泥颗粒表面，形成同种电荷的亲水膜，使水泥颗粒相互排斥分散，不致相互聚合成较大的粒子，从而起到缓凝作用。糖蜜的掺加量对混凝土性能影响很大，当其掺量大于水泥质量的1%时，混凝土会长时间疏松不硬，当糖蜜掺入量为4%时，其强度严重下降，38d的强度仅为空白混凝土的十分之一。但若糖蜜掺量为0.2%～0.5%时，则能适当延长混凝土的凝结时间约lh，同时还能改善混凝土拌合物的流动性及提高混凝土的强度。

其他如酒石酸、柠檬酸、硼酸盐、磷酸盐、锌盐等也都可作为缓凝剂使用，它们可使混凝土凝结时间延缓几小时以上。其具体掺量应根据对混凝土凝结时间的要求，通过试验确定。常用剂量（以占水泥质量的百分数计）约为：木质素磺酸钙0.1%～0.3%，酒石酸0.075%，柠檬酸0.05%。

缓凝剂常用于商品混凝土中及夏季混凝土施工、大体积混凝土施工和流态混凝土施工，若与高效减水剂复合使用可减少坍落度损失并达到节省水泥用量的目的。

6.4.6 膨胀剂

膨胀剂是能使混凝土在硬化过程中产生微量体积膨胀以补偿收缩，或少量膨胀使体积更为密实的外加剂。常用的膨胀剂有硫铝酸钙类（如明矾石膨胀剂、UEA膨胀剂、硫铝酸钙膨胀剂）、氧化钙类、氧化镁类和氧化钙—硫铝酸钙类复合膨胀剂等。

以适量膨胀剂掺入混凝土中，可配制成补偿收缩混凝土、填充用膨胀混凝土和自应力混凝土、结构自防水混凝土等。当其膨胀变形受到约束时，其膨胀能将变为预压应力（自应力），这一压应力大致能抵消混凝土在硬化过程中由于收缩而导致的拉应力，从而使混凝土不裂或少裂。

6.4.7 外加剂使用和保管注意事项

① 外加剂运到施工现场时，应有专人负责保管，按品种分别放好，以免用错。

② 外加剂必须有专人负责配制，加入混凝土、砂浆拌合物中应有专人负责，严格掌握配合比，控制掺入量。

③ 装外加剂的容器和瓶子应有明显标志，各施工单位要对职工加强安全教育，以免发生事故。

④ 掺入外加剂的混凝土、砂浆等拌合物停放时间不宜过长，否则坍落度、稠度损失过大，造成失效，影响浇灌。

⑤ 外加剂对不同品种和生产厂的水泥有适应性，因此使用外加剂前必须经过试验。

[工程实例分析]

氯盐防冻剂锈蚀钢筋

概况：某旅馆的一层钢筋混凝土工程在冬季施工，为使混凝土防冻，在浇筑混凝土时掺入水泥用量3%的氯盐。建成使用两年后，在A柱柱顶附近掉下一块约40mm直径的混凝土碎块。停业检查事故原因，发现除设计有失误外，其中一重要原因是在浇筑混凝土时掺加的氯盐防冻剂，它不仅对混凝土有影响，而且腐蚀钢筋，观察底层柱破坏处钢筋，纵向钢筋及箍筋均已生锈，原直径 $\phi6$的钢筋锈蚀后仅为 $\phi5.2$左右。锈蚀后较细及稀的箍筋难以承受柱端截面上纵向筋侧向压屈所产生的横拉力，使得箍筋在最薄弱处断裂，钢筋断裂后的混凝土保护层易剥落，混凝土碎块下掉。

防治措施： 施工时加氯盐防冻，应同时对钢筋采取相应的阻锈措施。该工程因混凝土碎块下掉，引起了使用者的高度重视，停业卸去活荷载，并对症下药地对现有柱进行外包钢筋混凝土的加固措施，使房屋倒塌事故得以避免。

6.5 混凝土拌合物的和易性及检测

6.5.1 和易性的概念

新拌混凝土的和易性，也称工作性，是指拌合物易于搅拌、运输、浇捣成型，并获得质量均匀密实的混凝土的一项综合技术性能。通常用流动性、黏聚性和保水性三项内容表示。流动性是指拌合物在自重或外力作用下产生流动的难易程度；黏聚性是指拌合物各组成材料之间不产生分层离析现象；保水性是指拌合物不产生严重的泌水现象。

通常情况下，混凝土拌合物的流动性越大，则保水性和黏聚性越差，反之亦然，相互之间存在一定矛盾。和易性良好的混凝土是指既具有满足施工要求的流动性，又具有良好的黏聚性和保水性。因此，不能简单地将流动性大的混凝土称为和易性好，或者流动性减小说成和易性变差。良好的和易性既是施工的要求也是获得质量均匀密实混凝土的基本保证。

6.5.2 和易性的测试和评定

混凝土拌合物和易性是一项极其复杂的综合指标，到目前为止全世界尚无能够全面反映混凝土和易性的测定方法，通常通过测定流动性，再辅以其他直观观察或经验综合评定混凝土和易性。流动性的测定方法有坍落度法、维勃稠度法、探针法、斜槽法、流出时间法和凯利球法等十多种，对普通混凝土而言，最常用的是坍落度法和维勃稠度法。

1. 坍落度法

将搅拌好的混凝土分三层装入坍落度筒（见图6.7（a））中，每层插捣25次，抹平后垂直提起坍落度筒，混凝土则在自重作用下坍落，以坍落高度（单位mm）代表混凝土的流动性。坍落度越大，则流动性越好。

黏聚性通过观察坍落度测试后混凝土所保持的形状，或侧面用捣棒敲击后的形状判定，如图6.7所示。当坍落度筒一提起即出现图6.7（c）或图6.7（d）所示形状，表示黏聚性不良；敲击后出现图6.7（b）所示形状，则黏聚性好；敲击后出现图6.7（c）状，则黏聚性欠佳；敲击后出现图6.7（d）状，则黏聚性不良。

保水性是以水或稀浆从底部析出的量大小来评定（见图6.7（b））。析出量大，保水性差，严重时粗骨料表面稀浆流失而裸露。析出量小则保水性好。

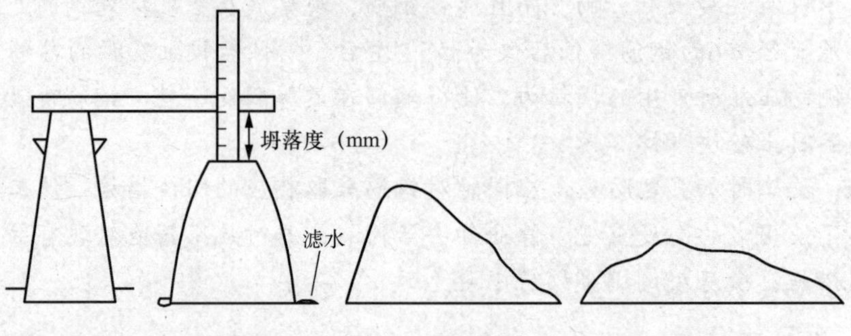

(a) 坍落度筒　(b) 坍落度测试　(c) 黏聚性欠佳　(d) 黏聚性不良

图6.7　混凝土拌合物和易性测定

根据坍落度值大小将混凝土分为下面四类。

① 大流动性混凝土：坍落度≥160mm；

② 流动性混凝土：坍落度100～150mm；

③ 塑性混凝土：坍落度10～90mm；

④ 干硬性混凝土：坍落度<10mm

坍落度法测定混凝土和易性的适用条件为：

① 粗骨料最大粒径≤40mm；

② 坍落度≥10mm。

对坍落度小于10mm的干硬性混凝土，坍落度值已不能准确反映其流动性大小。如当两种混凝土坍落度均为零时，但在振捣器作用下的流动性可能完全不同。故一般采用维勃稠度法测定。

2. 维勃稠度法

坍落度法的测试原理是混凝土在自重作用下坍落，而维勃稠度法则是在坍落度筒提起后，施加一个振动外力，测试混凝土在外力作用下完全填满面板所需时间代表混凝土流动性。时间越短，流动性越好；时间越长，流动性越差。维勃稠度试验仪如图6.8所示。

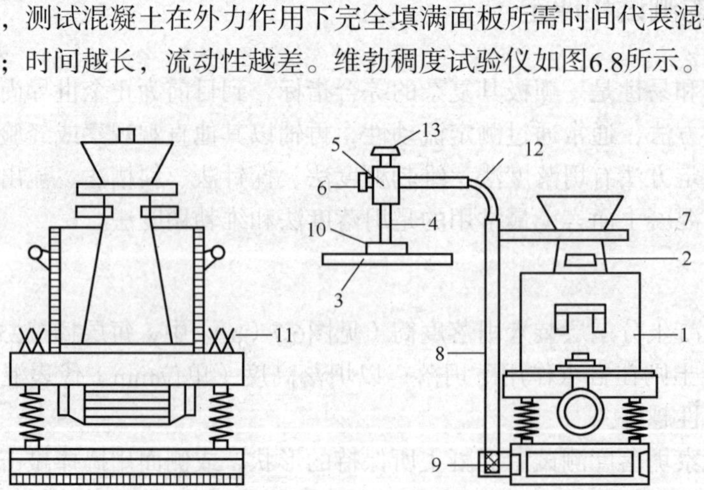

图6.8　维勃稠度试验仪

1—容器；2—坍落度筒；3—圆盘；4—滑棒；5—套筒；6、13—螺栓；7—漏斗；8—支柱；9—定位螺丝；10—荷重；11—元宝螺丝；12—旋转架

3. 坍落度的选择原则

实际施工时采用的坍落度大小根据下列条件选择。

① 构件截面尺寸大小：截面尺寸大，易于振捣成型，坍落度适当选小些，反之亦然。

② 钢筋疏密：钢筋较密，则坍落度选大些。反之亦然。

③ 捣实方式：人工捣实，则坍落度选大些。机械振捣则选小些。

④ 运输距离：从搅拌机出口至浇捣现场运输距离较远时，应考虑途中坍落度损失，坍落度宜适当选大些，特别是商品混凝土。

⑤ 气候条件：气温高、空气相对湿度小时，因水泥水化速度加快及水份挥发加速，坍落度损失大，坍落度宜选大些，反之亦然。

一般情况下，坍落度可按表6.12所示选用。

表 6.12　混凝土浇筑时的坍落度

构件种类	坍落度/mm
基础或地面等的垫层、无配筋的大体积结构（挡土墙、基础等）或配筋稀疏的结构	10～30
板、梁和大型及中型截面的柱子等	30～50
配筋密列的结构（薄壁、斗仓、筒仓、细柱等）	50～70
配筋特密的结构	70～90

注：1. 本表系指采用机械振捣时的坍落度，当采用人工振捣时可以适当增大。

2. 对轻集料混凝土拌合物，坍落度宜较表中数值减少 10～20mm。

6.5.3 普通混凝土拌合物和易性检测

新拌混凝土拌合物的和易性是保证混凝土便于施工、质量均匀、成型密实的性能，它是保证混凝土施工质量的前提。下面以坍落度来检测新拌混凝土拌合物的和易性。

1. 适用范围

本试验方法适用于坍落度值＞10mm，骨料最大粒径≤37.5mm的混凝土拌合物测定。

2. 主要仪器设备

坍落筒（见图6.9）、捣棒、小铲、木尺、钢尺、拌板、镘刀、下料斗等。

3. 试验方法及步骤

① 按配合比计算15L材料用量并拌制混凝土（骨料以全干状态为准）。

（a）人工拌和。将称好的砂子、水泥和混合料倒在铁板上，用平头铁锹翻至颜色均匀，再放入称好的石子与之拌和至少翻拌3次，然后堆成锥形，将中间扒一凹坑，加入拌和用水（外加剂一般随水一同加入）小心拌和，至少翻拌六次，每翻拌一次，应用铁锹将全部混凝土铲切一次。拌和时间从加水完毕时算起，在10min内完成。

（b）机械拌和。拌和前应将搅拌机冲洗干净，并预拌少量同种混凝土拌合物或与拌合混凝土水灰比相同的砂浆，使搅拌机内壁挂浆。向搅拌机内依次加入石子、砂和水泥，干拌均匀，再将水徐徐加入，全部加料时间不超过2min，水全部加入后，继续拌和2min。将混合料自搅拌机卸出备用。

② 湿润坍落度筒及其他用具，把筒放在铁板上，用双脚踏紧踏板。

③ 用小方铲将混凝土拌合物分3层均匀地装入筒内，每层高度约为筒高的1/3左右。每层用捣棒沿螺旋方向在截面上由外向中心均匀插捣25次。插捣深度要求为底层应穿透该层，上层应插到下层表面以下10～20mm。

④ 顶层插捣完毕后，用镘刀将混凝土拌合物沿筒口抹平，并清除筒外周围的混凝土。

⑤ 将坍落度筒徐徐垂直提起，轻放于试样旁边。坍落度筒的提离过程应在5～10s内完成，从开始装料到提起坍落度筒的整个过程应不间断地进行，并在150s内完成。用钢尺量出试样顶部中心与坍落度筒的高度之差，即为坍落度值（见图6.10）。

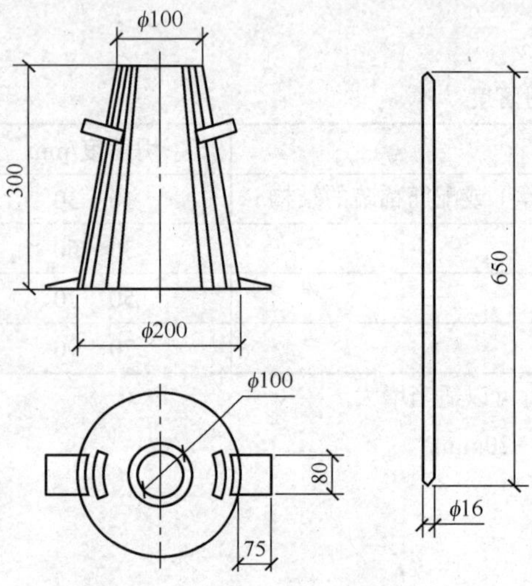

图6.9　坍落度筒及捣棒

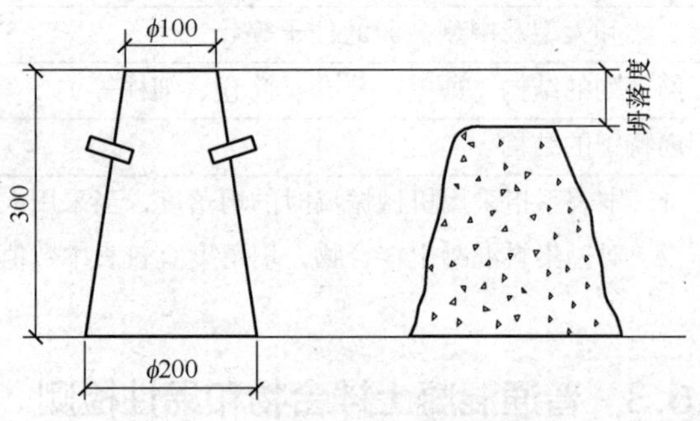

图6.10　坍落度试验示意图（mm）

4. 试验结果确定

① 坍落度测定。提起坍落度筒后，立即测量筒高与坍落后混凝土试件最高点之间的高度差，此值即为混凝土拌合物的坍落度值（mm），并精确至5mm。

坍落度筒提起后，如果混凝土拌合物发生崩塌或一边剪切破坏，则应重新取样进行测定，如仍然出现上述现象，则该混凝土拌合物和易性不好，并应记录备查。

② 黏聚性和保水性的评定。黏聚性和保水性测定是在测量坍落度后，再用目测观察判定黏聚性和保水性。

（a）黏聚性检验方法。用捣棒在已坍落的混凝土锥体侧面轻轻敲打，此时，如锥体渐渐下沉，则表示黏聚性良好，如锥体崩裂或出现离析现象，则表示黏聚性不好。

（b）保水性检验。坍落度筒提起后，如有较多的稀浆从底部析出，锥体部分的混凝土拌合物也因失浆而集料外露，则表明保水性不好。

坍落度筒提起后，如无稀浆或仅有少量稀浆从底部析出，则表明混凝土拌合物保水性良好。

5. 和易性的调整

① 当坍落度低于设计要求时，可在保持水灰比不变的前提下，适当增加水泥浆量，其数量可为原来计算用量的5%～10%。

当坍落度高于设计要求时，可在保持砂率不变的条件下，增加骨料用量。

② 若出现含砂量不足，导致黏聚性、保水性不良时，可适当增大砂率，反之则减小砂率。

6.5.4 影响和易性的主要因素

（1）单位用水量

单位用水量是混凝土流动性的决定因素，用水量增大，流动性随之增大。但用水量大带来的不利影响是保水性和黏聚性变差，易产生泌水分层离析，从而影响混凝土的匀质性、强度和耐久性。大量的实验研究证明在原材料品质一定的条件下，单位用水量一旦选定，单位水泥用量增减50～100kg/m^3，混凝土的流动性基本保持不变，这一规律称为固定用水量定则。这一定则给普通混凝土的配合比设计带来极大便利，即可通过固定用水量保证混凝土坍落度的同时，调整水泥用量，即调整水灰比，来满足强度和耐久性要求。在进行混凝土配合比设计时，单位用水量可根据施工要求的坍落度和粗骨料的种类、规格，根据《普通混凝土配合比设计规程》（JGJ 55—2000）按表6.13所示选用，再通过试配调整，最终确定单位用水量。

表 6.13　混凝土单位用水量选用表

项目	指标	卵石最大粒径/mm				碎石最大粒径/mm			
		10	20	31.5	40	16	20	31.5	40
坍落度/mm	10～30	190	170	160	150	200	185	175	165
	35～50	200	180	170	160	210	195	185	175
	55～70	210	190	180	170	220	205	195	185
	75～90	215	195	185	175	230	215	205	195
维勃稠度/s	16～20	175	160	—	145	180	170	—	155
	11～15	180	165	—	150	185	175	—	160
	5～10	185	170	—	155	190	180	—	165

注：①本表适用于水灰比为 0.4～0.8 的混凝土。水灰比小于 0.4 的混凝土以及采用特殊成型工艺的混凝土应通过试验确定。

②本表用水量系采用中砂时的平均取值，如采用细砂，每立方米混凝土用水量可增加 5～10kg，采用粗砂时则可减少 5～10kg。

③对于坍落度大于 90mm 的混凝土，以本表中 90mm 的用水量为基准，按照坍落度每增大 20mm，用水量增加 5kg 计算混凝土用水量。

④掺用各种外加剂或掺合料时，可相应增减用水量。

⑤本表中粗集料的尺寸为圆孔筛尺寸。

（2）浆骨比

浆骨比指水泥浆用量与砂石用量之比值。在混凝土凝结硬化之前，水泥浆主要赋予流动性；在混凝土凝结硬化以后，主要赋予黏结强度。在水灰比一定的前提下，浆骨比越大，即水泥浆量越大，混凝土流动性越大。通过调整浆骨比大小，既可以满足流动性要求，又能保证良好的黏聚性和保水性。浆骨比不宜太大，否则易产生流浆现象，使黏聚性下降。浆骨比也不宜太小，否则因骨料间缺少黏结体，拌合物易发生崩塌现象。因此，合理的浆骨比是混凝土拌合物和易性的良好保证。

（3）水灰比

水灰比即水用量与水泥用量之比。在水泥用量和骨料用量不变的情况下，水灰比增大，相当于单位用水量增大，水泥浆很稀，拌合物流动性也随之增大，反之亦然。用水量增大带来的负面影响是严重降低混凝土的保水性，增大泌水，同时使黏聚性也下降。但水灰比也不宜太小，否则因流动性过低影响混凝土振捣密实，易产生麻面和空洞。合理的水灰比是混凝土拌合物流动性、保水性和黏聚性的良好保证。

（4）砂率

砂率是指砂子占砂石总重量的百分率，表达式为：

$$S_p = \frac{S}{S+G} \times 100\% \qquad (6.5)$$

式中，S_p——砂率；

S——砂子用量，kg；

G——石子用量，kg。

砂率对和易性的影响非常显著。

① 对流动性的影响。在水泥用量和水灰比一定的条件下，由于砂子与水泥浆组成的砂浆在粗骨料间起到润滑和辊珠作用，可以减小粗骨料间的摩擦力，所以在一定范围内，随砂率增大，混凝土流动性增大。另一方面，由于砂子的比表面积比粗骨料大，随着砂率增加，粗细骨料的总表积增大，在水泥浆用量一定的条件下，骨料表面包裹的浆量减薄，润滑作用下降，使混凝土流动性降低。所以砂率超过一定范围，流动性随砂率增加而下降，如图6.11（a）所示。

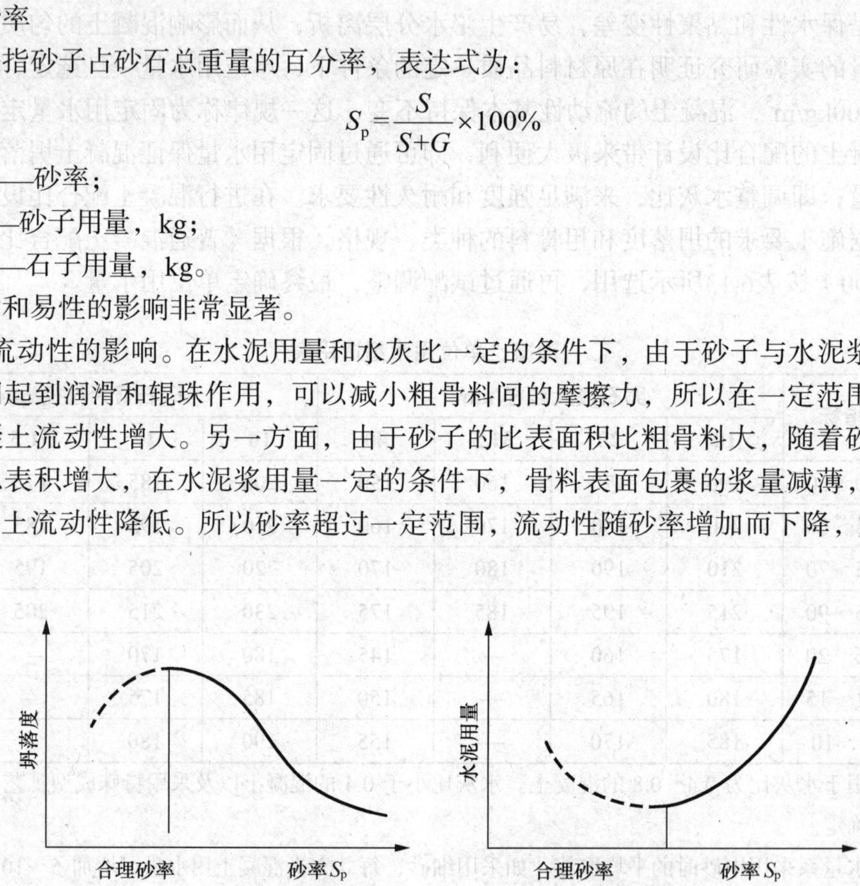

(a) 砂率与坍落度的关系　(b) 砂率与水泥用量的关系

图6.11　砂率与混凝土流动性和水泥用量的关系

② 对黏聚性和保水性的影响。砂率减小，混凝土的黏聚性和保水性均下降，易产生泌水、离析和流浆现象。砂率增大，黏聚性和保水性增加。但砂率过大，当水泥浆不足以包裹骨料表面时，则黏聚性反而下降。

③ 合理砂率的确定。合理砂率是指砂子填满石子空隙并有一定的富余量，能在石子间形成一定厚度的砂浆层，以减少粗骨料间的摩擦阻力，使混凝土流动性达最大值。或者在保持流动性不变的情况下，使水泥浆用量达最小值，如图6.11（b）所示。

合理砂率的确定可根据上述两原则通过试验确定。在大型混凝土工程中经常采用。对普通混凝土工程可根据经验或根据《普通混凝土配合比设计规程》（JGJ 55—2000）参照表6.14选用。

表 6.14　　混凝土砂率选用表

水灰比/($W \cdot C^{-1}$)	卵石最大粒径/mm			碎石最大粒径/mm		
	9.5	**19.0**	**37.5**	**16.0**	**19.0**	**37.5**
0.4	26～32	25～31	24～30	30～35	29～34	27～32
0.5	30～35	29～34	28～33	33～38	32～37	30～35
0.6	33～38	32～37	31～36	36～41	35～40	33～38
0.7	36～41	35～40	34～39	39～44	38～43	36～41

注：①表中数值系中砂的选用砂率。对细砂或粗砂，可相应地减少或增大砂率。

②本砂率适用于坍落度为 10～60mm 的混凝土。坍落度如大于 60mm 或小于 10mm 时，应相应增大或减小砂率；按每增大 20mm，砂率增大 1%的幅度予以调整。

③只用一个单粒级粗骨料配制混凝土时，砂率值应适当增大。

④掺有各种外加剂或掺合料时，其合理砂率值应经试验或参照其他有关规定选用。

⑤对薄壁构件砂率取偏大值。

[工程实例分析]

碎石形状对混凝土和易性的影响

概况：某混凝土搅拌站原混凝土配方均可生产出性能良好的泵送混凝土。后因供应的问题进了一批针片状多的碎石。当班技术人员未引起重视，仍按原配方配制混凝土，后发觉混凝土坍落度明显下降，难以泵送，临时现场加水泵送。请对此过程予以分析。

原因分析：① 混凝土坍落度下降的原因。因碎石针片状增多，表面积增大，在其他材料及配方不变的条件下，其坍落度必然下降。②当坍落度下降难以泵送，简单地现场加水虽可解决泵送问题，但对混凝土的强度及耐久性都有不利影响，且还会引起泌水等问题。

（5）水泥品种及细度

水泥品种不同时，达到相同流动性的需水量往往不同，从而影响混凝土流动性。另一方面，不同水泥品种对水的吸附作用往往不等，从而影响混凝土的保水性和黏聚性。如火山灰水泥、矿渣水泥配制的混凝土流动性比普通水泥小。在流动性相同的情况下，矿渣水泥的保水性能较差，黏聚性也较差。同品种水泥越细，流动性越差，但黏聚性和保水性越好。

（6）骨料的品种和粗细程度

卵石表面光滑，碎石粗糙且多棱角，因此卵石配制的混凝土流动性较好，但黏聚性和保水性则相对较差。河砂与山砂的差异与上述相似。对级配符合要求的砂石料来说，粗骨料粒径越大，砂子的细度模数越大，则流动性越大，但黏聚性和保水性有所下降，特别是砂的粗细，在砂率不变的情况下，影响更加显著。

（7）外加剂

改善混凝土和易性的外加剂主要有减水剂和引气剂。它们能使混凝土在不增加用水量的条件下增加流动性，并具有良好的黏聚性和保水性。

（8）时间、气候条件

随着水泥水化和水分蒸发，混凝土的流动性将随着时间的延长而下降。气温高、湿度小、风速大将加速流动性的损失。

6.5.5 混凝土和易性的调整和改善措施

① 当混凝土流动性小于设计要求时，为了保证混凝土的强度和耐久性，不能单独加水，必须保持水灰比不变，增加水泥浆用量。但水泥浆用量过多，则混凝土成本提高，且将增大混凝土的收缩和水化热等。混凝土的黏聚性和保水性也可能下降。

② 当坍落度大于设计要求时，可在保持砂率不变的前提下，增加砂石用量。实际上相当于减少水泥浆数量。

③ 改善骨料级配，既可增加混凝土流动性，也能改善黏聚性和保水性。但骨料占混凝土用量的75%左右，实际操作难度往往较大。

④ 掺减水剂或引气剂，是改善混凝土和易性的最有效措施。

⑤ 尽可能选用最优砂率。当黏聚性不足时可适当增大砂率。

6.6 混凝土的强度

强度是硬化混凝土最重要的技术性质，混凝土的强度与混凝土的其他性能关系密切。混凝土强度也是工程施工中控制和评定混凝土质量的主要指标。混凝土的强度有抗压、抗拉、抗弯和抗剪切强度，其小以抗压强度为最大，因此在结构工程中混凝上主要用于承受压力。在结构设计中也常要用到混凝土的抗拉强度。

6.6.1 混凝土的受力破坏特点

如前所述，由于水化热、干燥收缩及泌水等原因，混凝土在受力前就在水泥石中存在有微裂纹，特别是在骨料的表面处存在有部分界面微裂纹。当混凝土受力后，在微裂纹处产生应力集中，使这些微裂纹不断扩展、数量不断增多，并逐渐汇合连通，最终形成若干条可见的裂缝而使混凝土破坏。

通过显微镜观测混凝土的受力破坏过程，表明混凝土的破坏过程是内部裂纹产生、发生与汇合的过程，可分为四个阶段。混凝土单轴静力受压时的变形与荷载关系，如图6.12所示。

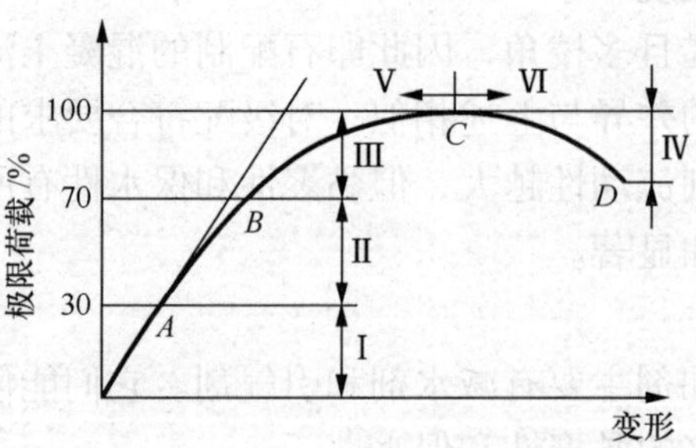

图6.12 混凝土受压变形曲线

Ⅰ—界面裂缝无明显变化；Ⅱ—界面裂缝增长；Ⅲ—出现砂浆裂缝和连续裂缝；

Ⅳ—连续裂缝迅速发展；Ⅴ—裂缝缓慢增长；Ⅵ—裂缝迅速增长

当荷载达到"比例极限"（约为极限荷载的30%）以前，混凝土的应力较小，界面微裂纹无明显的变化，此时荷载与变形近似为直线关系。

荷载超过"比例极限"后，界面微裂纹的数量、宽度和长度逐渐增大，但尚无明显的砂浆裂纹。此时变形增大的速度大于荷载增大的速度，荷载与变形已不再是直线关系。

当荷载超过"临界荷载"（极限荷载的70%～90%）时，界面裂纹继续产生与扩展，同时开始出现砂浆裂纹，部分界面裂纹汇合。此时变形速度明显加快，荷载与变形曲线明显弯曲。

达到极限荷载后，裂纹急剧扩展、汇合，并贯通成若干条宽度很大的裂纹，同时混凝土的承载力下降，变形急剧增大，直至混凝土破坏。

由此可见，混凝土的受力变形与破坏是混凝土内部微裂纹产生、扩展、汇合的结果，且只有当微裂纹的数量、长度与宽度达到一定程度时，混凝土才会完全破坏。

6.6.2 混凝土的抗压强度与强度等级

1. 混凝土的立方体抗压强度

《普通混凝土力学性能试验方法》（GB/T 50081—2002）规定，将混凝土制作成边长为150mm的立方体试件，在标准养护条件（温度为（20±3）℃，相对湿度为90%以上）下，养护到28d龄期，测得的抗压强度值称为立方体抗压强度，简称抗压强度。测定混凝土的抗压强度时，也可采用非标准尺寸的试件，但应乘以换算系数以换算成标准尺寸试件的强度值。边长为100、200mm的非标准立方体试件的换算系数分别为0.95、1.05。

工程中常将混凝土立方体试件放在与工程中混凝土构件相同的养护条件下进行养护，如常用的自然养护（须采取一定的保温与保湿措施）、蒸汽养护等。自然养护、蒸汽养护条件下测得抗压强度，分别称为自然养护抗压强度和蒸汽养护抗压强度，二者用以检验和控制混凝土的质量，但不能用以确定混凝土的强度等级。

2. 混凝土的强度等级

为了正确进行设计和控制工程质量，混凝土的强度等级按立方体抗压强度标准值划分。混凝土的立方体抗压强度标准值（简称抗压强度标准值）是测得的抗压强度总体分布中的一个值，强度低于该值的百分率不超过5%，或具有95%强度保证率的抗压强度值。混凝土的强度等级用符号C和立方体抗压强度标准值来表示，共分为C7.5、C10、C15、C20、C25、C30、C35、C40、C45、C50、C55、C60十二个等级。

C7.5～C15的混凝土主要用于垫层、基础、地坪及受力不大的结构；C15～C25的混凝土主要用于普通混凝土结构的梁、板、柱、屋架、楼梯等；C25～C30的混凝土主要用于大跨度结构、耐久性较高的结构及预制构件；C30～C50的混凝土主要用于预应力混凝土结构、吊车梁及特种结构；C40～C80的混凝土主要用于高层建筑的梁、柱等。

6.6.3 混凝土的轴心抗压强度及检测

1. 混凝土的轴心抗压强度

混凝土的轴心抗压强度又称棱柱体抗压强度，是以150mm×150mm×300mm的试件在标准养护条件下，养护至28d龄期，测得的抗压强度值。

混凝土的轴心抗压强度较立方体抗压强度能更好地反映混凝土在受压构件中的实际情况。混凝土结构设计中计算轴心受压构件时，以混凝土的轴心抗压强度为设计取值。实验结果表明，轴心抗压强度与立方体抗压强度的比值为0.7～0.8。

2. 普通混凝土立方体抗压强度检测

（1）目的

学会混凝土抗压强度试件的制作方法，用以检验混凝土强度，确定、校核混凝土配合比，并为控制混凝土施工质量提供依据。

（2）主要仪器设备

压力试验机、上下承压板、振动台、试模、捣棒、小铲、钢直尺等。

（3）制作方法

① 制作试件前首先检查试模，拧紧螺栓，清刷干净，并在其内壁涂上一薄层矿物油脂。

② 试件的成型方法应根据混凝土的坍落度来确定。

（a）坍落度小于70mm的混凝土拌合物应采用振动台成型。其方法为将拌好的混凝土拌合物一次装入试模，装料时应用镘刀沿试模内壁略加插捣并使混凝土拌合物稍有富余，然后将试模放到振动台上，用固定装置予以固定，开动振动台并记时，当拌合物表面出现水泥浆时，停止振动并记录时间，用镘刀沿试模边缘刮去多余拌合物，并抹平。

（b）坍落度大于70mm的混凝土拌合物采用人工捣实成型。其方法为将混凝土拌合物分二层装入试模，每层装料的厚度大致相同，插捣时用垂直的捣棒按螺旋方向由边缘向中心进行，插捣底层时捣棒应达到试模底面，插捣上层时，捣棒应贯穿下层深度20～30mm，并用镘刀沿试模内侧插入数次，以防止麻面，每层插捣次数，随试件尺寸而定。

100mm×100mm×100mm的试件插捣12次；

150mm×150mm×150mm的试件插捣25次；

200mm×200mm×200mm的试件插捣50次。

捣实后，刮去多余混凝土，并用镘刀抹平。

（4）试件养护

① 采用标准养护的试件成型后应覆盖表面，防止水分蒸发，并在（20±5）℃的室内静置24～48h，然后编号拆模。

② 拆模后的试件应立即放入标准养护室（温度为（20±3）℃，相对湿度为90%以上）养护，每一龄期试件的个数一般为一组三个，试件之间彼此相隔10～20mm，并应避免用水直接冲淋试件。

③ 试件成型后需与构件同条件养护的，应覆盖其表面，试件拆模时间可与实际构件拆模时间相同，拆模后，试件仍需与构件保持同条件养护。

（5）抗压强度测定

到达试验龄期时，从养护室取出试件并擦拭干净，检查外观，测量试件尺寸（准确至1mm），当试件有严重缺陷时，应废弃。将试件放在试验机的下压板正中，加压方向应与试件捣实方向垂直。调整球座，使试件受压面接近水平位置。加荷应连续而均匀。混凝土强度等级<C30时，其加荷速度为7～10kN/s；混凝土强度等级为C30时，其加荷速度为10～18kN/s。当试件接近破坏而开始迅速变形时，停止调整试验机油门，直至试件破坏，然后记录破坏荷载F（N）。

（6）试验结果确定

① 混凝土立方体试件抗压强按下式计算（精确至0.1MPa）：

$$f_{cu,k}=\frac{F}{A} \tag{6.6}$$

式中，$f_{cu,k}$——混凝土立方体试件抗压强度，MPa；

F——破坏荷载，N；

A——试件受压面积，mm。

② 以三个试件抗压强度的算术平均值作为该组试件的抗压强度值，精确到0.1MPa。

如果三个测定值中的最大或最小值中有一个与中间值的差异超过中间值的15%，则把最大及最小值舍去，取中间值作为该组试件的抗压强度值。如果最大、最小值均与中间值相差15%以上，则此组试验作废。

③ 混凝土抗压强度是以150mm×150mm×150mm的立方体试件作为抗压强度的标准试件，其他尺寸试件的测定结果应乘以尺寸换算系数，200mm×200mm×200mm试件的换算系数为1.05，100mm×100mm×100mm试件的换算系数为0.95。

6.6.4 混凝土的抗拉强度

混凝土属于脆性材料，抗拉强度只有抗压强度的1/10～1/20，且比值随混凝土抗压强度的提高而减少。在混凝土结构设计中，通常不考虑混凝土承受拉力，但混凝土的抗拉强度与混凝土构件的裂缝有着密切的关系，是混凝土结构设计中确定混凝土抗裂性的重要依据。

用轴向拉伸方向测定时，外力的作用线与试件的轴线不易重合，且夹具处易被夹坏。GB/T 50081—2002 规定采用劈拉法测定，即采用边长为150mm的立方体试件（采用100mm×100mm×100mm试件，则换算系数为0.85），如图6.13所示进行试验。劈拉强度 f_{st} 按下式计算。

$$f_{st}=\frac{2P}{\pi A} \tag{6.7}$$

式中，P——破坏荷载，N；

A——试件受劈面的面积，mm^2。

实验结果表明，混凝土的轴心抗拉强度与劈拉强度的比值约为0.9。

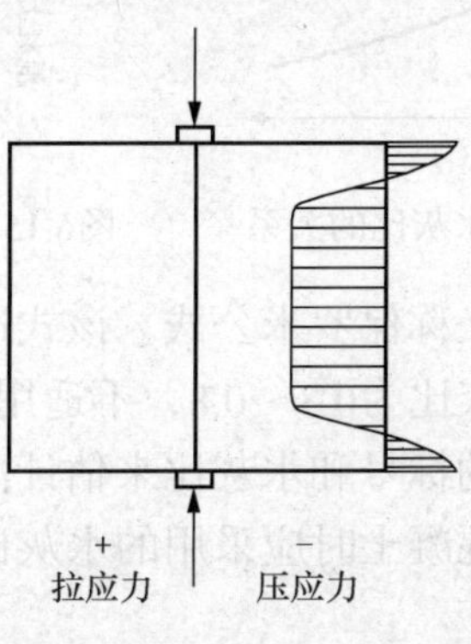

图6.13 劈裂试验时垂直于受力面的应力分布

6.6.5 影响混凝土强度的因素

1. 水泥标号与水灰比

从混凝土的结构与混凝土的受力破坏过程可知，混凝土的强度主要取决于水泥石的强度和界面黏结强度。普通混凝土的强度主要取决于水泥标号与水灰比。水泥标号越高，水泥石的强度越高，对骨料的黏结作用也越强。水灰比越大，在水泥石内造成的孔隙越多，混凝土的强度越小。在能保证混凝土密实成型的前提下，混凝土的水灰比越小，混凝土的强度越高。当水灰比过小时，水泥浆稠度过大，混凝土拌合物的流动性过小，在一定的施工成型工艺条件下，混凝土不能密实成型，反而导致强度严重降低，如图6.14所示。

大量试验表明，在材料相同的条件下，混凝土的强度随水灰比的增加而有规律降低，并近似呈双曲线关系，如图6.14所示。而混凝土的强度与灰水比（C/W）的关系近似呈直线关系（见图6.15），这种关系可用下式表示。

$$f_{28} = Af_{c}(\frac{C}{W} - B) \qquad (6.8)$$

式中，f_{28}——混凝土28d龄期的抗压强度，MPa；

f_{c}——水泥的实际强度，MPa。水泥厂为保证水泥的出厂标号，其实际强度往往高于水泥的标号值（f_{c}^{b}）。在无法取得水泥的实际强度时，可按$f_{c} = K_{c}f_{c}^{b}$代入，K_{c}为水泥标号的富余系数，该值应按各地区的统计资料确定。无统计资料时，可按1.13取；

A，B——经验系数，与骨料和水泥的品种及工艺条件等有关。该值应通过试验确定。无统计资料时，可按JGJ 55—2000提供的选取：

碎石：A=0.46、B=0.07；

卵石：A=0.48、B=0.33。

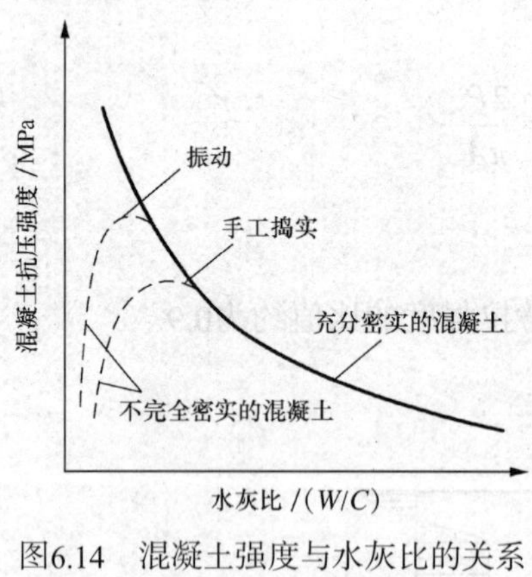

图6.14 混凝土强度与水灰比的关系

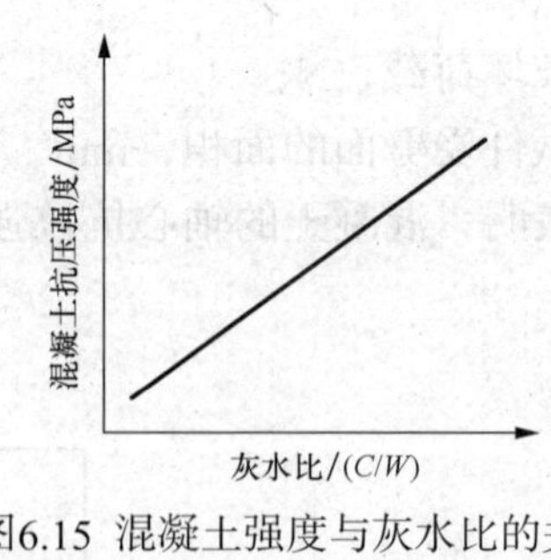

图6.15 混凝土强度与灰水比的关系

上式称为混凝土的强度公式，又称保罗米公式。该式适用于流动性较大的混凝土，即适用于低塑性与塑性混凝土，采用的水灰比为0.3～0.8，不适用于干硬性混凝土。

利用该公式，可根据所用水泥的标号和水灰比来估计混凝土的强度，或根据要求的混凝土强度和所用水泥的标号来计算配制混凝土时应采用的水灰比。

2. 骨料的品种、规格与质量

在水泥标号与水灰比相同的条件下，碎石混凝土的强度往往高于卵石混凝土，特别是在水灰比较小时。例如，水灰比为0.40时，碎石混凝土较卵石混凝土的强度高20%～35%，而当水灰比为0.65时，二者的强度基本上相同。其原因是水灰比小时，界面黏结是主要矛盾，而水灰比大时，水泥石强度成为主要矛盾。

泥及泥块等杂质含量少、级配好的骨料，有利于骨料与水泥石间的黏结，充分发挥骨料的骨架作用。并可降低用水量及水灰比，因而有利于强度。二者对高强混凝土尤为重要。

粒径粗大的骨料，可降低用水量及水灰比，有利于提高混凝土的强度。对高强混凝土，较小粒径的粗骨料可明显改善粗骨料与水泥石的界面黏结强度，可提高混凝土的强度。

3. 养护温度、湿度

（1）温度

养护温度高，水泥的水化速度快，早期强度高，但28d及28d以后的强度与水泥的品种有关。普通硅酸盐水泥混凝土与硅酸盐水泥混凝土在高温养护后，再转入常温养护至28d，其强度较一直在常温或标准养护温度下养护至28d的强度低10%～15%；而矿渣硅酸盐水泥以及其他掺活性混合材料多的硅酸盐水泥混凝土，或掺活性掺合料的混凝土经高温养护后，28d强度可提高10%～40%。当温度低于0℃时，水泥水化停止后，混凝土强度停止发展，同时还会受到冻胀破坏作用，严重影响混凝土的早期强度和后期强度。受冻越早，冻胀破坏作用越大，强度损失越大，如图6.16所示。因此，应特别防止混凝土早期受冻。《混凝土质量控制标准》（GB 50164—2011）规定，混凝土在达到具有抗冻能力的临界强度后，方可撤除保温措施，对硅酸盐水泥或普通硅酸盐水泥配制的混凝土，临界强度应大于设计强度等级的30%，对矿渣硅酸盐水泥配制的混凝土，临界强度应大于设计强度等级的40%，且在任何条件下受冻前的强度不得低于5MPa。当平均气温连续低于5℃时，应按《混凝土工程施工质量验收规范》（GB 50204—2011）冬期施工的规定进行。

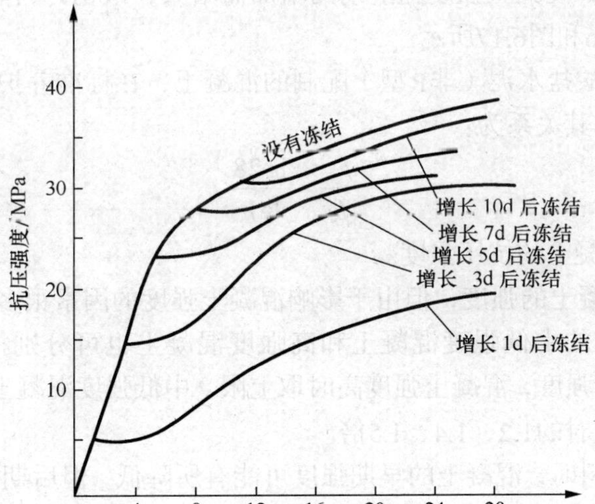

图6.16　混凝土强度与冻结龄期的关系

（2）湿度

环境湿度越高，混凝土的水化程度越高，混凝土的强度越高。如环境湿度低，则由于水分大量蒸发，使混凝土不能正常水化，严重影响混凝土的强度。受干燥作用的时间越早，造成的干缩开裂越严重（因早期混凝土的强度较低），结构越疏松，混凝土的强度损失越大，如图6.17所示。GB 50204—2011规定，混凝土在浇注后，应在12h内进行覆盖草袋、塑料薄膜等，以防水分蒸发过快，并应按规定进行烧水养护。使用硅酸盐水泥、普通硅酸盐水泥、矿渣硅酸盐水泥时，保湿时间应不小于7d；使用火山灰质硅酸盐水泥和粉煤灰硅酸盐水泥时，或掺用缓凝型外加剂或有抗渗性要求时，应不小于14d。《粉煤灰混凝土应用技术规范》（GB/T 50l46—2014）规定，粉煤灰混凝土的保湿时间不得少于14d，干燥或炎热气候条件下不得少于21d。高强混凝土则在成型后须立即覆盖或采取保湿措施。

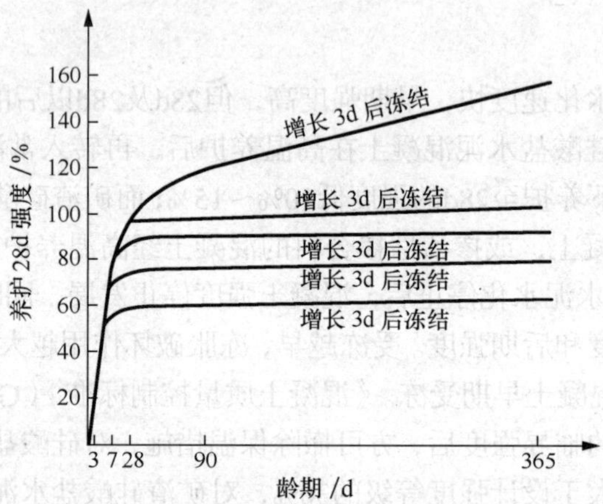

图6.17　混凝土强度与保湿养护时间的关系

4. 龄期

在正常养护条件下，混凝土强度随龄期的增加而增大，最初7～14d内强度增长较快，28d以后增长缓慢，如图6.16和图6.17所示。

用中等标号普通硅酸盐水泥（非R型）配制的混凝土，在标准养护条件下，其强度与龄期（$n>3$）的对数成正比，其关系为：

$$\frac{f_{28}}{f_n}=\frac{\lg 28}{\lg n} \tag{6.9}$$

式中，f_n——nd龄期混凝土的抗压强度。

此式可用于估计混凝土的强度，但由于影响混凝土强度的因素很多，故结果只能作参考。对使用普通硅酸盐水泥的中低强度混凝土和高强度混凝土也可分别按 $f_7=(0.55\sim0.75)f_{28}$、$f_7=(0.85\sim0.95)f_{28}$ 估算强度，混凝土强度高时取上限。中低强度混凝土在3、6、12个月龄期时的强度分别约为28d龄期时的1.2、1.4、1.5倍。

掺加粉煤灰等掺合料时，混凝土的早期强度可能有所降低，但后期强度增长大。因此，《粉煤灰混凝土应用技术规范》（GB/T 50l46—2014）规定粉煤灰混凝土设计强度等级的龄期，对地上工程宜为28d；对地面工程（路面等）宜为28d或60d；对地下工程宜为60d或90d；对大体积混凝土工程宜为90d或180d。

5. 施工方法、施工质量及其控制

采用机械搅拌可使拌合物的质量更加均匀，特别是对水灰比较小的混凝土拌合物。在其他条件相同时，采用机械搅拌的混凝土与采用人工搅拌的混凝土相比，强度可提高约10%。采用机械振动成型时，机械振动作用可暂时破坏水泥浆的凝聚结构，降低水泥浆的黏度，从而提高混凝土拌合物的流动性，有利于获得致密结构，这对水灰比小的混凝土或流动性小的混凝土尤为显著。

此外，计量的准确性、搅拌时的投料次序与搅拌制度、混凝土拌合物的运输与浇灌方式（不正确的运输与浇灌方式会造成离析、分层）对混凝土的强度也有一定的影响。

6.6.6 提高混凝土强度的措施

1. 采用高标号水泥或快硬早强型水泥

采用高标号水泥可提高混凝土28d龄期的强度；采用快硬早强水泥可提高混凝土的早期强度，即3d或7d龄期的强度。

2. 采用干硬性混凝土或较小的水灰比

干硬性混凝土的用水量小，即水灰比小，因而硬化后混凝土的密实度高，故可显著提高混凝土的强度。但干硬性混凝土在成型时需要较大、较强的振动设备，适合在预制厂使用，在现浇混凝土工程中一般无法使用。

3. 采用级配好、质量高、粒径适宜的骨料

级配好，含泥量、泥块含量等较少以及针、片状颗粒含量较少的粗、细骨料，有利于降低水灰比，可提高混凝土的强度。对中低强度的混凝土，应采用最大粒径较大的粗骨料；对高强混凝土，则应采用最大粒径较小的粗骨料。同时应采用较粗的细骨料。

4. 采用机械搅拌和机械振动成型

采用机械搅拌和机械振动成型可进一步降低水灰比，并能保证混凝土密实成型。在低水灰比情况下，效果尤为显著。

5. 加强养护

混凝土在成型后，应及时进行养护以保证水泥能正常水化与凝结硬化。对自然养护的混凝土应保证一定的温度与湿度，同时应特别注意混凝土的早期养护，即在养护初期必须保证有较高的湿度，并应防止混凝土早期受冻。采用湿热处理，可提高混凝土的早期强度，可根据水泥品种对高温养护的适应性和对早期强度的不同要求，选择适宜的高温养护温度。

6. 掺加外加剂

掺加减水剂，特别是高效减水剂，可大幅度降低用水量和水灰比，使混凝土的28d强度显著提高，高效减水剂还能提高混凝土的早期强度。掺加高效减水剂是配制高强混凝土的主要措施之一。掺加早强剂可显著提高混凝土的早期强度。

7. 掺加混凝土掺合料

掺加细度大的活性掺合料，如硅灰、磨细粉煤灰、沸石粉、硅质页岩粉等可提高混凝土的强度，特别是硅灰可大幅度提高混凝土的强度。

特殊情况下，可掺加合成树脂或合成树脂乳液，这对提高混凝土的强度及其他性能十分有利。

6.7 混凝土的变形性能

混凝土在硬化和使用过程中，由于受物理、化学及其他因素的作用，会产生各种变形，这些变形是导致混凝土产生裂纹的主要原因之一，从而进一步影响混凝土的强度和耐久性。

6.7.1 化学变形

混凝土在硬化过程中，由于水泥水化产物的体积小于反应物（水泥与水）的体积，导致混凝土在硬化时产生收缩，称为化学收缩。混凝土的化学收缩是不可恢复的，收缩量随混凝土的硬化龄期的延长而增加，一般在40d内逐渐趋向稳定。化学收缩值很小，一般对混凝土的结构没有破坏作用。需指出的是，虽然系统的体积减少了，但水泥水化产物的体积大于反应物水泥和水的体积，即随反应的进行，因相体积增加，密实度提高。

6.7.2 干缩变形

混凝土干缩变形取决于周围环境的湿度变化。混凝土产生干缩的原因是由于混凝土内部吸附水分的蒸发，引起凝胶体失水产生紧缩，以及毛细管水分蒸发而使混凝土整体内的颗粒受到毛细管压力作用而产生的体积收缩。这种体积收缩是可以恢复的，即重新吸水后产生体积膨胀。混凝土在水中硬化时，也会产生微量膨胀，但这种膨胀值远比干缩值小，不会造成破坏作用。

混凝土的干缩造成结构物一般条件下混凝土的极限收缩值为（50～90）$\times10^{-5}$mm/mm，混凝土的干缩造成结构物开裂、变形，对工程构成危害。

混凝土的干缩是不能完全恢复的，如果干缩后再长期放入水中也仍然会有30%～60%的残余收缩值。

混凝土的干缩变形与水泥品种、水泥用量和用水量有关。采用矿渣水泥比采用普通水泥的收缩值大；采用高标号水泥，由于颗粒较细混凝土收缩值也大；水泥用量多或水灰比大者，收缩量也较大。砂石在混凝土中形成骨架，对收缩有一定的抵抗作用。选用弹性模量高、级配良好的骨料，混凝土收缩值小。轻骨料混凝土中，由于采用轻质骨料，弹性模量小，其收缩值比普通混凝土要大得多。混凝土振捣充分密实，收缩量小。混凝土在水中或在潮湿环境中养护，可以大大减小混凝土的收缩。

影响混凝土干缩变形的因素主要有下面几种。

（1）水泥用量、细度、品种

水泥用量越多，水泥石含量越多，干燥收缩越大。水泥的细度越大，混凝土的用水量越多，干燥收缩越大。高标号水泥的细度往往较大，故使用高标号水泥的混凝土干燥收缩较大。使用火山灰质硅酸盐水泥时，混凝土的干燥收缩较大；而使用粉煤灰硅酸盐水泥时，混凝土的干燥收缩较小。

（2）水灰比

水灰比越大，混凝土内的毛细孔隙数量越多，混凝土的干燥收缩越大。一般用水量每增加1%，混凝土的干缩率增加2%～3%。

（3）骨料的规格与质量

骨料的粒径越大，级配越好，则水与水泥用量越少，混凝土的干燥收缩越小。骨料的含泥量及泥块含量越少，水与水泥用量越少，混凝土的干燥收缩越小。针、片状骨料含量越少，混凝土的干燥收缩越小。

（4）养护条件

养护湿度高，养护的时间长，则有利于推迟混凝土干燥收缩的产生与发展，可避免混凝土在早期产生较多的干缩裂纹，但对混凝土的最终干缩率没有显著的影响。采用湿热养护时可降低混凝土的干缩率。

6.7.3 温度变形

对大体积混凝土工程，在凝结硬化初期，由于水泥水化放出的水化热不易散发而聚集在内部，造成混凝土内外温差很大，有时可达40℃～50℃，从而导致混凝土表面开裂。为降低混凝土内部的温度，应采用水化热较低的水泥和最大粒径较大的粗骨料，并应尽量降低水泥用量，也可掺加缓凝剂或采取人工降温等措施。

混凝土在正常使用条件下也会随温度的变化而产生热胀冷缩变形。混凝土的热膨胀系数与混凝土的组成材料及用量有关，但影响不大。混凝土的热膨胀系数一般为（0.6～1.3）$\times10^{-5}$，即温度每升降1℃，lm混凝土的胀缩约为0.01mm。温度变形对大体积混凝土工程、大面积混凝土及纵长的混凝土结构等极为不利，易使混凝土产生温度裂纹。对纵长的混凝土结构及大面积的混凝土工程，应每隔一段长度设置一温度伸缩缝。

6.7.4 荷载作用下的变形

1. 混凝土徐变

混凝土在长期荷载作用下，沿着作用力方向的变形会随时间不断增长，即荷载不变而变形随时间增加，一般要延续2～3年逐渐趋于稳定。这种在长期荷载作用下产生的变形称为徐变。

混凝土徐变，一般认为是由于水泥面凝胶体在长期荷载作用下的黏性流动，并向毛细孔中移动的结果。

混凝土徐变与许多因素有关，混凝土的水灰比较小或混凝土在水中养护时，同龄期的水泥面中未填满的孔隙较少，故徐变小。水灰比相同的混凝土，其水泥用量越多，即水泥面相对含量越大，其徐变越大。混凝土弹性模量大者，混凝土的徐变小。

混凝土无论是受压、受拉或受弯时，均有徐变现象。混凝土的徐变对钢筋混凝土构件来说，能消除钢筋混凝土内的应力集中，使应力较均匀地重新分布；对大体积混凝土，能消除一部分因温度变形而产生的破坏应力。但在预应力钢筋混凝土中，混凝土徐变，将使钢筋的预加应力受到损失。

2. 混凝土的疲劳变形

混凝土的疲劳是在荷载重复作用下产生的。混凝土在荷载重复作用下引起的破坏称为疲劳破坏。疲劳现象大量存在于工程结构中，钢筋混凝土吊车梁受到重复荷载的作用，钢筋混凝土道桥受到车辆振动的影响以及港口海岸的混凝土结构受到波浪冲击而损伤等都属于疲劳破坏现象。疲劳破坏的特征是裂缝小而变形大，在重复荷载作用下，混凝土的强度和变形有着重要的变化。

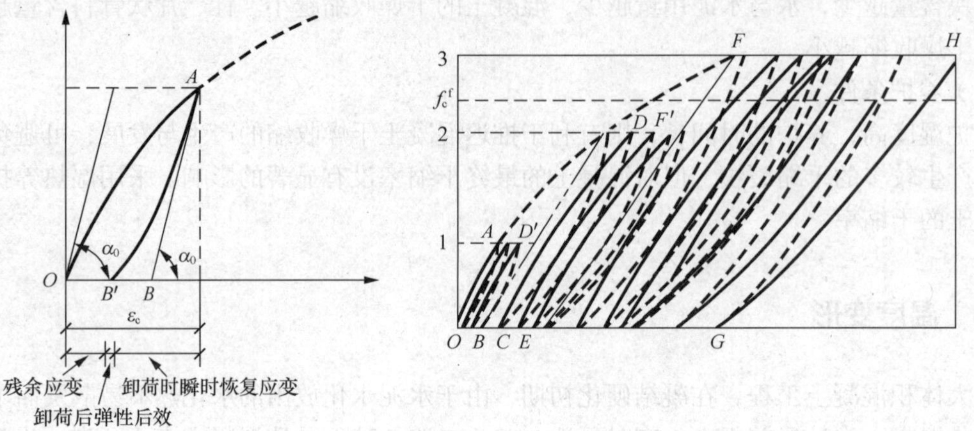

图6.18　混凝土在重复荷载作用下的应力—应变曲线

图6.18所示为混凝土棱柱体在多次重复荷载作用下的应力—应变曲线。从图中可以看出，对混凝土棱柱体试件，一次加载应力 σ_1 小于混凝土疲劳强度 f_c^f 时，其加载卸载应力—应变曲线 *OAB*形成了一个环状。而在多次加载、卸载作用下，应力—应变环会越来越密合，经过多次重复，这个曲线就密合成一条直线。如果再选择一个较高的加载应力 σ_2，但 σ_2 仍小于混凝土疲劳

强度 f_c^f 时，其加卸载的规律同前，多次重复后形成密合直线。如果选择一个高于混凝土疲劳强度 f_c^f 的加载应力 σ_3，开始，混凝土应力—应变曲线凸向应力轴，在重复荷载过程中逐渐凸向应变轴，以致加卸载不能形成封闭环，这标志着混凝土内部微裂缝的发展加剧趋近破坏。随着重复荷载次数的增加，应力—应变曲线倾角不断减小，至荷载重复到某一定次数时，混凝土试件会因严重开裂或变形过大而导致破坏。

混凝土的疲劳强度用疲劳试验测定。疲劳试验采用100mm×100mm×300mm或150mm×150mm×450mm的棱柱体，把能使棱柱体试件承受200万次或其以上循环荷载而发生破坏的压应力值称为混凝土的疲劳抗压强度。

施加荷载时的应力大小是影响应力—应变曲线不同的发展和变化的关键因素，即混凝土的疲劳强度与重复作用时应力变化的幅度有关。在相同的重复次数下，疲劳强度随着疲劳应力比值的减小而增大。

6.8　混凝土的耐久性

混凝土的耐久性可以定义为混凝土在长期外界因素作用下，抵抗外部和内部不利影响的能力。它是决定混凝土结构是否经久耐用的一项重要性能。

当混凝土被作为现代建筑的主要建筑材料使用时，人们认为混凝土的耐久性是不成问题的，因此把注意力都集中在如何提高混凝土的强度方面，但近几十年来，经过大量的使用实践认识到，混凝土在长期环境因素的作用下，也会发生破坏，从而才把混凝土的耐久性问题看作与强

度同等重要。在设计混凝土结构时，强度与耐久性必须同时予以考虑，有时从强度计算角度只需选用某一强度等级的混凝土就够了，但从耐久性考虑，不得不选用更高强度等级的混凝土，才能保证满足工程要求。耐久性良好的混凝土，对于延长结构使用寿命、减少维修保养工作员、提高经济效益等具有十分重要的意义。

6.8.1 混凝土的抗渗性

抗渗性是混凝土的一项重要性质，它还直接影响混凝土的抗冻性及抗侵蚀性等。

混凝土的抗渗性用抗渗标号来表示。《普通混凝土长期性能和耐久性能试验方法标准》（GB/T 50082—2009）规定，在标准试验条件下，以6个标准试件（厚度为150mm）中4个试件未出现渗水时，试件所能承受的最大水压力来确定和表示。《混凝土质量控制标准》（GB 50164—2011）规定混凝土的抗渗等级分为P4、P6、P8、P10、P12、>P12六级，分别表示混凝土可抵抗0.4MPa、0.6MPa、0.8MPa、1.0MPa、1.2MPa以及大于1.2MPa的水压力。

混凝土的抗渗性主要与水泥品种和混凝土的孔隙率，特别是开口孔隙率以及成型时造成的蜂窝、孔洞等有关。混凝土的抗渗性与水灰比有着密切的关系。水灰比大于0.60时，混凝土的渗透系数急剧增加，即抗渗性急剧下降。因而配制有抗渗性要求的混凝土时，水灰比必须小于0.60。为提高混凝土的抗渗性应采用级配好、泥及泥块等杂质含量少的骨料，并应加强振捣成型和养护。掺加引气剂、减水剂、防水剂、膨胀剂等可大幅度提高混凝土的抗渗性。

地下工程及有防水或抗渗要求的工程应考虑混凝土的抗渗性。

6.8.2 混凝土的抗冻性

混凝土的抗冻性常用抗冻标号来表示。《普通混凝土长期性能和耐久性能试验方法标准》（GB/T 50082—2009）规定，混凝土的抗冻性是以28d龄期的试件，在吸水饱和状态下反复冻结（−15℃～−20℃的空气中）与融化（+20℃的水中），以混凝土的抗压强度损失不超过25%，并且质量损失不超过5%时混凝土所能经受的最多冻融循环次数来表示。《混凝土质量控制标准》（GB 50164—2011）规定混凝土的抗冻性分为F50、F100、F150、F250、F300、F350、F400、>F400八个级别，分别表示可抵抗15、25、50、100、150、200、250、300次的冻融循环。

混凝土的抗冻性还可用快冻法（属于非破损法）进行试验，该法适用于抗冻性高的混凝土。快冻法是以经快速冻融循环后，混凝土的相对动弹性模量不小于60%，且质量损失不大于5%时，混凝土所能承受的最多冻融循环次数来表示。

混凝土的抗冻性主要与水泥品种、骨料的坚固性和混凝土内部的孔隙率有关。提高混凝土的抗渗性可显著提高其抗冻性。采用较低的水灰比，级配好、泥及泥块含量少的骨料，可提高混凝土的抗冻性。加强振捣成型和养护，掺加减水剂，特别是掺加引气剂可显著提高混凝土的抗冻性。

处于受冻环境，特别是处于水位变化区的受冻混凝土，应考虑混凝土的抗冻性。

6.8.3 混凝土的抗侵蚀性

混凝土所处的环境含有侵蚀介质时，则对混凝土必须有抗侵蚀性要求。混凝土的抗侵蚀性主要取决于水泥的品种与混凝土的密实度。关于水泥品种的选择参见第五章。提高密实度的措施与提高混凝土抗渗性及抗冻性的措施相同。特殊情况下，混凝土的抗侵蚀性也与所用骨料的性质有关，如环境中含有酸性物质时，应采用耐酸性高的骨料（石英岩、花岗岩、安山岩、铸石等）；如环境中含有强碱性的物质时，应采用耐碱性高的骨料（石灰岩、白云岩、花岗岩等）。

6.8.4 混凝土的碳化

空气中的二氧化碳与水泥石中的氢氧化钙作用，生成碳酸钙和水的过程称为碳化，又称中性化。

未碳化的混凝土内含有大量的氢氧化钙，毛细孔内氢氧化钙水溶液的pH值可达12.6～13，这种强碱性环境能在钢筋表面形成一层钝化膜，因而对钢筋具有良好的保护力。碳化使混凝土的碱度降低，当碳化深度超过钢筋的保护层时，由于混凝土的中性化，钢筋表面的钝化膜被破坏，钢筋产生锈蚀。钢筋锈蚀还会引起体积膨胀，使混凝土保护层开裂和剥落。混凝土的开裂和剥落又会加速混凝土的碳化和钢筋的锈蚀。因此碳化作用的最大危害是对钢筋的保护作用降低，使钢筋容易锈蚀。

碳化还会引起混凝土表面产生微裂纹，从而降低混凝土的抗拉强度、抗折强度及抗渗性等。但碳化产生的碳酸钙使混凝土的表面更加致密，因而对混凝土的抗压强度有利。总体来讲，碳化对混凝土弊大于利。

混凝土的碳化过程是由表及里的逐渐进行的过程。混凝土的碳化深度D（mm）随时间t（d）的延长而增大，在正常大气中，二者的关系为：

$$D = a\sqrt{t} \tag{6.10}$$

式中，a——碳化速度系数，与混凝土的组成材料及混凝土的密实程度等有关。

影响混凝土碳化速度的因素有下面几方面。

（1）二氧化碳的浓度

二氧化碳的浓度高，则混凝土的碳化速度快。如室内混凝土的碳化较室外快，翻砂及铸造车间混凝土的碳化则更快。

（2）湿度

湿度为50%～70%时，混凝土的碳化速度最快。湿度过小时，由于缺乏水分而停止碳化；湿度过大时，由于孔隙中充满了水分，不利于二氧化碳向内扩散。

（3）水泥品种

掺混合材料数量多的硅酸盐水泥，由于碱度低，因而抗碳化能力低于不掺或只掺少量混合材料的硅酸盐水泥，即硅酸盐水泥和普通硅酸盐水泥混凝土的抗碳化能力高。

（4）水灰比

水灰比越大，毛细孔越多，碳化速度越快。

（5）骨料的质量

骨料的级配越好，泥及泥块含量越少，混凝土的水灰比越小，抗碳化能力越高。

（6）养护

混凝土的养护越充分，抗碳化能力越好。采用湿热处理的混凝土较标准养护时的碳化速度快。

（7）外加剂

掺加减水利和引气剂时，可明显降低混凝土的碳化速度。

对普通工业与民用建筑中的钢筋混凝土，不论使用何种水泥，不论配合比如何，只要混凝土的成型质量较好，钢筋外部20～30mm的混凝土保护层完全可以保证钢筋在使用期限内（约

50年）不发生锈蚀。但对薄壁钢筋混凝土结构，或二氧化碳浓度较高环境中的钢筋混凝土结构，须专门考虑混凝土的抗碳化性。

6.8.5 混凝土的碱—集料反应

水泥石中的碱和集料中的活性成分发生化学反应，在集料表面上生成一层凝胶，遇水时产生很大的体积膨胀，从而导致混凝土产生膨胀开裂而破坏，这种现象称为碱—集料反应。其分为碱—硅酸反应、碱—碳酸盐反应与碱—硅酸盐反应。

碱—集料反应必须具备下面3个条件。

① 水泥中必须含有相当数量的碱，以等当量Na_2O计，即（$Na_2O+0.658K_2O$）＞0.6%；

② 混凝土集料中必须有一定数量能与碱反应的活性岩石或矿物；

③ 能供应水分的潮湿环境。

鉴于碱—集料反应的特点，要避免碱—集料反应对混凝土工程的危害，最好的方法就是在配制混凝土时采取措施。一般可采取控制使用活性集料，采用低碱水泥，控制外加剂含碱量和掺用火山灰粉状掺合料等措施。

现在世界各国对混凝土耐久性都很重视，为了保证混凝土耐久性，所用水泥的品种和标号必须据工程所处环境的具体要求，正确选择，见表6.15（JCJ 55—2000）；严格控制水灰比，因为水灰比的大小是决定混凝土密实性的重要因素。同时应严格控制最少水泥用量，水泥用量是使混凝土获得足够强度的必要保证；另外，亦可在混凝土中通过掺入引气剂、选用级配及质量良好的集料、加强施工管理等办法来提高混凝土的耐久性。

表 6.15　与所处环境相应的混凝土最大水灰比和最小水泥用量限值

环境条件		结构物类别	最大水灰比			最小水泥用量/kg		
			素混凝土	钢筋混凝土	预应力混凝土	素混凝土	钢筋混凝土	预应力混凝土
干燥环境		正常的居住或办公用房屋内部件	不作规定	0.65	0.6	200	260	300
潮湿环境	无冻害	1. 高湿度的室内部件 2. 室外部件 3. 在非侵蚀性土或水中的部件	0.7	0.6	0.6	225	280	300
潮湿环境	有冻害	1. 经受冻害的室外部件 2. 在非侵蚀性土或水中的部件且经受冻害的部件 3.高湿度且经受冻害的室内部件	0.55	0.55	0.55	250	280	300
有冻害和除水剂的潮湿环境		经受冻害和除水剂作用的室内和室外部件	0.5	0.5	0.5	300	300	300

注：1. 当用活性矿物掺合料取代部分水泥时，表中的最大水灰比及最小水泥用量即为替代前的水灰比和水泥用量；

2. 配置 C15 级及其以下等级的混凝土，可不受本表限制。

6.9 混凝土配合比设计

混凝土配合比是指混凝土中各组成材料的数量之间的比例关系。常用的表示方法有两种：一种是以每m^3混凝土中各项材料的质量表示；另一种是以各项材料相互间的质量比来表示。

6.9.1 混凝土配合比设计的基本要求

在进行混凝土配合比设计的时候，要满足以下四项基本要求。

① 满足施工要求的和易性。

② 满足设计的强度等级，并具有95%的保证率。

③ 满足工程所处环境对混凝土的耐久性要求。

④ 经济合理，最大限度节约水泥，降低混凝土成本。

在进行混凝土配合比设计之前，应了解工程情况及材料来源，如水泥品种及标号、骨料特征、施工条件及施工方法、养护方法、气候条件等。

6.9.2 混凝土配合比设计中的三个基本参数

为了达到混凝土配合设计的四项基本要求，关键是要控制好水灰比（W/C）、单位用量（W_0）和砂率（S_p）三个基本参数。这三个基本参数的确定原则如下。

1. 水灰比

水灰比根据设计要求的混凝土强度和耐久性确定。确定原则：在满足混凝土设计强度和耐久性的基础上，选用较大水灰比，以节约水泥，降低混凝土成本。

2. 单位用水量

单位用水量主要根据坍落度要求和粗骨料品种、最大粒径确定。确定原则：在满足施工和易性的基础上，尽量选用较小的单位用水量，以节约水泥。因为当W/C一定时，用水量越大，所需水泥用量也越大。

3. 砂率

合理砂率的确定原则：砂子的用量填满石子的空隙略有富余。砂率对混凝土和易性、强度和耐久性影响很大，也直接影响水泥用量，故应尽可能选用最优砂率，并根据砂子细度模数、坍落度要求等加以调整，有条件时宜通过试验确定。

6.9.3 混凝土配合比设计方法和原理

混凝土配合比设计的基本方法有两种：一种是体积法（又称绝对体积法）；另一种是重量法（又称假定表观密度法），基本原理如下。

1. 体积法基本原理

体积法的基本原理为混凝土的总体积等于砂子、石子、水、水泥体积及混凝土中所含的少量空气体积之总和。若以V_h、V_c、V_w、V_s、V_g、V_k分别表示混凝土、水泥、水、砂、石子、空气的体积，则有：

$$V_h = V_c + V_w + V_s + V_g + V_k \tag{6.11}$$

若以C_0、W_0、S_0、G_0分别表示$1m^3$混凝土中水泥、水、砂、石子的用量（kg），以ρ_w、ρ_c、ρ_{os}、ρ_{og}分别表示水、水泥的密度和砂、石子的表观密度（g/cm^3），10α表示混凝土中空气体积，则上式可改为：

$$\frac{C_0}{\rho_c}+\frac{W_0}{\rho_w}+\frac{S_0}{\rho_{os}}+\frac{G_0}{\rho_{og}}+10\alpha = 1000 \tag{6.12}$$

式中，α——混凝土含气量百分率（%），在不使用引气型外加剂时，可取α=1。

2. 重量法基本原理

重量法基本原理为混凝土的总重量等于各组成材料重量之和。当混凝土所用原材料和三项基本参数确定后，混凝土的表观密度（即$1m^3$混凝土的重量）接近某一定值。若预先能假定出混凝土表观密度，则有：

$$C_0 + W_0 + S_0 + G_0 = \rho_{oc} \tag{6.13}$$

式中，ρ_{oc}——$1m^3$混凝土的质量（kg），即混凝土的表观密度。可根据原材料、和易性、强度等级等信息在2350～2450kg/m^3选用。

混凝土配合比设计中砂、石料用量指的是干燥状态下的重量。水工、港工、交通系统常采用饱和面干状态下的重量。

6.9.4 混凝土配合比设计步骤

混凝土配合比设计步骤为：首先根据原始技术资料“初步计算配合比”；然后经试配调整获得满足和易性要求的“基准配合比”；再经强度和耐久性检验定出满足设计要求、施工要求和经济合理的“试验室配合比”；最后根据施工现场砂、石料的含水率换算成“施工配合比”。

1. 初步计算配合比计算步骤

（1）计算混凝土配制强度（$f_{cu,t}$）

$$f_{cu,t} = f_{cu,k} + 1.645\sigma \tag{6.14}$$

（2）根据配制强度和耐久性要求计算水灰比（W/C）

① 根据强度要求计算水灰比。根据已知的混凝土配制强度（$f_{cu,t}$）及所用水泥的实际强度（f_{ce}）或水泥标号，则可由混凝土强度经验公式求得所要求的水灰比值，即

$$\frac{W}{C} = \frac{Af_{ce}}{f_{cu,t} + ABf_{ce}} \tag{6.15}$$

② 根据耐久性要求查表6.15，得最大水灰比限值。

③ 比较强度要求水灰比和耐久性要求水灰比，取两者中的最小值。

（3）根据施工要求的坍落度和骨料品种、粒径，由表6.13所示选取每立方米混凝土的用水量（W_0）

（4）计算每立方米混凝土的水泥用量（C_0）

① 计算水泥用量：

$$C_0=\frac{W_0}{W/C} \tag{6.16}$$

② 查表6.15，复核是否满足耐久性要求的最小水泥用量，取两者中的较大值。

（5）确定合理砂率（S_p）

① 可根据骨料品种、粒径及W/C查表6.14选取。实际选用时可采用内插法，并根据附加说明进行修正。

② 在有条件时，可通过试验确定最优砂率。

（6）计算砂、石用量（S_0、G_0），并确定初步计算配合比。

① 重量法：

$$\begin{cases}C_0+W_0+S_0+G_0=\rho_{oc}\\ S_p=\dfrac{S_0}{S_0+G_0}\end{cases} \tag{6.17}$$

② 体积法：

$$\begin{cases}\dfrac{C_0}{\rho_c}+\dfrac{W_0}{\rho_w}+\dfrac{S_0}{\rho_{os}}+\dfrac{G_0}{\rho_{og}}+10\alpha=1000\\ S_p=\dfrac{S_0}{S_0+G_0}\end{cases} \tag{6.18}$$

③ 配合比的表达方式：

（a）根据上述方法求得的C_0、W_0、S_0、G_0，直接以每立方米混凝土材料的用量（kg）表示。

（b）根据各材料用量间的比例关系表示：$C_0:S_0:G_0=1:S_0/C_0:G_0/C_0$，再加上$W/C$值。

2. 基准配合比和试验室配合比的确定

初步计算配合比是根据经验公式和经验图表估算而得，因此不一定符合实际情况，必须通过试拌验证。当不符合设计要求时，需通过调整使和易性满足施工要求，使W/C满足强度和耐久性要求。

（1）和易性调整——确定基准配合比

根据初步计算配合比配成混凝土拌合物，先测定混凝土坍落度，同时观察黏聚性和保水性。如不符合要求，按下列原则进行调整。

① 当坍落度小于设计要求时，可在保持水灰比不变的情况下，增加用水量和相应的水泥用量（水泥浆）。

② 当坍落度大于设计要求时，可在保持砂率不变的情况下，增加砂、石用量（相当于减少水泥浆用量）。

③ 当黏聚性和保水性不良时（通常是砂率不足），可适当增加砂用量，即增大砂率。

④ 当拌合物显得砂浆量过多时，可单独加入适量石子，即降低砂率。

在混凝土和易性满足要求后，测定拌合物的实际表观密度（ρ_h），并按下式计算每1m^{3}混凝土的各材料用量——即基准配合比。

令：$A=C_{拌}+W_{拌}+S_{拌}+G_{拌}$

则有：

$$\left\{\begin{aligned} C_j &= \frac{C_{拌}}{A} \times \rho_h \\ W_j &= \frac{W_{拌}}{A} \times \rho_h \\ S_j &= \frac{S_{拌}}{A} \times \rho_h \\ G_j &= \frac{G_{拌}}{A} \times \rho_h \end{aligned}\right. \tag{6.19}$$

式中，A——试拌调整后，各材料的实际总用量，kg；

ρ_h——混凝土的实测表观密度，kg/m^3；

$C_{拌}$、$W_{拌}$、$S_{拌}$、$G_{拌}$——试拌调整后，水泥、水、砂子、石子实际拌和用量，kg；

C_j、W_j、S_j、G_j——基准配合比中1m^{3}混凝土的各材料用量，kg。

如果初步计算配合比和易性完全满足要求而无需调整，也必须测定实际混凝土拌合物的表观密度，并利用上式计算C_j、W_j、S_j、G_j。否则将出现“负方”或“超方”现象。亦即初步计算1m^{3}混凝土，在实际拌制时，少于或多于1m^3。当混凝土表观密度实测值与计算值之差的绝对值不超过计算值的2%时，则初步计算配合比即为基准配合比，无需调整。

（2）强度和耐久性复核——确定试验室配合比

根据和易性满足要求的基准配合比和水灰比，配制一组混凝土试件；并保持用水量不变，水灰比分别增加和减少0.05再配制2组混凝土试件，用水量应与基准配合比相同，砂率可分别增加和减少1%。制作混凝土强度试件时，应同时检验混凝土拌合物的流动性、黏聚性、保水性和表观密度，并以此结果代表相应配合比的混凝土拌合物的性能。

三组试件经标准养护28d，测定抗压强度，以三组试件的强度和相应灰水比作图，确定与配制强度相对应的灰水比，并重新计算水泥和砂石用量。当对混凝土的抗渗、抗冻等耐久性指标有要求时，则制作相应试件进行检验。强度和耐久性均合格的水灰比对应的配合比，称为混凝土试验室配合比。计作C、W、S、G。

3. 施工配合比

试验室配合比是以干燥（或饱和面干）材料为基准计算而得，但现场施工所用的砂、石料常含有一定水分，因此，在现场配料前，必须先测定砂石料的实际含水率，在用水量中将砂石带入的水扣除，并相应增加砂石料的称量值。设砂的含水率为$a\%$；石子的含水率为$b\%$，则施工配合比按下列各式计算：

$$\begin{aligned} &水泥：C'=C \\ &砂子：S'=S(1+a\%) \\ &石子：G'=G(1+b\%) \\ &水：W'=W-S \cdot a\%-G \cdot b\% \end{aligned} \tag{6.20}$$

6.9.5 混凝土配合比设计实例

[例6-2] 某框架结构钢筋混凝土，混凝土设计强度等级为C30，现场机械搅拌，机械振捣成型，混凝土坍落度要求为50～70mm，并根据施工单位的管理水平和历史统计资料，混凝土强

度标准差σ取4.0MPa。所用原材料如下：

水泥：普通硅酸盐水泥32.5级，密度ρ_c=3.1，水泥强度富余系数K_c=1.12；

砂：河砂M_x=2.4，Ⅱ级配区，ρ_s=2.65g/cm^3；

石子：碎石，D_{max}=40mm，连续级配，级配良好，ρ_g=2.70g/cm^3；

水：自来水。

求：混凝土初步计算配合比。

解：

1. 确定混凝土配制强度（$f_{cu,t}$）

$$f_{cu,t}=f_{cu,k}+1.645\sigma=30+1.645\times4.0=36.58(\text{MPa})$$

2. 确定水灰比（W/C）

（1）根据强度要求计算水灰比（W/C）

$$\frac{W}{C}=\frac{Af_{ce}}{f_{cu,t}+ABf_{ce}}=\frac{0.46\times32.5\times1.12}{36.58+0.46\times0.03\times32.5\times1.12}=0.45$$

（2）根据耐久性要求确定水灰比（W/C）

由于框架结构混凝土梁处于干燥环境，对水灰比无限制，故取满足强度要求的水灰比即可。

3. 确定用水量（W_0）

查表6.13可知，坍落度55～70mm时，用水量185kg；

4. 计算水泥用量（C_0）

$$C_0=\frac{W_0}{W/C}=\frac{1.85}{0.45/1}=411(\text{kg})$$

根据表6.15所示，满足耐久性对水泥用量的最小要求。

5. 确定砂率（S_p）。

参照表6.14，通过插值（内插法）计算，取砂率S_p=32%。

6. 计算砂、石用量（S_0、G_0）。

采用体积法计算，因无引气剂，取α=1。

$$\begin{cases}\dfrac{411}{3.1}+\dfrac{185}{1}+\dfrac{S_0}{2.65}+\dfrac{G_0}{2.70}+10\times1=1000\\ S_p=\dfrac{S_0}{S_0+G_0}=32\%\end{cases}$$

解上述联立方程得：S_0=577kg；G_0=1227kg。

因此，该混凝土初步计算配合为：C_0=411kg，W_0=185kg，S_0=577kg，G_0=1227kg。或者：$C:S:G$=1∶1.40∶2.99，W/C=0.45

[例6-3] 承上题，根据初步计算配合比，称取12L各材料用量进行混凝土和易性试拌调整。测得混凝土坍落度T=20mm，小于设计要求，增加5%的水泥和水，重新搅拌测得坍落度为65mm，且黏聚性和保水性均满足设计要求，并测得混凝土表观密度kg/m^3，求基准配合比。又经混凝土强度试验，恰好满足设计要求，已知现场施工所用砂含水率4.5%，石子含水率1.0%，求施工配合比。

解：

1. 基准配合比：

(1)根据初步计算配合比计算12L各材料用量为:

$$C=4.932\text{kg},\ W=2.220\text{kg},\ S=6.92\text{kg},\ G=14.72\text{kg}$$

(2)增加5%的水泥和水用量为:

$$\Delta C=0.247\text{kg},\ \Delta W=0.111\text{kg}$$

(3)各材料总用量为:

$$A=(4.932+0.247)+(2.220+0.111)+6.92+14.92=29.35(\text{kg})$$

(4)根据式(6.19)计算得基准配合比为:$C_j=422$,$W_j=190$,$S_j=564$,$G_j=1215$。

2. 施工配合比:

根据题意,试验室配合比等于基准配合比,则施工配合比为:

$C=C_j=422$(kg)

$S=564\times(1+4.5\%)=589$(kg)

$G=1215\times(1+1\%)=1227$(kg)

$W=190-564\times4.5\%-1215\times1\%=152$(kg)

[例6-4] 承上题求得的混凝土基准配合比,若掺入减水率为18%的高效减水剂,并保持混凝土坍落度和强度不变,实测混凝土表观密度 $\rho_h=2400\text{kg/m}^3$。求掺减水剂后混凝土的配合比。1m^3混凝土节约水泥多少千克?

解:

(1)减水率18%,则实际需水量为:

$$W=190-190\times18\%=156(\text{kg})$$

(2)保持强度不变,即保持水灰比不变,则实际水泥用量为:

$$C=156/0.45=347(\text{kg})$$

(3)掺减水剂后混凝土配合比如下:

各材料总用量=347+156+564+1215=2282kg

$$\text{所以:}C'=\frac{347}{2282}\times2400=365(\text{kg})$$

$$W'=\frac{156}{2282}\times2400=164(\text{kg})$$

$$S'=\frac{564}{2282}\times2400=593(\text{kg})$$

$$G'=\frac{1215}{2282}\times2400=1278(\text{kg})$$

故实际每立方米混凝土节约水泥:422−365=57(kg)。

6.10 混凝土的质量控制

混凝土质量是影响混凝土结构可靠性的一个重要因素。混凝土质量受多种因素的影响,质量是不均匀的。即使是同一种混凝土,它也受原材料质量的波动、施工配料的误差限制条件和气温变化等等的影响。在正常的施工条件下,这些影响都是随机的。因此,混凝土的质量也是随机的。为保证混凝土结构的可靠性,必须在施工过程的各个工序对原材料、混凝土拌合物及硬化后的混凝土进行必要的质量检验和控制。

6.10.1 混凝土质量波动的原因

在混凝土施工过程中，原材料、施工养护、试验条件、气候因素的变化，均可能造成混凝土质量的波动，影响到混凝土的和易性、强度及耐久性。由于强度是混凝土的主要技术指标，其他性能可从强度得到间接反映，故以强度为例分析波动的因素。

1. 原材料的质量波动

原材料的质量波动主要有砂细度模数和级配的波动；粗骨料最大粒径和级配的波动；超逊径含量的波动；骨料含泥量的波动；骨料含水量的波动；水泥强度（不同批或不同厂家的实际强度可能不同）的波动；外加剂质量的波动（如液体材料的含固量、减水剂的减水率等）等。所有这些质量波动，均将影响混凝土的强度。在现场施工或预拌工厂生产混凝土时，必须对原材料的质量加以严格控制，并及时检测并加以调整，尽可能减少原材料质量波动对混凝土质量的影响。

2. 施工养护引起的混凝土质量波动

混凝土的质量波动与施工养护有着十分紧密的关系。例如，混凝土搅拌时间长短；计量时未根据砂石含水量变动及时调整配合比；运输时间过长引起分层、析水；振捣时间过长或不足；浇水养护时间，或者未能根据气温和湿度变化及时调整保温保湿措施等。

3. 试验条件变化引起的混凝土质量波动

试验条件的变化主要指取样代表性，成型质量（特别是不同人员操作时），试件的养护条件变化，试验机自身误差以及试验人员操作的熟练程度等。

6.10.2 混凝土质量（强度）波动的规律

在正常的原材料供应和施工条件下，混凝土的强度有时偏高，有时偏低，但总是在配制强度的附近波动，质量控制越严，施工管理水平越高，则波动的幅度越小；反之，则波动的幅度越大。通过大量的数理统计分析和工程实践证明，混凝土的质量波动符合正态分布规律，正态分布曲线如图6.19所示。

正态分布具有以下几个特点。

① 曲线形态呈钟型，在对称轴的两侧曲线上各有一个拐点。拐点至对称轴的距离等于1个标准差。

② 曲线以平均强度为对称轴两边对称。即小于平均强度和大于平均强度出现的概率相等。平均强度值附近的概率（峰值）最高。离对称轴越远，出现的概率越小。

③ 曲线与横坐标之间围成的面积为总概率，即100%。

④ 曲线越窄、越高，相应的标准差值（拐点离对称距离）也越小，表明强度越集中于平均强度附近，混凝土匀质性好，质量波动小，施工管理水平高。若曲线宽且矮，相应的标准差越大，说明强度离散大、匀质性差、施工管理水平差。因此从概率分布曲线可以比较直观地分析

混凝土质量波动的情况。

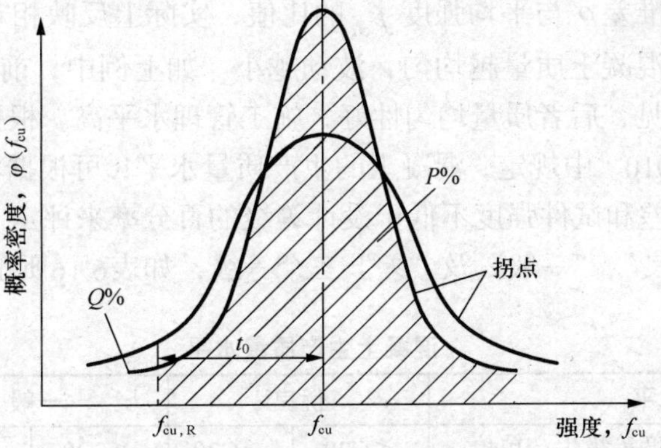

图6.19　正态分布曲线

6.10.3　混凝土强度的匀质性评定

混凝土强度的均匀性，通常采用数理统计方法加以评定，主要评定参数有：

1. 强度平均值$\overline{f}_{cu}$

混凝土强度平均值按下式计算：

$$\overline{f}_{cu}=\frac{1}{n}\sum_{i=1}^{n}f_{cu,i} \tag{6.21}$$

式中，n——该批混凝土试件立方体抗压强度的总组数；

$f_{cu,i}$——第i组混凝土试件的立方体抗压强度值。理论上，平均强度$\overline{f}_{cu}$与该批混凝土的配制强度相等，它只反映该批混凝土强度的总平均值，而不能反映混凝土强度的波动情况。例如，平均强度20MPa，可以由15 MPa、20 MPa、25MPa求得，也可以由18 MPa、20 MPa、22MPa求得，虽然平均值相等，但它们的均匀性显然后者优于前者。

2. 标准差

混凝土强度标准差按下式计算：

$$\sigma=\sqrt{\frac{\sum_{i=1}^{n}f_{cu,i}^{2}-n\overline{f}_{cu}^{2}}{n-1}} \tag{6.22}$$

由正态分布曲线可知，标准差在数值上等于拐点至对称轴的距离。其值越小，反映混凝土质量波动越小，均匀性越好。对平均强度相同的混凝土而言，标准差能确切反映混凝土质量的均匀性，但当平均强度不等时，并不确切。例如平均强度分别为20MPa和50MPa的混凝土，当标准差均等于5MPa时，对前者来说波动已很大，而对后者来说波动并不算大。因此，对不同强度等级的混凝土单用标准差值尚难以评判其匀质性，宜采用变异系数加以评定。

3. 变异系数 C_v

变异系数C_v根据下式计算：

$$C_v = \frac{\sigma}{\overline{f}_{cu}} \tag{6.23}$$

变异系数亦即为标准差σ与平均强度$\overline{f}_{cu}$的比值，实际上反映相对于平均强度而言的变异程度。其值越小，说明混凝土质量越均匀，波动越小。如上例中，前者的C_v=5/20=0.25；后者的C_v=5/50=0.1。显而易见，后者质量均匀性好，施工管理水平高。根据《混凝土强度检验评定标准》（GB/T 50107—2010）中规定，混凝土的生产质量水平，可根据不同强度等级，在统计同期内混凝土强度的标准差和试件强度不低于设计等级的百分率来评定。并将混凝土生产单位质量管理水平划分为“优良”、“一般”及“差”三个等级，如表6.16所示。

表 6.16　　混凝土生产质量水平

生产质量水平		优良		一般		差	
评定指标	强度等级生产单位	<C20	≥C20	<C20	≥C20	<C20	≥C20
混凝土强度标准差 σ/MPa	预拌混凝土和预制混凝土构件厂	≤3.0	≤3.5	≤4.0	≤5.0	>4.0	>5.0
	集中搅拌混凝土的施工现场	≤3.5	≤4.0	≤4.5	≤5.5	>4.5	>5.5
强度等于或高于要求强度等级的百分率 P/%	预拌混凝土厂和预制构件厂及集中搅拌的施工现场	≥95		≥85		≤85	

4. 强度保证率 P（%）

根据数理统计的概念，强度保证率指混凝土强度总体中大于设计强度等级的概率，亦即混凝土强度大于设计等级的组数占总组数的百分率。可根据正态分布的概率函数计算求得：

$$P = \frac{1}{\sqrt{2\pi}}\int_t^{+\infty} e^{-t^2/2}\,dt \tag{6.24}$$

式中，P——强度保证率；

t——概率度，或称为保证率系数，根据下式计算：

$$t = \frac{\left|f_{cu,i} - \overline{f}_{cu}\right|}{\sigma} = \frac{\left|f_{cu,i} - \overline{f}_{cu}\right|}{C_v \cdot \overline{f}_{cu}} \tag{6.25}$$

式中，$f_{cu,i}$——混凝土设计强度等级。

根据t值，可计算强度保证率P。由于计算比较复杂，一般可根据表6.17所示直接查取P值。

表 6.17　　不同 t 值的强度保证率 P 值

t	0	0.5	0.8	0.84	1	1.04	1.2	1.28	1.4	1.5	1.6
P/%	50	69.2	78.8	80	84.1	85.1	88.5	90	91.9	93.5	94.5
t	1.645	1.7	1.75	1.81	1.88	1.96	2	2.05	2.33	2.5	3
P/%	95	95.5	96	96.5	97	97.5	97.7	98	99	99.4	99.87

5. 混凝土的配制强度

从上述分析可知，如果混凝土的平均强度与设计强度等级相等，强度保证率系数t=0，此时保证率为50%，亦即只有50%的混凝土强度大于等于设计强度等级，工程质量难以保证。因此，必须适当提高混凝土的配制强度，以提高保证率。这里指的配制强度实际上等于混凝土的平均强度。根据我国JGJ 55—2000的规定，混凝土强度保证率必须达到95%以上，此时对应的保证率系数t=1.645，由下式得：

$$f_{cu,0}=f_{cu,k}+1.645\sigma \tag{6.26}$$

式中，$f_{cu,0}$——混凝土的配制强度，MPa；

$f_{cu,k}$——设计的混凝土立方体抗压强度标准值，MPa；

σ——当生产单位或施工单位具有统计资料时，可根据实际情况自行控制取值，但强度等级小于等于C25时，不应小于2.5MPa；当强度等级≥C30时，不应小于3.0 MPa；当无统计资料和经验时，可参考表6.18取值。

表 6.18　标准差的取值表

混凝土设计强度等级	C10～C20	C25～C40	C50～C60
标准差 σ/MPa	4	5	6

6.10.4 混凝土强度检验评定标准

① 当混凝土的生产条件在较长时间内能保持一致，且同一品种混凝土的强度变异性能保持稳定时，应由连续的三组试件代表一个验收批，其强度应同时符合下列要求。

$$\overline{f}_{cu}\geqslant f_{cu,k}+0.7\sigma_0 \tag{6.27}$$

$$f_{cu,min}\geqslant f_{cu,k}-0.7\sigma_0 \tag{6.28}$$

当混凝土强度等级不高于C20时，尚应符合下式要求：

$$f_{cu,min}\geqslant 0.85f_{cu,k} \tag{6.29}$$

当混凝土强度等级高于C20时，尚应符合下式要求：

$$f_{cu,min}\geqslant 0.90f_{cu,k} \tag{6.30}$$

式中，$\overline{f}_{cu}$——同一验收批混凝土强度的平均值，MPa；

$f_{cu,k}$——设计的混凝土强度的标准值，MPa；

σ_0——验收批混凝土强度的标准差，MPa；

$f_{cu,min}$——同一验收批混凝土强度的最小值，MPa。

验收批混凝土强度的标准差，应根据前一检验期内同一品种混凝土试件的强度数据，按下式确定：

$$\sigma_0=\frac{0.59}{m}\sum_{i=1}^{m}\Delta f_{cu,i} \tag{6.31}$$

式中，$\Delta f_{cu,i}$——前一检验期内第i验收批混凝土试件中强度的最大值与最小值之差；

m——用以确定验收批混凝土立方体抗压强度标准差的数据总批数。

② 当混凝土的生产条件不能满足上述条件的规定时，或在前一检验期内的同一品种混凝

土没有足够的强度数据用以确定验收批混凝土强度标准差时，应由不少于10组的试件代表一个验收批，其强度应同时符合下列要求：

$$\overline{f}_{cu} - \lambda_1 \cdot \sigma_0 \geqslant 0.90 f_{cu,k} \qquad (6.32)$$

$$f_{cu,min} \geqslant \lambda_2 \cdot f_{cu,k} \qquad (6.33)$$

式中，λ_1, λ_2——合格判定系数。按下表6.18取值。

σ_0——同一个验收批混凝土立方体抗压强度的标准差，Mpa。且

$$\sigma_0 = \sqrt{\frac{\sum_{i=1}^{n} f_{cu,i}^2 - n\overline{f}_{cu}^2}{n-1}}$$

表 6.19　合格判定系数

试件组数	10～14	15～24	≥25
λ_1	1.7	1.65	1.6
λ_2	0.9	0.85	

③ 对零星生产的预制构件或现场搅拌批量不大的混凝土，可采用非统计方法评定，验收批强度必须同时符合下列要求：

$$\overline{f}_{cu} \geqslant 1.15 f_{cu,k} \qquad (6.34)$$

$$f_{cu,min} \geqslant 0.95 f_{cu,k} \qquad (6.35)$$

6.11 轻混凝土

轻混凝土是指表观密度小于1950kg/m^{3}的混凝土。可分为轻集料混凝土、多孔混凝土和无砂大孔混凝土三类。轻混凝土的主要有以下几个特点。

1. 表观密度小

轻混凝土与普通混凝土相比，其表观密度一般可减小1/4～3/4，使上部结构的自重明显减轻，从而显著地减少地基处理费用，并且可减小柱子的截面尺寸。又由于构件自重产生的恒载减小，因此可减少梁板的钢筋用量。此外，还可降低材料运输费用，加快施工进度。

2. 保温性能良好

材料的表观密度是决定其导热系数的最主要因素，因此轻混凝土通常具有良好的保温性能，降低建筑物使用能耗。

3. 耐火性能良好

轻混凝土具有保温性能好、热膨胀系数小等特点，遇火强度损失小，故特别适用于耐火等级要求高的高层建筑和工业建筑。

4. 力学性能良好

轻混凝土的弹性模量较小、受力变形较大，抗裂性较好，能有效吸收地震能，提高建筑物

的抗震能力，故适用于有抗震要求的建筑。

5. 易于加工

轻混凝土中，尤其是多孔混凝土，易于打入钉子和进行锯切加工。这对于施工中固定门窗框、安装管道和电线等带来很大方便。

轻混凝土在主体结构中的应用尚不多，主要原因是价格较高。但是，若对建筑物进行综合经济分析，则可收到显著的技术和经济效益，尤其是考虑建筑物使用阶段的节能效益，其技术经济效益更佳。

6.11.1 轻集料混凝土

用轻粗骨料、轻细骨料（或普通砂）和水泥配制而成的混凝土，其干表观密度不大于1950kg/m^3，称为轻骨料混凝土。当粗细骨料均为轻骨料时，称为全轻混凝土；当细骨料为普通砂时，称砂轻混凝土。

1. 轻骨料的种类及技术性质

（1）轻骨料的种类

凡是骨料粒径为5mm以上，堆积密度小于1000kg/m^{3}的轻质骨料，称为轻粗骨料。粒径小于5mm，堆积密度小于1200kg/m^{3}的轻质骨料，称为轻细骨料。

轻骨料按来源不同分为三类：①天然轻骨料（如浮石、火山渣及轻砂等）；②工业废料轻骨料（如粉煤灰陶粒、膨胀矿渣、自燃煤矸石等）；③人造轻骨料（如膨胀珍珠岩、页岩陶粒、黏土陶粒等）。

（2）轻骨料的技术性质

轻骨料的技术性质主要有松堆密度、强度、颗粒级配和吸水率等，此外，还有耐久性、体积安定性、有害成分含量等。

① 松堆密度：轻骨料的表现密度直接影响所配制的轻骨料混凝土的表观密度和性能，轻粗骨料按松堆密度划分为8个等级：300 kg/m^3、400 kg/m^3、500 kg/m^3、600 kg/m^3、700 kg/m^3、800 kg/m^3、900 kg/m^3、1000kg/m^3。轻砂的松堆密度为410～1200kg/m^3。

② 强度：轻粗骨料的强度，通常采用“筒压法”测定其筒压强度。筒压强度是间接反映轻骨料颗粒强度的一项指标，对相同品种的轻骨料，筒压强度与堆积密度常呈线性关系。但筒压强度不能反映轻骨料在混凝土中的真实强度，因此，技术规程中还规定采用强度标号来评定轻粗骨料的强度。“筒压法”和强度标号测试方法可参考有关规范。

③ 吸水率：轻骨料的吸水率一般都比普通砂石料大，因此将显著影响混凝土拌合物的和易性、水灰比和强度的发展。在设计轻骨料混凝土配合比时，必须根据轻骨料的一小时吸水率计算附加用水量。国家标准中关于轻骨料一小时吸水率的规定是：轻砂和天然轻粗骨料吸水率不作规定，其他轻粗骨料的吸水率不应大于22%。

④ 最大粒径与颗粒级配：保温及结构保温轻骨料混凝土用的轻骨料，其最大粒径不宜大于40mm。结构轻骨料混凝土的轻骨料不宜大于20mm。

对轻粗骨料的级配要求，其自然级配的空隙率不应大于50%。轻砂的细度模数不宜大于4.0；大于5mm的筛余量不宜大于10%。

2. 轻骨料混凝土的强度等级

轻骨料混凝土按干表观密度一般为800～1950kg/m^3，共分为12个等级。强度等级按立方体抗压强度标准值分为CL5.0、CL7.5、CL10、CL15、CL20、CL25、CL30、CL35、CL40、CL45、CL50等11个等级。

根据国家标准JCJ51-2002，按用途不同，轻骨料混凝土分为三类，其相应的强度等级和表观密度要求见表6.20。

表 6.20　　轻骨料混凝土按用途分类

类别名称	混凝土强度等级的合理范围	混凝土表观密度等级的合理范围	用途
保温轻骨料混凝土	LC5.0	800	主要用于保温的围护结构或热工构筑物
结构保温轻骨料混凝土	LC5.0、LC7.5、LC10、LC15	800～1400	主要用于既承重又保温的围护结构
结构轻骨料混凝土	LC 15、LC 20、LC 25、LC30、LC35、LC40、LC45、LC50	1400～1900	主要用于承重构件或构筑物

轻骨料混凝土由于其轻骨料具有颗粒表观密度小、总表面积大、易于吸水等特点，所以其拌合物适用的流动范围比较窄，过大的流动性会使轻骨料上浮、离析；过小的流动性则会使捣实困难。流动性的大小主要取决于用水量，由于轻骨料吸水率大，因而其用水量的概念与普通混凝土略有区别。加入拌合物中的水量称为总用水量，可分为两部分，一部分被骨料吸收，其数量相当于1h的吸水量，这部分水称为附加用水量，其余部分称为净用水量，使拌合物获得要求的流动性和保证水泥水化的进行。净用水量可根据混凝土的用途及要求的流动性来选择。另外，轻骨料混凝土的和易性也受砂率的影响，尤其是采用轻细骨料时，拌合物和易性随着砂率的提高而有所改善。轻骨料混凝土的砂率一般比普通混凝土的砂率略大。

对于轻骨料混凝土，由于轻骨料自身强度较低，因此其强度的决定因素除了水泥强度与水灰比（水灰比考虑净用水量）外，还取决于轻骨料的强度。与普通混凝土相比，采用轻骨料会导致混凝土强度下降，并且骨料用量越多，强度降低越大，其表观密度也越小。

轻骨料混凝土的另一特点是，由于受到轻骨料自身强度的限制，因此，每一品种轻骨料只能配制一定强度的混凝土，如要配制高于此强度的混凝土，即使降低水灰比，也不可能使混凝土强度有明显提高，或提高幅度很小。

轻骨料混凝土的变形比普通混凝土大，弹性模量较小，约为同级别普通混凝土的50%～70%，制成的构件受力后挠度较大是其缺点。但因极限应变大，有利于改善构筑物的抗震性能或抵抗动荷载能力。轻骨料混凝土的收缩和徐变比普通混凝土相应地大20%～50%和30%～60%，热膨胀系数则比普通混凝土低20%左右。

3. 轻骨料混凝土的制作与使用特点

① 轻骨料本身吸水率较天然砂、石为大，若不进行预湿，则拌合物在运输或浇注过程中的坍落度损失较大，在设计混凝土配合比时须考虑轻骨料附加水量。

② 拌合物中粗骨料容易上浮，也不易搅拌均匀，应选用强制式搅拌机作较长时间的搅拌。

轻骨料混凝土成型时振捣时间不宜过长，以免造成分层，最好采用加压振捣。

③ 轻骨料吸水能力较强，要加强浇水养护，防止早期干缩开裂。

4. 轻骨料混凝土配合比设计要点

轻骨料混凝土配合比设计的基本要求与普通混凝土相同，但应满足对混凝土表观密度的要求。

轻骨料混凝土配合比设计方法与普通混凝土基本相似，分为绝对体积法和松散体积法。砂轻混凝土宜采用绝对体积法，即按每立方米混凝土的绝对体积为各组成材料的绝对体积之和进行计算。松散体积法宜用于全轻混凝土，即以给定每立方米混凝土的粗细骨料松散总体积为基础进行计算，然后按设计要求的混凝土表观密度为依据进行校核，最后通过试拌调整得出（详见规范JG 51—1990）。

轻骨料混凝土与普通混凝土配合比设计中的不同之处主要有两点：一点是用水量为净用水量与附加用水量两者之和；另一点是砂率为砂的体积占砂石总体积之比值。

6.11.2 多孔混凝土

多孔混凝土中无粗、细骨料，内部充满大量细小封闭的孔，孔隙率高达60%以上。多孔混凝土可分为加气混凝土和泡沫混凝土两种。近年来，也有用压缩空气经过充气介质弥散成大量微气泡，均匀地分散在料浆中而形成多孔结构。这种多孔混凝土称为充气混凝土。

根据养护方法不同，多孔混凝土可分为蒸压多孔混凝土和非蒸压（蒸养或自然养护）多孔混凝土两种。由于蒸压加气混凝土在生产和制品性能上有较多优越性，以及可以大量地利用工业废渣，故近年来发展应用较为迅速。

多孔混凝土质轻，其表观密度不超过1000kg/m^3，通常在300～800kg/m^3；保温性能优良，导热系数随其表观密度降低而减小，一般为0.09～0.17W/m·K；可加工性好，可锯、可刨、可钉、可钻，并可用胶黏剂黏结。

1. 蒸压加气混凝土

蒸压加气混凝土是用钙质材料（水泥、石灰）、硅质材料（石英砂、尾矿粉、粉煤灰、粒状高炉矿渣、页岩等）和适量加气剂为原料，经过磨细、配料、搅拌、浇注、切割和蒸压养护（在压力为0.8～1.5MPa下养护6～8h）等工序生产而成。

加气剂一般采用铝粉膏，它能迅速与钙质材料中的氢氧化钙发生化学反应产生氢气，形成气泡，使料浆形成多孔结构。其化学反应过程如下：

$$2Al + 3Ca(OH)_2 + 6H_2O = 3CaO \cdot Al_2O_3 \cdot 6H_2O + 3H_2$$

除铝粉膏外，也可采用双氧水、碳化钙、漂白粉等作为加气剂。

蒸压加气混凝土通常是在工厂预制成砌块或条板等制品。蒸压加气混凝土砌块按其强度和表观密度划分产品等级。根据我国《蒸压加气混凝土砌块》（GB/T 11968-2006）规定。强度级别分为A1.0，A2.0，A2.5，A3.0，A3.5，A5.0，A7.5，A10共7个级别，其强度平均值和单块最小值应分别满足表6.21所示的要求。体积密度级别分为B03，B04，B05，B06，B07，B08共6个级别。各强度级别和干密度的要求见表6.22。

表 6.21 蒸压加气混凝土砌块的立方体抗压强度

强度级别	A1.0	A2.0	A2.5	A3.5	A5.0	A7.5	A10
平均值不小于/MPa	1.0	2.0	2.5	3.5	5.0	7.5	10
单组最小值不小于/MPa	0.8	1.6	2.0	2.8	4.0	6.0	8.0

表 6.22 蒸压加气混凝土砌块的强度级别

<table>
<tr><th colspan="2">干密度等级</th><th>B03</th><th>B04</th><th>B05</th><th>B06</th><th>B07</th><th>B08</th></tr>
<tr><td rowspan="2">强度级别</td><td>优等品/A</td><td rowspan="2">A1.0</td><td rowspan="2">A2.0</td><td>A3.5</td><td>A5.0</td><td>A7.5</td><td>A10.0</td></tr>
<tr><td>合格品/B</td><td>A2.5</td><td>A3.5</td><td>A5.0</td><td>A7.5</td></tr>
<tr><td rowspan="2">干密度</td><td>优等品/A≤</td><td>300</td><td>400</td><td>500</td><td>600</td><td>700</td><td>800</td></tr>
<tr><td>合格品/B≤</td><td>325</td><td>425</td><td>525</td><td>625</td><td>725</td><td>825</td></tr>
</table>

蒸压加气混凝土砌块在温度为（20±2）℃、相对湿度为41%～45%的条件下，测定的干燥收缩值不大于0.5mm/m。表观密度为B03，B04，B05的导热系数分别小于0.10 W/(m·K)，0.12 W/(m·K)，0.14W/(m·K)，可用作保温层。

蒸压加气混凝土砌块适用于承重和非承重的内墙和外墙。强度等级A3.5级、密度等级B05和B06级的砌块用于横墙承重的房屋时，其楼层数不得超过三层。总高度不超过10m; 强度等级A5.0级、密度等级B06级和B07级的砌块，一般不宜超过五层，总高度不超过16m。蒸压加气混凝土砌块可用作框架结构中的非承重墙。

加气混凝土条板可用于工业和民用建筑中，作承重和保温合一的屋面板和隔墙板。条板均配有钢筋，钢筋必须预先经防锈处理。另外，还可用加气混凝土和普通混凝土预制成复合墙板，用作外墙板。蒸压加气混凝土还可做成各种保温制品，如管道保温壳等。

蒸压加气混凝土的吸水率大，且强度较低，所以其所用砌筑砂浆及抹面砂浆与砌筑砖墙时不同，需专门配制。墙体外表面必须作饰面处理，与门窗固定方法也与砖墙不同。

[工程实例分析]

加气混凝土砌块吸水分析

现象： 某施工队原使用普通烧结黏土砖，后改为表观密度为700kg/m^{3}的加气混凝土砌块。在抹灰前采用同样的方式往墙上浇水，发现原使用的普通烧黏粘土砖易吸足水量，但加气混凝土砌块虽表面看来浇水不少，但实则吸水不多，请分析原因。

原因分析： 加气混凝土砌块虽多孔，但其气孔大多数为“墨水瓶”结构，肚大口小，毛细管作用差，只有少数孔是水分蒸发形成的毛细孔。因此，吸水及导湿均缓慢，材料的吸水性不仅要看孔数量多少，还需看孔的结构。

2. 泡沫混凝土

泡沫混凝土是将由水泥等拌制的料浆与由泡沫剂搅拌造成的泡沫混合搅拌，再经浇注、养护硬化而成的多孔混凝土。

配制自然养护的泡沫混凝土时，水泥强度等级不宜低于32.5，否则强度太低。当生产中采用蒸汽养护或蒸压养护时，不仅可缩短养护时间，且能提高强度，还能掺用粉煤灰、煤渣或矿渣，以节省水泥，甚至可以全部利用工业废渣代替水泥。例如，以粉煤灰、石灰、石膏等为胶凝材料，再经蒸压养护，制成蒸压泡沫混凝土。

泡沫混凝土的技术性质和应用，与相同表观密度的加气混凝土大体相同。也可在现场直接浇注，用作屋面保温层。

6.11.3 大孔混凝土

大孔混凝土指无细骨料的混凝土，按其粗骨料的种类，可分为普通无砂大孔混凝土和轻骨料大孔混凝土两类。普通大孔混凝土是用碎石、卵石、重矿渣等配制而成。轻骨料大孔混凝土则是用陶粒、浮石、碎砖、煤渣等配制而成。有时为了提高大孔混凝土的强度，也可掺入少量细骨料，这种混凝土称为少砂混凝土。

普通大孔混凝土的表观密度为1500～1900kg/m^3，抗压强度为3.5～10MPa。轻骨料大孔混凝土的表观密度为500～1500kg/m^3，抗压强度为1.5～7.5MPa。

大孔混凝土的导热系数小，保温性能好，收缩一般较普通混凝土小30%～50%，抗冻性优良。

大孔混凝土宜采用单一粒级的粗骨料，如粒径为10～20mm或10～30mm。不允许采用小于5mm和大于40mm的骨料。水泥宜采用等级为32.5或42.5的水泥。水灰比（对轻骨料大孔混凝土为净用水量的水灰比）可在0.30～0.40取用，应以水泥浆能均匀包裹在骨料表面不流淌为准。

大孔混凝土适用于制做墙体小型空心砌块、砖和各种板材，也可用于现浇墙体。普通大孔混凝土还可制成滤水管、滤水板等，广泛用于市政工程。

6.12 其他品种混凝土

6.12.1 防水混凝土

防水混凝土又称抗渗性混凝土，是指具有较高抗渗性的混凝土，其抗渗性标号不小于S6。

防水混凝土的配制原则为减少混凝土的孔隙率，特别是开口孔隙率；堵塞连通的毛细孔隙或切断连通的毛细孔，并减少混凝土的开裂；使毛细孔隙表面具有憎水性。配制防水混凝土的常用方法有以下三种。

1. 普通防水混凝土

普通防水混凝土主要通过较多的水泥浆和砂浆来降低混凝土中的孔隙率，特别是开口孔隙率，并减少粗骨料表面的水隙，增大粗骨料间距（即增加粗骨料表面的水隙间距）等，来实现防水目的。配制时，应优先采用普通硅酸盐水泥或火山灰质硅酸盐水泥，水泥用量不宜小于300kg/m^3；混凝土的水灰比不得大于0.60，砂率不宜小于35%；粗骨料的最大粒径不宜大于40mm，粗骨料的含泥量及泥块含量应分别小于1.0%、0.5%，细骨料的含泥量及泥块含量应分别小于3.0%、1.0%，并应采用级配良好的粗、细骨料。

普通防水混凝土的抗渗标号可达S6～S12，其施工简便，但对施工控制与施工质量要求严格。

2. 外加剂防水混凝土

外加剂防水混凝土是利用外加剂来显著降低混凝土的孔隙率或改变混凝土的孔结构（如切

断、堵塞等），或使孔隙表面具有憎水性。外加剂防水混凝土的质量可靠，是目前主要使用的防水混凝土。

（1）防水剂防水混凝土

常用的有氯化铁、氯化铝防水剂，掺量为3%，它能与水泥的水化产物氢氧化钙反应，生成的氢氧化铁或氢氧化铝凝胶能堵塞毛细孔隙，具有很高的抗渗性。但掺量大时，会增大混凝土的干缩，并促进钢筋锈蚀。适合用于水下的无筋混凝土或少筋混凝土。

（2）引气剂防水混凝土

引气剂可在混凝土内部形成大量的微小封闭气泡，这些气泡可切断连通的毛细孔隙。同时这些气泡的存在大大改善了混凝土拌合物的黏聚性和保水性，减少了混凝土内的连通孔隙和由于泌水在粗骨料表面所造成的水隙。引气剂防水混凝土具有较高的抗渗性。引气剂防水混凝土的水灰比应为0.5～0.6，混凝土的含气量应为3%～6%。

（3）减水剂防水混凝土

减水剂可降低混凝土的拌和用水量和水灰比，即可降低混凝土的毛细孔隙含量，并可减小毛细孔的孔径。常用的各种减水剂均可使用，也可使用引气减水剂。减水剂防水混凝土的抗渗性较高。

（4）三乙醇胺防水混凝土

三乙醇胺能加速水泥的水化，使水泥在早期就能生成较多的水化产物，使较多的水成为结合水，相应的减少了游离水量，从而降低了混凝土的毛细孔数量。当三乙醇胺与氯化钠和亚硝酸钠复合使用时，反应生成的氯铝酸盐和亚硝酸铝酸盐络合物填塞于毛细孔内，可切断连通的毛细孔隙，提高混凝土的密实度，三乙醇胺防水混凝土的抗渗性较高。三乙醇胺的掺量为0.05%。

3. 膨胀水泥防水混凝土

用膨胀水泥配制的防水混凝土称为膨胀水泥防水混凝土。由于膨胀水泥在水化的过程中，形成大量体积增大的水化硫铝酸钙，产生一定的体积膨胀，在有约束的条件下，能改善混凝土的孔结构，使总孔隙率减少，毛细孔径减小，从而提高混凝土的抗渗性。

6.12.2 耐火混凝土与耐热混凝土

能长期经受高温（高于1300℃）作用，并能保持所要求的物理力学性质的混凝土称为耐火混凝土，通常将在900℃以下使用的混凝土称为耐热混凝土。

普通混凝土不耐火或不耐热，是因为水泥石中的氢氧化钙含量较多，且在500℃以上时，分解为氧化钙引起体积收缩，当再遇水或吸湿时又成为氢氧化钙体积膨胀，从而使混凝土开裂。其他水化产物的脱水分解也会引起强度下降，如果水泥石与骨料的热膨胀系数相差太大，也会造成混凝土开裂、破坏。石灰岩类骨料在750℃以上会分解，石英在573℃时发生晶型转变体积明显膨胀，这些均会造成混凝土开裂破坏。

耐火混凝土和耐热混凝土是由适当的胶凝材料，耐火的粗、细骨料及水等组成。按胶凝材料的不同，分为以下几种。

1. 硅酸盐水泥耐火混凝土与耐热混凝土

硅酸盐水泥耐火混凝土与耐热混凝土是由普通硅酸盐水泥或矿渣硅酸盐水泥为胶凝材料，

以安山岩、玄武岩、重矿渣、黏土砖、铝矾土熟料、铬铁矿、烧结镁砂等为耐热的粗、细骨料，并以磨细的烧黏土、砖粉、石英砂等作为耐热的掺合料，加入适量水配制而成。耐热掺合料中的氧化硅相氧化铝在高温下可与氧化钙作用，生成稳定的无水硅酸盐和铝酸盐，从而提高了混凝土的耐热性。硅酸盐水泥耐火混凝土的极限使用温度为900℃～1200℃。

2. 铝酸盐水泥耐火混凝土与耐热混凝土

铝酸盐水泥耐火混凝土与耐热混凝土是由高铝水泥或低钙铝酸盐水泥、耐火掺合料、耐火粗、细骨料及水等配制而成。这类水泥石在300℃～400℃时，强度急剧降低，但残留强度保持不变，当温度达到1100℃后，水泥石中的化学结合水全部脱出而烧结成陶瓷材料，强度又重新提高。铝酸盐耐火混凝土的极限使用温度为1300℃。

3. 水玻璃耐火混凝土与耐热混凝土

水玻璃耐火混凝土与耐热混凝土是由水玻璃、氟硅酸钠促硬剂、耐火掺合料、耐火骨料等配制而成。所用的掺合料和耐火粗、细骨料与硅酸盐水泥耐火混凝土基本相同。水玻璃耐火混凝土的极限使用温度为1200℃。

4. 磷酸盐耐火混凝土与磷酸盐耐热混凝土

磷酸盐耐火混凝土与磷酸盐耐热混凝土是由磷酸铝或磷酸为胶凝材料，铝矾土熟料为粗、细骨料，磨细铝矾土为掺合料，按一定比例配制而成的耐火混凝土。磷酸盐耐火混凝土具有耐火度高、高温强度及韧性高、耐磨性好等特点，其极限使用温度为1500℃～1700℃。

6.12.3 耐酸混凝土

常用的耐酸混凝土为水玻璃耐酸混凝土。水玻璃耐酸混凝土是由水玻璃、氟硅酸钠促硬剂、耐酸粉料、耐酸粗、细骨料等配制而成。常用的耐酸粉料为石英粉、安山岩粉、辉绿岩粉、铸石粉、耐酸陶瓷粉等；常用的耐酸粗、细骨料为石英岩、辉绿岩、安山岩、玄武岩、铸石等。

水玻璃耐酸混凝土的配合比一般为水玻璃：耐酸粉料：耐酸细骨料：耐酸粗骨科=0.6～0.7:1:1:1.5～2.0，氟硅酸钠的掺量为12%～15%。水玻璃耐酸混凝土可抵抗除氢氟酸、300℃以上的磷酸、高级脂肪酸以外的所有无机酸相有机酸以及绝大多数的酸性气体。

耐酸混凝土也可使用沥青、硫磺、合成树脂等来配制。

6.12.4 硅酸盐混凝土

硅酸盐混凝土是由磨细硅质材料、石灰、石膏、水等材料，有时还加入适量的细骨料，经蒸汽养护或压蒸养护而得的人造石材。硅质材料中的氧化硅及少量的氧化铝在高温下与石灰和石膏发生水化，生成水化硅酸钙和水化铝酸钙及水化硫铝酸钙等，因而具有一定的强度。常用的硅质材料为粉煤灰、矿渣、硅质砂等。硅酸盐混凝土制品一般以所用的硅质材料来命名，如粉煤灰硅酸盐混凝土砖（简称粉煤灰砖）、矿渣硅酸盐混凝土砖（简称矿渣砖）、灰砂硅酸盐混凝土砖（简称灰砂砖）等。

硅酸盐混凝土主要用来生产各种密实或多孔的砖、砌块、板材等。《蒸压灰砂砖》（GB

11945—1999）规定灰砂砖的强度等级分为MU10、MU15、MU20、MU25四个等级。《粉煤灰砖》（JC 239—2001）规定粉煤灰砖的强度等级分为MU10、MU15、MU20、MU25、MU30五个等级，《粉煤灰砌块》（JC238—1991）规定粉煤灰砌块（密实）的强度等级分为MU10、MU13两个等级。密实硅酸盐混凝土的体积密度约为1700～1900kg/m^3，导热系数约为0.62W/（m·K），软化系数为0.60～0.85，抗冻件为D15。灰砂砖的颜色较浅，呈白灰色，掺入耐碱矿物颜料后可制成彩色砖。

硅酸盐混凝土砖及砌块的用途与烧结普通砖基本相同，但不宜用于有化学侵蚀或有流水作用的环境，也不宜用于受高温作用的环境。硅酸盐混凝土制品与砂浆的黏结力较低，只有烧结普通砖的1/4～1/2。为提高黏结力，可在硅酸盐混凝土制品的表面涂刷一层掺聚乙烯醇缩甲醛（即108胶）的水泥浆，其可使黏结力提高2～3倍。

6.12.5 流态混凝土与泵送混凝土

流态混凝土是指坍落度为180～220mm，同时还具有良好的黏聚性和保水性的混凝土。流态混凝土一般是在坍落度为80～120mm的基准混凝土（未掺硫化剂的混凝土）中掺入硫化剂而获得，流硫剂可采用同掺法或后掺法加入。

泵送混凝土是指可用混凝土泵输送的混凝土。泵送混凝土的坍落度一般为80～220mm。

配制流态混凝土时，水泥用量不宜小于270kg/m^3，且应掺加适量的混凝土掺合料；最大粒径一般不宜超过40mm或需要控制40mm以上的含量，粗、细骨料的级配必须合格，同时宜采用中砂，且小于0.315mm的细骨料含量应较高，一般情况下水泥与小于0.315mm的细骨料的总和不宜少于400～450kg/m^3（对应于最大粒径40～20mm）；混凝土的砂率应较一般混凝土高5%～10%。流态混凝土所用的流化剂属于高效减水利，目前国内主要使用荼系和树脂系的高效减水剂。

对泵送混凝土，《混凝土质量控制标准》（GB 50164—2011）还规定，碎石的最大粒径不应大于输送管道内径的1/3，卵石的最大粒径不应大于输送管道内径的1/4；细骨料在0.3l5mm筛孔上的通过量不应少于15%，在0.16mm筛孔上的通过量不应少于5%。泵送混凝土应具有良好的黏聚性和保水性，且在泵压力作用下也不应产生离析和泌水，否则将会堵塞混凝土输送管道。配制泵送混凝土时，须加入泵送剂。泵送剂属于减水剂或高效减水剂，为提高黏聚性和保水性，常掺入适量的引气剂或其他化学物质。

流态混凝土的主要特点是流动性大，具有自流密实性，成型时不需振捣或只需很小的振捣力，并且不会出现离析、分层和泌水现象。流态混凝土可大大改善施工条件，减少劳动量，且施工效率高、工期短。由于使用了流化剂，虽然流态混凝土的流动性很大，但其用水量与水灰比仍较小，固而易获得高强、高抗渗性及高耐久性的混凝土。

流态混凝土与泵送混凝土主要用于高层建筑、大型建筑等的基础、楼板、墙板及地下工程等。流态混凝土还特别适合用于配筋密列、混凝土浇注或振捣困难的部位。

6.12.6 高强混凝土

关于高强混凝土，目前没有明确的定义或标准。一般认为C50及C50以上的混凝土为高强混凝土。

配制高强混凝土时，应选用质地坚实的粗、细骨料。粗骨料的最大粒径一般不宜大于20mm，当混凝土强度相对较低时，也可放宽到25～31.5mm，但当强度高于C70以上时，最大粒径必须小于20mm，同时粗骨料的压碎指标必须小于10%。细骨料宜使用细度模数大于2.7。此外粗、细骨料的级配应合格，泥及其他杂质的含量应少，必要时须进行清洗。

应使用不低于525的硅酸盐水泥或普通硅酸盐水泥，同时应掺加高效减水剂，且水泥用量不宜超过550kg/m^3。高于C70以上的高强混凝土或大流动性的高强混凝土，须掺加硅灰或其他掺合料。高强混凝土的水灰比须小于0.35，砂率应为30%～35%，但泵送高强混凝土的砂率应适当增大。高强混凝土在成型后应立即覆盖或采取保湿措施。

高强混凝土的抗拉强度与抗压强度的比值较低，而脆性较大。高强混凝土的密实度很高，因而高强混凝土的抗渗性、抗冻性、抗侵蚀性等耐久性均很高，其使用寿命大大超过一般的混凝土，可达100年以上。高强混凝土主要用于高层、大跨、桥梁等建筑的混凝土结构以及薄壁混凝土结构、预制构件等。

6.12.7 高性能混凝土

高性能混凝土目前还没有统一的定义，但高性能混凝土必须具有优良的尺寸稳定性（即混凝土在凝结硬化过程中的沉降与塑性开裂要小，硬化后的干缩裂缝要少）、抗渗性、抗冻性、抗侵蚀性、气密性。高性能混凝土还应具有优良的和易性，其坍落度值应达到流态混凝土的要求，且不应产生离析、分层和泌水等现象，能保证或基本保证混凝土实现自密实。高性能混凝土的强度也应较高，日本与我国学者一般认为高性能混凝土的强度应大于C30，而英美学者则认为应达到高强混凝土的水平。

高性能混凝土在配制时，除应满足流态混凝土与高强混凝土的要求外，必须掺加适当细度的掺合料，使其能填充于水泥颗粒间的细小空隙，以取得最大的密实度。

高性能混凝土具有相当高的耐久性，其使用寿命可达100～150年以上。高性能混凝土特别适合用于大型基础建设，如高速公路、桥梁、隧道、核电站以及海洋工程与军工工程等。

6.12.8 喷射混凝土

喷射混凝土是利用压缩空气，将配制好的混凝土拌合物通过管道高速喷射到受喷面（横板、旧建筑物等）上凝结硬化而成的一种混凝土。喷射混凝土一般须掺加速凝剂。

喷射混凝土按喷射方式分为干喷法和湿喷法。干喷法是将混凝土干拌合物（水泥、砂、石）利用压缩空气输送至喷嘴处，在喷嘴处加水后喷出。速凝剂可干掺入干拌合物中或掺入水中。干喷法的设备简单，但喷射时空气中粉尘含量高，施工条件恶劣，且混凝土的喷射回弹率高。湿喷法是将混凝土拌合物利用压缩空气输送至喷嘴处，在喷嘴处加入掺有速凝剂的水后喷出。湿喷法的设备较为复杂，但喷射时空气中粉尘含量少，回弹率较小（5%～10%）。

喷射混凝土宜选用普通硅酸盐水泥，并选用级配好的粗、细骨料，粗骨料的最大粒径不应超过20mm（且应与喷射机管道内径相匹配），细骨料应为中砂。速凝剂的作用是使混凝土在几分钟内就凝结，以增加一次喷射的厚度，特别是增加向上喷射的厚度，并能减少回弹率，此外还能提高混凝土的早期强度，但使后期强度降低。为改善混凝土的性能还可掺加减水剂、引气剂等。

喷射混凝土的抗压强度为25～40MPa，抗拉强度为2.0～2.5MPa。由于高速喷射于基层材料上，因而混凝土与基层材料能紧密地黏结在一起，故喷射混凝土与基层材料的黏结强度高，如与混凝土的黏结强度可接近于混凝土的抗拉强度。喷射混凝土具有较高的抗渗性（0.7MPa以上）和良好的抗冻性（D200以上）。喷射混凝土主要用于隧道工程、地下工程等的支护，坡边、坝堤等岩体工程的护面，薄壁与薄壳工程，修补与加固工程等。

6.12.9 纤维混凝土

纤维混凝土是指掺有纤维材料的混凝土，也称水泥基纤维复合材料。纤维均匀分布于混凝土中或按一定方式分布于混凝土中，从而起到提高混凝土的抗拉强度或冲击韧性的作用。

常用的高弹性模量纤维有钢纤维、玻璃纤维、石棉等，高弹性模量纤维在混凝土中可起到提高混凝土抗拉强度、刚度及承担动荷载能力的作用。常用的低弹性模量纤维有尼龙纤维、聚丙烯纤维以及其他合成纤维或植物纤维，低弹性模量纤维在混凝土中只起到提高混凝土韧性的作用。纤维的弹性模量越高，其增强效果越好。纤维的直径越小，与水泥石的黏结力越强，增强效果越好，故玻璃纤维和石棉（直径小于10μm）的增强效果远远高于钢纤维（直径为0.35～0.75mm）。玻璃纤维和钢纤维是最常用的两种纤维。短切纤维的长径比（纤维的长度与直径的比值）是一项重要参数，长径比太大不利于搅拌和成型，太小则不能充分发挥纤维的增强作用（易将纤维拔出）。玻璃纤维通常制成玻璃纤维网、布，使用时采用人工或机械铺设；或将玻璃纤维制成连续无捻纤维，使用时采用喷射法施工。

玻璃纤维主要用于配制玻璃纤维水泥或砂浆（GFRC或GRC），而较少用于配制玻璃纤维混凝土（GRC）。普通玻璃纤维的抗碱腐蚀能力差，因而在玻璃纤维水泥中须使用抗碱玻璃纤维和低碱度的硫铝酸盐水泥。玻璃纤维水泥中纤维的体积掺量一般为4.5%～5.0%，水灰比为0.5～0.6。玻璃纤维水泥的抗折破坏强度可达20MPa。玻璃纤维水泥主要用于护墙板、复合墙板的面板、波形瓦等。

钢纤维混凝土（SFRC或SRC）是纤维混凝土中用量最大的一种，有时也使用钢纤维砂浆。钢纤维的长径比一般为60～80，其体积掺量一般为1.0%～2.0%，掺量太大时难以搅拌。钢纤维混凝土的水泥用量一般为400～500kg/m^3，砂率一般为45%～60%，水灰比为0.40～0.55，为节约水泥和改善和易性应掺加减水剂和混凝土掺合料。钢纤维可使抗拉强度提高10%～25%，使抗压强度略有提高，而使韧性大幅度提高，同时使混凝土的抗裂性、抗冻性等也有所提高。钢纤维混凝土主要用于薄板与薄壁结构、公路路面、机场跑道、桩头等有耐磨、抗冲击、抗裂性等要求的部位或构件，也可用于坝体、坡体等的护面。

6.12.10 聚合物混凝土

普通混凝土的最大缺陷是抗拉强度、抗裂性、耐酸碱腐蚀性以及其他耐久性较差，聚合物混凝土则在很大程度上克服了上述缺陷。

1. 聚合物水泥混凝土

聚合物水泥混凝土是由水泥、聚合物、粗骨料及细骨料等配制而成的混凝土。聚合物通常以乳液形式掺入，常用的为聚醋酸乙烯乳液、橡胶乳液、聚丙烯酸酯乳液等。聚合物乳液的掺量一般为5%～25%，使用时应加入消泡剂。聚合物的固化与水泥的水化同时进行。聚合物使水泥石与骨料的界面黏结得到大大的改善，并增加了混凝土的密实度，因而聚合物混凝土的抗拉强度、抗折强度、抗渗性、抗冻性、抗碳化性、抗冲击性、耐磨性、抗侵蚀性等较普通混凝土均有明显的改善。聚合物混凝土主要用于耐久性要求高的路面、机场跑道、某些工业厂房的地面以及混凝土结构的修补等。

2. 聚合物浸渍混凝土

将已硬化的混凝土经抽真空处理后，浸入有机单体中，之后利用加热或辐射等方法使渗入到混凝土孔隙内的有机单体聚合，由此获得的混凝土称为聚合物浸渍混凝土。所用单体主要有甲基丙烯酸甲酯、苯乙烯、醋酸乙烯、乙烯、丙烯脂等。聚合物填充了混凝土内部的大孔、毛细孔隙及部分微细孔隙，包括界面过渡环中的孔隙和微裂纹。因此，浸渍混凝土具有极高的抗渗性（几乎不透水），并具有优良的抗冻性、抗冲击性、耐腐蚀性、耐磨性，抗压强度可达200MPa，抗拉强度可达10MPa以上。聚合物浸渍混凝土主要用于高强、高耐久性的特殊结构，如高压输气管、高压输液管、核反应堆、海洋工程等。

3. 聚合物胶结混凝土

聚合物胶结混凝土又称树脂混凝土，是由合成树脂、粉料、粗骨料及细骨料等配制而成。常用的合成树脂为环氧树脂、聚漆树脂、聚甲基丙烯酸甲酯等。聚合物胶结混凝土的抗压强度为60～100MPa、抗折强度可达20～40MPa，耐腐蚀性很高，但成本也很高。因而聚合物胶结混凝土主要用于耐腐蚀等特殊工程，或用于修补工程。

复习思考题

1. 简述砂颗粒级配、细度模数的概念、测试和计算方法。
2. 简述石子最大粒径、针片状、压碎指标的概念及测试和计算方法。
3. 简述减水剂的作用机理和使用效果。
4. 从技术经济及工程持点考虑，针对大体积混凝土、高强混凝土、普通现浇混凝土、混凝土预制构件、喷射混凝土和泵送混凝土工程或制品，如何选用合适的外加剂品种，并简要说明理由。
5. 简述混凝土拌合物和易性的概念、测试方法、主要影响因素、调整方法及改善措施。
6. 简述混凝土立方体抗压强度、棱柱体抗压强度、抗拉强度和劈裂抗拉强度的概念及相互关系。
7. 影响混凝土强度的主要因素及提高强度的主要措施有哪些？
8. 在什么条件下能使混凝土的配制强度与其所用水泥的强度等级相等？
9. 简述温度变形对混凝土结构的危害。
10. 影响混凝土耐久性的主要因素及提高耐久性的措施有哪些？
11. 混凝土的合理砂率及确定的原则是什么？
12. 混凝土质量（强度）波动的主要原因有哪些？

13. 某道路工程用石子进行压碎值指标测定，称取13.2～16mm的试样3000克，压碎试验后采用2.36mm的筛子过筛，称得筛上石子重2815克，筛下细料重185克。求该石子的压碎值指标。

14. 钢筋混凝土梁的截面最小尺寸为320mm，配置钢筋的直径为20mm，钢筋中心距离为80mm，问可选用最大粒径为多少的石子？

15. 某工程用碎石和普通水泥32.5级配制C40混凝土，水泥强度富余系数1.10，混凝土强度标准差4.0MPa。求水灰比。若改用普通水泥42.5级，水泥强度富余系数同样为1.10，水灰比为多少。

16. 三个建筑工地生产的混凝土，实际平均强度均为23.0MPa，设计要求的强度等级均为C20，三个工地的强度变异系数C_v值分别为0.102、0.155和0.250。问三个工地生产的混凝土强度保证率（P）分别是多少？并比较三个工地施工质量控制水平。

17. 某工程设计要求的混凝土强度等级为C25，要求强度保证率P=95%。试求:

（1）当混凝土强度标准差σ=5.5MPa时，混凝土的配制强度应为多少？

（2）若提高施工管理水平，σ降为3.0MPa时，混凝土的配制强度为多少？

（3）若采用普通硅酸盐水泥32.5和卵石配制混凝土，用水量为180kg/m^3，水泥富余系数K_c=1.10。问：从5.5MPa降到3.0MPa，每m^{3}混凝土可节约水泥多少kg?

18. 某工程在一个施工期内浇筑的某部位混凝土，各班测得的混凝土28d的抗压强度值（MPa）如下：

22.6；23.6；30.0；33.0；23.2；23.2；22.8；27.2；21.2；26.0；24.0；30.8；22.4；21.2；24.4；24.4；23.2；24.4；22.0；26.20；21.8；29.0；19.9；21.0；29.4；21.2；24.4；26.8；24.2；19.0；20.6；21.8；28.6；26.8；28.6；28.8；37.8；36.8；29.2；35.6；28.0。（试件尺寸：150mm×150mm×150mm）

该部位混凝土设计强度等级为C20，试计算此批混凝土的平均强度$\overline{f}_{cu}$、标准差σ、变异系数C_v及强度保证率P。

19. 已知混凝土的水灰比为0.60，每m^{3}混凝土拌和用水量为180kg，采用砂率33%，水泥的密度ρ_c=3.10g/cm^3，砂子和石子的表观密度分别为ρ_s=2.62g/cm^{3}及ρ_g=2.70g/cm^3。试用体积法求1m^{3}混凝土中各材料的用量。

20. 某实验室试拌混凝土，经调整后各材料用量为：普通水泥4.5kg，水2.7kg，砂9.9kg，碎石18.9kg，又测得拌合物表观密度为2.38kg/L，试求：

（1）每m^{3}混凝土的各材料用量；

（2）当施工现场砂子含水率为3.5%，石子含水率为1%时，求施工配合比；

（3）如果把实验室配合比直接用于现场施工，则现场混凝土的实际配合比将如何变化？对混凝土强度将产生多大影响？

第7章 建筑砂浆

建筑砂浆是建筑工程中用量大，用途广的建筑材料，是由胶凝材料、细骨料和水按一定比例配制而成，也可看作是砂率为100%的细骨料混凝土，故混凝土的凝结硬化理论、某些性能的影响因素等也适用于砂浆。

砂浆在砖石结构中起胶结作用，把块体材料胶结成整体结构。在墙面、地板及梁柱结构的表面用砂浆抹面可起防护、垫层和装饰等作用。除此之外，砂浆还可用于大型墙、板的接缝和镶贴瓷砖、大理石、水磨石等。经过特殊配制，砂浆还可用于防水、防腐、保温、吸声等。综上所述，按用途可将砂浆分为砌筑砂浆、抹面砂浆、防水砂浆、耐酸砂浆和保温吸声砂浆等。

按所用胶结材不同，建筑砂浆又可分为水泥砂浆、石灰砂浆、石膏砂浆、混合砂浆、聚合物砂浆等。常用的混合砂浆有水泥石灰砂浆、水泥黏土砂浆和石灰黏土砂浆等。

学习目标

- 熟悉建筑砂浆的组成材料。
- 了解砂浆的性质。
- 掌握砌筑砂浆的配合比设计。
- 了解抹面砂浆。

7.1 建筑砂浆的组成材料

砂浆的组成对砂浆的质量、成本以及工程质量都有很大影响，合理选择和使用材料是保证工程质量、降低成本的重要条件。

7.1.1 胶凝材料及掺合料

由于砂浆的强度相对较低，因此选择胶凝材料时应根据使用环境及用途合理选用，且强度不宜过高。例如，干燥环境中使用的砂浆可选用气硬性胶凝材料，也可选用水硬性胶凝材料；处于潮湿环境或水中使用的砂浆则必须选用水硬性胶凝材料。选用的各类胶凝材料均应满足相应的技术要求。

1. 水泥

水泥是配制砂浆的主要胶凝材料，常用的有普通水泥、矿渣水泥、火山灰水泥、粉煤灰水泥、砌筑水泥和天热料水泥等。为合理利用资源，节约原材料，在配制砂浆时应尽量选用中、低标号水泥。水泥砂浆采用的水泥标号不宜大于425号，水泥混合砂浆采用的水泥标号不宜大于525号。

对于特殊用途的砂浆则应选用特殊水泥，例如，修补裂缝、预制构件的嵌缝等须用膨胀水泥，而装饰砂浆则多用白色水泥与颜料来配制。

不同品种水泥，不宜混合使用。

2. 石灰

为改善砂浆的和易性和节约水泥，在砂浆中常掺入石灰。抹面砂浆通常以石灰作胶凝材料配制成石灰砂桨、石灰混合砂浆。施工现场常用的石灰有：生石灰、熟石灰和生石灰粉等。

使用生石灰时，为保证砂浆质量，需将石灰预先充分“陈伏”，熟化成石灰膏，然后使用。严禁使用脱水硬化的石灰膏。

[工程实例分析]

石灰的选用

现象：某工地急需配制石灰砂浆。当时有消石灰粉、生石灰粉及生石灰材料可供选用。因生石灰价格相对较便宜，便选用，并马上加水配制石灰膏，再配制石灰砂浆。使用数日后，石灰砂浆出现众多凸出的膨胀性裂缝，请分析原因。

分析讨论：该石灰的陈伏时间不够。数日后，部分过火石灰在已硬化的石灰砂浆中熟化，体积膨胀，以致产生膨胀性裂纹。因工期紧，若无现成合格的石灰膏，可选用生石灰粉。生石灰粉在磨细过程中，把过火石灰磨成细粉，易于克服过火石灰在熟化时造成的体积安定性不良的危害。

3. 粉煤灰

粉煤灰作为掺合料加入砂浆中，可减少水泥用量，改善和易性强度。粉煤灰品质应符合国家现行有关标准的要求。

4. 其他胶凝材料

树脂、水玻璃、硫磺、石膏等均可作为胶凝材料。树脂砂浆可用于耐腐蚀工程；水玻璃矿渣砂浆可用于黏结加气混凝土板等；硫磺耐酸砂浆可抵抗一般无机酸、中性盐、酸性盐的侵蚀；石膏砂浆多用于装饰。

7.1.2 砂

砂浆用砂应符合混凝土用砂的技术性质要求，与混凝土用砂最大区别在于对砂最大粒径的限制。砂的最大粒径受灰缝厚度的限制。对于毛石砌体宜用粗砂，最大粒径应小于砂浆层厚度的1/4～1/5；对于砖砌体以使用中砂为宜，粒径不得大于2.5mm；抹面及勾缝的砂浆应采用细砂。施工中必要时可将砂过筛。

砂中含泥量会影响砂浆的强度、变形性、调度及耐久性。M5以上砂浆用砂含泥量不应大于5%，M 5以下水泥混合砂浆含泥量须在10%以内。砂中硫化物应小于2%，其他杂质（如草根等）应清除。

若采用人工砂、山砂、炉渣等作为骨料配制砂浆时，应根据经验估算，再经试配而确定技术指标。

在轻质砂浆中应采用表观密度小于1000 kg/m^{3}的轻砂。耐酸砂浆应采用耐酸细骨料，如陶砖碎粒等。

7.1.3 水

对水质的要求，与混凝土的要求基本相同，必须采用不含有害物质的洁净水。一般凡可饮用的水均可拌制砂浆，未经鉴定的污水不能使用。

7.1.4 外加剂

为改善砂浆的和易性，除掺用石灰膏外，还常掺用塑化剂、微沫剂、保水剂等砂浆外加剂。在砂浆中掺用外加剂改善性能在我国古已有之，例如，在砂浆中掺糯米浆、猪血等以改善砂浆的耐久性。

微沫剂是一种有机物质，加入到砂浆拌合物中，能在砂粒之间产生大量微小的、高度分散的、不破灭的气泡，增大拌合物的流动性，并在硬化后能保持微气泡。常用的微沫剂有松香皂等。在某些情况下，水泥石灰砂浆中掺入微沫剂可使石灰用量减少一半。混凝土中的引气剂、减水剂对砂浆也有增塑作用。

保水剂是一种加入到砂浆中能显著减少砂浆泌水，防止离析，并改善和易性的物质。常用的保水剂有甲基纤维素、硅藻土等。

为改善砂浆其他性能也可掺入另外一些材料，例如，掺入纤维材料可改善砂浆的抗裂性，掺入防水剂可提高砂浆的防水性和抗渗性，掺入引气剂可提高保温性能等。

7.2 建筑砂浆的性质

7.2.1 新拌砂浆的和易性

新拌砂浆和易性的概念同普通混凝土，即指新拌砂浆是否便于施工操作并保证硬化后砂浆的质量及砂浆与底面材料间的黏结质量。和易性好的砂浆易在粗糙、多孔的底面上铺设成均匀的薄层，并能与底面牢固地黏结在一起。砂浆的和易性主要包括流动性与保水性。

1. 流动性

砂浆的流动性又称稠度，是指新拌砂浆在自重或外力作用下产生流动的性能。砂浆稠度用砂浆稠度仪测定，并以试锥下沉深度作为砂浆的稠度值（亦称沉入量，以cm计）。沉入量越大，砂浆流动性越大。

影响砂浆稠度的因素与普通混凝土类似，即与胶凝材料的品种和用量、用水量、砂的粗细、粒形相级配、搅拌时间等有关。当原材料条件和胶凝材料与砂的比例一定时，主要取决于单位用水量。

砂浆流动性的选择应根据砌体种类（砖、石、砌块）、用途（砌筑、抹面）、施工方法（机械施工、手工操作）、天气情况（温度、湿度、风力）等决定，可参考表7.1所示选取。

表 7.1　　　　建筑砂浆的流动性（稠度 cm）

砌体种类	干燥气候或多孔砌块	寒冷气候或密实砌块	抹灰工程	机械施工	手工操作
砖砌体	8～10	6～8	准备层	8～9	11～12
普通毛石砌体	6～7	4～5	底层	7～8	7～8
振捣毛石砌体	2～3	1～2	面层	7～8	9～10
炉渣混凝土砌体	7～9	5～7	石膏浆面层	—	9～12

2. 保水性

砂浆保水性是指砂浆能保持水分的能力。即搅拌好的砂浆在运输、停放、使用过程中，水与胶凝材料及骨料分离快慢的性质。保水性良好的砂浆水分不易流失，易于摊铺成均匀密实的砂浆层，反之，保水性差的砂浆，在施工过程中容易泌水、分层离析、水分流失使流动性变环，不易施工操作；同时由于水分易被砌体吸收，影响水泥正常硬化，从而降低了砂浆黏结强度。

砂浆的保水性用“分层度”（以cm计）表示，用砂浆分层度测量仪测定。测定时将拌和好的砂浆装入内径为15cm、高30cm的圆桶内，测定其沉入量；静止30mm以后，去掉上面20cm厚的砂浆，再测定剩余10cm砂浆的沉入量，前后测得的沉入量之差，即为砂浆的分层度值（cm）。分层度大，表明砂浆的保水性不好；但分层度过小（如分层度为零），虽然砂浆的保水性好，但往往是因为胶凝材料用量过多，或者砂过细，既不经济还易造成砂浆干裂。普通砂浆的分层度宜为1～2cm。

影响砂浆保水性的因素同普通混凝土，即主要取决于新拌砂浆组分中微细颗粒的含量。实践表明：为保证砂浆的和易性，水泥砂浆的最小水泥用量不宜小于200kg/m^3，混合砂浆中胶凝材料总用量应为300～350kg/m^3，工程上常采用在水泥砂浆中掺石灰膏、粉煤灰、微沫剂等方法来提高砂浆的保水性。

[工程实例分析]

砂浆质量问题

概况：某工地现配制M10砂浆砌筑砖墙，把水泥直接倒在砂堆上，再人工搅拌。该砌体灰缝饱满度及黏结性均差。请分析原因。

原因分析：

① 砂浆的均匀性可能有问题。把水泥直接倒入砂堆上，采用人工搅拌的方式往往导致混合不够均匀，使强度波动大，宜加入搅拌机中搅拌。

② 仅以水泥与砂配制砂浆，使用少量水泥虽可满足强度要求，但往往流动性及保水性较差，而使砌体饱满度及黏结性较差，影响砌体强度，可掺入少量石灰膏、石灰粉或微沫剂等以改善砂浆和易性。

7.2.2 砂浆的强度与强度等级

建筑砂浆在砌体中主要起传递荷载作用，并经受周围环境介质作用，因此砂浆应具有一定的黏结强度、抗压强度和耐久性。试验证明：砂浆的黏结强度、耐久性均随抗压强度的增大而提高，即它们之间有一定的相关性。而且抗压强度的试验方法较为成熟，测试较为简单准确，所以工程上常以抗压强度作为砂浆的主要技术指标。

砂浆的强度等级是以边长为70.7mm的立方体试件，在标准养护条件（水泥混合砂浆为（20±3）℃，相对湿度60%～80%；水泥砂浆和微沫砂浆为（20±3）℃，相对湿度为90%以上）下，用标准试验方法测得28d龄期的抗压强度来确定，并划分为M 20、M15、M10、M7.5、M5.0、M2.5共六个等级。

影响砂浆强度的因素较多。大量实验证明，当原材料质量一定时，砂浆的强度主要取决于水泥标号与水泥用量。用水量对砂浆强度及其他性能的影响不大。砂浆的强度可用下式表示。

$$f_m = A \times f_c \times Q_c / 1000 + B = A \times K_c \times f_c^b \times Q_c / 1000 + B \tag{7.1}$$

式中，f_m——砂浆的抗压强度，MPa；

K_c——水泥标号的富余系数，应按统计资料确定。无统计资料时取1.0；

Q_c——1m^{3}砂浆的水泥用量，kg；

f_c——水泥的实测强度，MPa；

f_c^b——水泥强度等级的标准值，MPa；

A，B——经验系数，按表7.2所示选取。

表 7.2　　**A，B 系数选取表（JGJ/T 98—96）**

砂浆品种	A	B
水泥混合砂浆	1.5	−4.25
水泥砂浆	1.03	3.5

注：各地也可以使用本地区试验资料确定 A，B 值，统计用的试验组数不少于 30 组。

7.2.3　黏结强度

黏结强度无论对砌筑砂浆还是抹面砂浆都是非常重要的。黏结强度主要和砂浆的抗压强度以及砌体材料的表面粗糙程度、清洁程度和湿润程度以及施工养护等因素有关。

7.2.4　变形性

砂浆在承受荷载或在温度条件变化时，容易变形。如果变形过大或者不均匀，都会降低砌体及面层质量，引起沉陷或产生裂缝。若使用轻骨料拌制砂浆或混合料掺量太多，也会引起砂浆收缩变形过大，抹面砂浆则会出现收缩裂缝，应采取措施防止砂浆干裂。例如，在抹面砂浆中，可掺一定量的麻刀、纸筋等纤维材料防止砂浆干裂。

7.3　建筑砂浆性能检测

7.3.1　砂浆的稠度试验

1．目的

通过稠度试验，可以测得达到设计稠度时的加水量，或在施工期间控制稠度以保证施工质量。

2. 仪器设备

仪器设备主要包括砂浆稠度仪（见图7.1）、捣棒、台秤、拌锅、拌和钢板、秒表等。

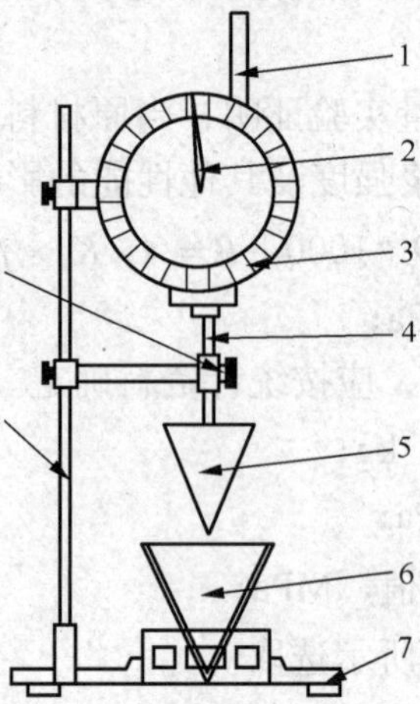

图7.1　砂浆稠度测定仪

1—齿条测杆；2—指针；3—刻度盘；4—滑杆；5—圆锥体；

6—圆锥筒；7—底座；8—支架；9—制动螺丝

3. 试验方法与步骤

（1）将拌好的砂浆装入圆锥筒内，装至筒口下约10mm，用捣棒插捣25次，前12次需插到筒底，然后将砂浆筒在桌上轻轻振动5～6下，使之表面平整，再移置于砂浆稠度仪台座上。

（2）放松固定螺钉，使圆锥体的尖端和砂浆表面接触，并对准中心，拧紧固定螺钉，读出标尺读数，然后突然放开固定螺钉，使圆锥体自由沉入砂浆中10s后，读出下沉的距离（以mm计），即为砂浆的稠度值。

4. 试验结果确定

（1）以两次测定结果的算术平均值作为砂浆稠度测定结果，如果两次测定值之差大于20mm，应重新配砂浆测定。

（2）如果稠度值不符合要求，可酌情加水或石灰膏，重新再测，直到符合要求为止。但从加水拌和算起，时间不准超过30min，否则应重拌。

7.3.2　砂浆的分层度检测

1. 目的

测定砂浆的保水性，并依此判断砂浆在运输、停放及使用时的保水能力，从而控制砂浆的工作性及砌体的质量。

2. 主要仪器设备

仪器设备主要为分层度测定仪（见图7.2），其他仪器同稠度试验仪器。

3. 试验方法与步骤

（1）将拌好的砂浆，测出稠度值k_1后，重新拌匀，一次注入分层度测定仪中。

（2）静置30min后，去掉上层20cm砂浆，然后取出底层l0cm砂浆重新拌和均匀，再测定砂浆稠度值k_2。

（3）两次砂浆稠度值的差值（k_2-k_1）即为砂浆的分层度。

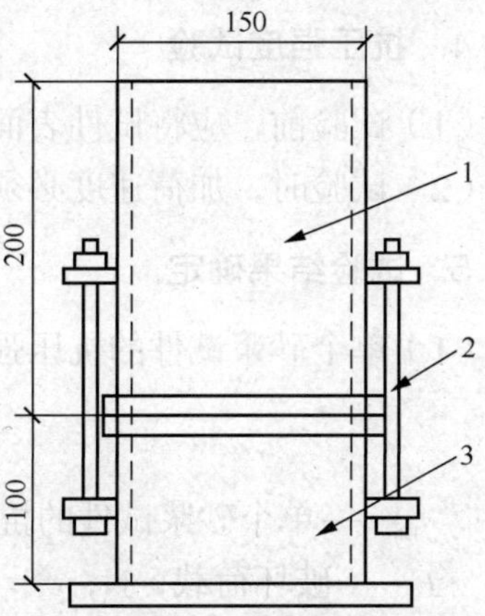

图7.2　砂浆分层度测定仪

1—无底圆筒；2—连接螺栓；3—有底圆筒

4. 试验结果评定

砂浆的分层度宜在10～30mm，如果大于30mm，易产生分层、离析、泌水等现象，如果小于10mm，则砂浆过黏，不易铺设且容易产生干缩裂缝。一般取两次试验的平均值作为试验砂浆的分层度。

7.3.3 砂浆的抗压强度检测

1. 目的

检验砂浆的实际强度，依此确定砂浆的强度等级，并判断是否达到设计要求。

2. 主要仪器设备

压力机、试模（规格70.7mm×70.7mm×70.7mm无底试模）、捣棒、镘刀等。

3. 试验方法及步骤

（1）砌砖砂浆试件：

① 将内壁事先涂刷薄层机油的无底试模，放在预先铺有吸水性较好湿纸的普通砖上。

② 砂浆拌好后一次装满试模内，用直径10mm，长350mm的钢筋捣棒（其一端呈半球形）均匀插捣25次，然后在四侧用镘刀沿试模壁插捣数次，砂浆应高出试模顶面6～8mm。

③ 当砂浆表面开始出现麻斑状态时（15～30min）将高出部分的砂浆沿试模顶面削去抹平。

（2）砌石砂浆试件：

① 试件用带底试模制作。

② 砂浆分两层装入试模（每层厚度约40mm），每层均匀插捣12次，然后沿试模壁用抹刀插捣数次。砂浆应高出试模顶面6～8mm，1～2h内，用刮刀刮掉多余的砂浆，并抹平表面。

（3）试件养护：

① 小心拆模，不要损坏试件边角。

② 试件养护。水泥混合砂浆应在温度为（20±3）℃，相对湿度为60%～80%的条件下养护；水泥砂浆或微沫砂浆应在温度为（20±3）℃，相对湿度为90%以上的潮湿条件下养护。

③ 自然养护。水泥混合砂浆应在高于0℃，相对湿度为60%～80%的条件下（如养护箱中或不通风的室内）养护；水泥砂浆和微沫砂浆应在正温度并保持试件表面湿润的状态下（如湿砂堆中）养护。养护期间必须作好温度记录。

4. 抗压强度试验

（1）试验前，应将试件表面刷净擦干，以试件的侧面作受压面进行抗压强度试验。

（2）试验时，加荷速度必须均匀，加荷速度为0.5～1.5kN/s。

5. 试验结果确定

（1）单个砂浆试件的抗压强度按下式计算（精确至0.1MPa）：

$$f_m = \frac{F}{A} \tag{7.2}$$

式中，f_m——单个砂浆试件的抗压强度，MPa；

F——破坏荷载，N；

A——试件的受力面积，mm^2。

（2）每组试件为6块，取6个试件试验结果的算术平均值（计算精确至0.1MPa）作为该组砂浆试件的抗压强度。当6个试件中的最大值或最小值与平均值的差超过20%时，以中间4个试件的平均值作为该组试件的抗压强度值。

7.4 砌筑砂浆的配合比设计

砌筑砂浆是将砖、石、砌块等黏结成为砌体的砂浆。砌筑砂浆主要起黏结、传递应力的作用，是砌体的重要组成部分。

砌体砂浆可根据工程类别及砌体部位的设计要求，确定砂浆的强度等级，然后选定其配合比。一般情况下可以查阅有关手册和资料来选择配合比，但如果工程量较大、砌体部位较为重要或掺入外加剂等非常规材料时，为保证质量和降低造价，应进行配合比设计。经过计算、试配、调整，从而确定施工用的配合比。

7.4.1 砌筑砂浆配合比设计的基本要求与一般规定

砌筑砂浆配合比设计应满足以下基本要求。

（1）砂浆拌合物的和易性应满足施工要求，且符合拌合物的体积密度要求：水泥砂浆不应小于900kg/m^3；水泥混合砂浆不应小于1800kg/m^3。

（2）砌筑砂浆的强度、耐久性应满足设计的要求。

（3）经济上应合理，水泥及掺合料的用量应较少。

7.4.2 砌筑砂浆配合比设计

1. 水泥混合砂浆配合比计算

（1）确定试配强度

砂浆的试配强度可按下式确定。

$$f_{m,0} = f_2 + 0.645\sigma \tag{7.3}$$

式中，$f_{m,0}$——砂浆的试配强度，精确至0.1MPa；

f_2——砂浆抗压强度平均值，精确至0.1MPa；

σ——砂浆现场强度标准差，精确至0.01MPa。

砌筑砂浆现场强度标准差，可按公式（7.3）或表7.3所示确定。

$$\sigma=\sqrt{\frac{\sum_{i=1}^{n}f_{m,i}^{2}-n\mu_{fm}^{2}}{n-1}} \tag{7.4}$$

式中，$f_{m,i}$——统计周期内同一品种砂浆第i组试件的强度，MPa；

μ_{fm}——统计周期内同一品种砂浆N组试件强度的平均值，MPa；

n——统计周期内同一品种砂浆试件的组数，$N \geqslant 25$。

当不具有近期统计资料时，砂浆现场强度标准差σ可按表7.3所示取用。

表 7.3　砂浆强度标准差选用值（MPa）

施工水平	M2.5	M5.0	M7.5	M10.0	M15.0	M20.0
优良	0.50	1.00	1.50	2.00	3.00	4.00
一般	0.62	1.25	1.88	2.5.0	3.75	5.00
较差	0.75	1.50	2.25	3.00	4.50	6.00

（2）算每立方米砂浆中水泥用量

$$Q_C=\frac{1000(f_{m,0}-B)}{A \cdot f_{ce}} \tag{7.5}$$

式中，Q_C——每立方米砂浆中的水泥用量，精确至1kg；

$f_{m,0}$——砂浆的试配强度，精确至0.1MPa；

f_{ce}——水泥的实测强度，精确至0.1MPa；

A, B——砂浆的特征系数，其中A=3.03，B=−15.09。

在无法取得水泥的实测强度f_{ce}时，可按下式计算。

$$f_{ce}=\gamma_c \cdot f_{cu,k} \tag{7.6}$$

式中，$f_{cu,k}$——水泥强度等级对应的强度值，MPa；

γ_c——水泥强度等级值的富余系数，该值应按实际统计资料确定。无统计资料时取γ_c=1.0。

当计算出水泥砂浆中的水泥用量不足200kg/m^{3}时，应按200kg/m^{3}采用。

（3）计算水泥混合砂浆的掺加料用量

水泥混合砂浆的掺加料应按下式计算：

$$Q_D=Q_A-Q_C \tag{7.7}$$

式中，Q_D——每立方米砂浆中掺加料用量，精确至1kg；石灰膏、黏土膏使用时的稠度为（120±5）mm；

Q_C——每立方米砂浆中水泥用量，精确至1kg；

Q_A——每立方米砂浆中水泥和掺加料的总量，精确至1kg；宜为300～350kg/m^3。

（4）确定砂子用量

每立方米砂浆中砂子用量Q_s（kg/m^3），应以干燥状态（含水率小于0.5%）的堆积密度作为计算值。即1m^{3}的砂浆含有1m^{3}堆积体积的砂。

（5）确定用水量

每立方米砂浆中用水量Q_W（kg/m^3），可根据砂浆稠度要求选用240～310kg。混合砂浆中的用水量，不包括石灰膏或黏土膏中的水；当采用细砂或粗砂时，用水量分别取上限或下限；稠度小于70mm时，用水量可小于下限；施工现场气候炎热或干燥季节，可酌量增加水量。

2. 水泥砂浆配合比选用

水泥砂浆各种材料用量可按照表7.4所示选用。

表 7.4　　水泥砂浆材料用量（kg/m^3）

强度等级	水泥用量	砂子用量	用水量
M2.5～M5	200～230	$1m^3$ 干燥状态下砂的堆积密度值	270～330
M7.5～M10	230～280		
M15	280～340		
M20	340～400		

表7.4中水泥强度等级为32.5级，大于32.5级水泥用量宜取下限；根据施工水平合理选择水泥用量；当采用细砂或粗砂时，用水量分别取上限或下限；稠度小于70mm时，用水量可小于下限；施工现场气候炎热或干燥时，可酌量增加用水量；试配强度应按照公式（7.2）进行计算。

3. 配合比的试配、调整与确定

砂浆试配时应采用工程中实际使用的材料；搅拌采用机械搅拌，搅拌时间自投料结束后算起，水泥砂浆和水泥混合砂浆不得小于120s，掺用粉煤灰和外加剂的砂浆不得小于180s。

按计算或查表选用的配合比进行试拌，测定其拌合物的稠度和分层度，若不能满足要求，则应调整用水量和掺合料用量，直至符合要求为止。此时的配合比为砂浆基准配合比。

为了测定的砂浆强度能在设计要求范围内，试配时至少采用3个不同的配合比，其中一个为基准配合比，另外两个配合比的水泥用量按基准配合比分别增加及减少10%，在保证稠度和分层度合格的条件下，可将用水量或掺加料用量作相应调整。按《建筑砂浆基本性能试验方法》（JGJ 7—2009）的规定成型试件，测定砂浆强度。选定符合试配强度要求并且水泥用量最少的配合比作为砂浆配合比。

砂浆配合比以各种材料用量的比例形式表示：

水泥：掺加料：砂：水=Q_C：Q_D：Q_S：Q_W

4. 砂浆配合比计算实例

要求设计用于砌筑砖墙的M7.5等级，稠度70～100mm的水泥石灰砂浆配合比。基本资料为：水泥：32.5Mpa普通硅酸盐水泥；石灰膏：稠度120mm；砂为中砂，堆积密度为1450kg/m^3，含水率为2%；施工水平一般。

解：

（1）计算试配强度$f_{m,0}$

$$f_{m,0}=f_2+0.645\sigma=7.5+0.645\times1.88=8.7(\text{MPa})$$

（2）计算水泥用量Q_C

$$Q_C=\frac{1000(f_{m,0}-B)}{A\cdot f_{ce}}=\frac{1000\ (8.7+15.09)}{3.03\times32.5}=242\ (\text{kg/m}^3)$$

式中：A=3.03，B=−15.09。

$$f_{ce}=1.0\times32.5=32.5\ (\text{MPa})$$

（3）计算石灰膏用量Q_D

$$Q_D=Q_A-Q_C=350-242=108\ (\text{kg/m}^3)$$

式中：Q_A=350kg/m^3（按水泥和掺加料总量规定选取）。

（4）计算砂用量Q_s

$$Q_s=1450\times(1+2\%)=1479(\text{kg}/\text{m}^3)$$

（5）选择用水量Q_w

$$Q_w=300\ (\text{kg/m}^3)$$

砂浆试配时各材料的用量比例：

水泥：石灰膏：砂：水=242：108：1479：300

7.5 抹面砂浆

涂抹于建筑物或构筑物表面的砂浆统称为抹面砂浆。抹面砂浆按其功能的不同可分为普通抹面砂浆、装饰砂浆、防水砂浆和具有特殊功能的抹面砂浆等。

与砌筑砂浆比较，抹面砂浆有以下特点：抹面砂浆不承受荷裁，它与基底层应有良好的黏结力，以保证其在施工或长期自重或环境因素作用下不脱落、不开裂、且不丧失其主要功能，抹面砂浆多分层抹成均匀的薄层，面层要求平整细致。

7.5.1 普通抹面砂浆

砂浆以薄层涂抹于结构物和墙体表面，起保护和装饰作用。它可以抵抗自然环境各因素对工程构筑物的侵蚀，提高耐久性，同时又可以达到平整、美观的效果。

为了便于涂抹，抹面砂浆要求比砌筑砂浆具有更好的和易性，故一般胶凝材料（包括掺合料）的用量比砌筑砂浆要多一些。

抹面砂浆与空气、底面的接触比砌筑砂浆要多，水分容易失去，因此对其保水性要求较高，否则影响其与底面的黏结力，抹面砂浆易碳化，水分也易蒸发，这对于气硬性胶凝材料更有利，因而石灰砂浆不仅用于内墙，还常用于外墙。但湿度较高的地方，则更适合选择水泥石灰混合砂浆。石灰砂浆硬化较慢，加入建筑石膏可加速它的硬化，加入量越多，硬化越快。石灰石膏混合砂浆可用于木质底面的抹灰。

抹面砂浆常分两层或三层进行施工，各层抹灰要求不同，所以每层砂浆的稠度和品种也不同。砖墙的底层抹灰，多用石灰砂浆或石灰炉灰砂浆；板条墙或板条顶棚的底层抹灰多用麻刀石灰砂浆；而混凝土墙、梁、柱、顶板等的底层抹灰多用混合砂浆。中层抹灰一般采用麻刀石灰砂浆；面层抹灰则多用混合砂浆、麻刀或纸筋石灰砂浆。在容易碰撞或潮湿的地方，如墙裙、踢脚板、地面、窗台、水池等处，一般采用1∶2.5的水泥砂浆。

在硅酸盐砌块墙面上做抹面砂浆或粘贴饰面材料时，最好在砂浆层内夹一层事先固定好的钢丝网，以免日久发生剥落现象。

[工程实例分析]

石灰砂浆层拱起开裂

现象：某住宅使用石灰厂处理的下脚石灰作粉刷。数月后粉刷层多处向外拱起，还看见一些裂缝，请分析原因。

分析讨论：石灰厂处理的下脚石灰往往含有过烧的CaO或较高的MgO，其水化速度慢于正常的石灰，这些过烧的氧化钙或氧化镁在已经水化硬化的石灰砂浆中缓慢水化，体积膨胀，就会导致砂浆层拱起和开裂。

7.5.2 装饰砂浆

饰面砂浆多用于室内外装饰，以增加美观效果。装饰砂浆一般是在普通抹面砂浆做好底层和中层抹灰后施工。要选用具有一定颜色的胶凝材料和骨料并采用某种特殊的操作工艺，使表面呈现特殊的表面形式或呈现各种色彩、线条和花样。

饰面砂浆常用的类型有拉毛、水刷石、水磨石、干黏石、斩假石、人造大理石、喷粘彩色瓷粒等。

装饰砂浆有以下常用的施工操作方法。

（1）拉毛

先用水泥砂浆做底层，再用水泥石灰砂浆做面层，在砂浆尚未凝结之前用抹刀将表面拉成凹凸不平的形状。

（2）水刷石

用5mm左右石渣配制的砂浆做底层，涂抹成型待稍凝固后立即喷水，将面层水泥冲掉，使石渣半露面不脱落，远看颇似花岗石。

（3）水磨石

由水泥（普通水泥、自水泥或彩色水泥）、有色石渣和水按适当比例掺入颜料，经拌和、涂抹或浇注、养护、硬化和表面磨光而成。水磨石分预制、现制两种。它不仅美观而且有较好的防水、耐磨性能，多用于室内地面和装饰，如墙裙、踏步、踢脚板、窗台板、隔断板、水池和水槽等。

（4）干黏石

在抹灰层水泥净浆表面黏结彩色石渣和彩色玻璃碎粒而成，是一种假石饰面。它分人工黏结和机械喷料两种，要求黏结牢固、不掉粒、不露浆。其装饰效果与水刷石相同，但避免了湿作业，施工效率高，可节省材料。

（5）斩假石

也称剁假石，一种假石饰面。原料和制作工艺与水磨石相同，但表面不磨光，而是在水泥浆硬化后，用斧刃剁毛。表面颇似剁毛的花岗石。

7.5.3 特殊用途砂浆

1. 防水秒浆

用作防水层的砂浆叫做防水砂浆，适用于不受振动和具有水体的表面，应用于地下室、水塔、水池、储液罐等防水工程。

常用的防水砂浆主要有以下三种。

（1）水泥砂浆

普通水泥砂浆多层抹面用作防水层，要求水泥标号不低于325号，砂宜采用中砂或粗砂。配合比控制在1∶2～1∶3，水灰比为0.40～0.50。

（2）水泥砂浆+防水剂

在普通水泥砂浆中掺入防水剂，提高砂浆自防水能力。其配合比控制与上述相同。

（3）膨胀水泥或无收缩水泥配制砂浆

这种砂浆的抗渗性主要是由于水泥具有微膨胀或补偿收缩性能，提高了砂浆的密实性，有良好的防水效果。其配合比为水泥∶砂子=1∶2.5（体积比），水灰比为0.4～0.5。

防水砂浆的防水效果除与原材料有关外，还受施工操作的影响。一般要求在涂抹前先将清洁的底面抹一层纯水泥浆，然后抹一层5mm厚的防水砂浆，在初凝前用木抹子压实一遍，第二、三、四层都是同样操作，共涂4～5层，20～30mm厚，最后一层要进行压光。抹完之后要加强养护。

2. 绝热砂浆

绝热砂浆一般有质轻和良好的绝热性质，其导热系数为0.07～0.10w/（m·K），第用于屋面绝热层、绝热墙壁以及供热管道绝热层等处。

绝热砂浆用水泥、石灰、石膏等胶凝材料与膨胀蛭石或陶粒砂等轻质多孔骨料按一定比例配制而成。

3. 吸音砂浆

吸音砂浆与绝热砂浆类似，由轻质多孔骨料配制而成，有良好的吸音性能，用于室内墙壁和平顶吸音。可采用水泥、石膏、砂、锯末（体积比约为1∶1∶3∶5）配制吸音砂浆。还可在石灰、石膏砂浆中掺入玻璃纤维、矿物棉等松软纤维材料配制吸音砂浆。

4. 聚合物砂浆

聚合物砂浆是在水泥砂浆中加入有机聚合物乳液配制而成的。聚合物砂浆一般具有黏结力强、干缩率小，脆性低、耐蚀性好等特性。用于修补和防护工程。常用的聚合物乳液有氯丁橡胶乳液、丁苯橡胶乳液、丙烯酸树脂乳液等。

复习思考题

1. 新拌砂浆的和易性包括哪两方面含义？如何测定？砂浆和易性不良对工程应用有何影响？

2. 影响砂浆抗压强度的主要因素有哪些？

3. 对抹面砂浆和砌筑砂浆的组成材料及技术性质的要求有哪些不同，为什么？

4. 何谓混合砂浆？工程中常采用水泥混合砂浆有何好处？为什么要在抹面砂浆中掺入纤维材料？

5. 某多层住宅楼工程，要求配制强度等级为M 7.5的水泥石灰混合砂浆，用以砌筑烧结普通砖墙。工地现有材料如下：

水泥：425号矿渣水泥，表观密度为1200kg/m^3；

石灰膏：一等品建筑生石灰，表观密度1 280kg/m^3，沉入度为12cm；

砂子：中砂，含水率2%，表观密度1450kg/m^3。

试设计其配合比（重量比和体积比）。

第8章 烧土制品

烧结普通砖是以黏土或煤矸石、页岩、粉煤灰等为主要原料，经成型、焙烧而成的实心或孔洞率不大于15%的砖。

烧结多孔砖与烧结空心砖是以黏土、页岩、煤矸石等为主要原料，经成型、焙烧而成的孔洞率大于等于35%的砖。

建筑陶瓷是以黏土为主要原料，经配料、制坯、干燥、焙烧而制成的，用于建筑工程的制品。

玻璃是一种非结晶无机材料。它具有一般材料难于具备的透明性，具有优良的机械力学性能和热工性质。玻璃的深加工制品能具有控制光线、调节温度、防止噪声和提高建筑艺术装饰等功能。玻璃是现代建筑的一种结构材料和装饰材料，是现代建筑工程的重要材料之一。

学习目标

- 掌握烧结普通砖的品种、技术要求以及性质与应用。
- 了解烧结空心砖和烧结多孔砖的性质。
- 了解建筑陶瓷的种类、性质及应用。

8.1 烧土制品生产简介

8.1.1 黏土原料

1. 黏土的组成

烧结制品的主要原料是黏土。黏土是含长石、云母的岩石经风化而成的多种矿物的混合体。其主要成分是具有层状结晶结构的含水铝硅酸盐，称其为黏土矿物。黏土矿物是黏土具有可塑性的主要来源，而可塑性是烧结制品成型性质的决定因素。除黏土矿物外，黏土中还常含有石英、长石、云母、碳酸盐、铁或钒的氧化物及有机质等杂质，这些成分对烧结制品的可塑性、收缩性、焙烧温度、制品颜色等产生很大的影响。因此，烧陶瓷的黏土应较烧砖的黏土纯净许多。

2. 黏土的性质

（1）黏土的可塑性

黏土与适量水拌和后能在外力作用下塑成各种形状，当外力撤销后，仍能保持原状，并不出现裂纹。这是黏土必须具备的性质。黏土矿物含量多，且其中细颗粒含量多时，黏土可塑性好，其制品易成型。但可塑性大的黏土坯体在干燥和焙烧过程中，随脱水会出现较大的收缩，而影响砖的外观（如不均匀的变形和裂纹）和规格。而可塑性差的黏土，又会使制品难以成型。

（2）黏土的烧结性

黏土坯体在900℃以上焙烧时，黏土颗粒表面的易熔化合物形成一定量的熔融物，逐渐填充颗粒间的空隙。随温度升高，熔融物增多，坯体孔隙率降低，且坯体在熔融物表面张力的作用下产生收缩（即烧缩）。由于坯体孔隙率的降低以及熔融物对未熔颗粒的黏结作用，使其强度、耐水性和抗冻性均相应提高，该过程称为黏土的烧结。当坯体达到烧结温度后，继续升高温度会形成更多的熔融物，使坯体软化，变形增大，成为废品。烧制黏土制品时，应控制在部分熔融状态，即烧结状态。

8.1.2 其他原料

1. 粉煤灰

煤粉在炉中燃烧后的灰烬，主要来源于火力发电厂。

粉煤灰为细粉状，呈灰色或灰白色（含水时为黑灰色）。灰分本身具有一定发热量，作为生产砖的原料有一定的节煤效果，生产出来的砖不但强度高，而且重量轻。但因为粉煤灰是瘠性的，而制砖配合料须呈塑性状态，所以需要将黏结料（黏土、水玻璃等）与粉煤灰以一定比例配合作为制砖原料。

2. 煤矸石

开采煤炭过程中，煤层顶、底部或炭层周围挖出的含炭量少，灰分在40%以上不成煤的泥质、碳质、砂质页岩，是煤矿的工业废渣，使用时需进行破碎。

使用煤矸石烧砖时，由于其本身含有大量的碳，可不用或少用煤，节能节土。

3. 页岩

黏土岩的构造变种，是具有页理构造（即岩石平行层理方面可分裂成层状或纸片状）的黏土岩。用页岩制砖瓦，不但节省农田，而且可开山造田。

8.1.3 生产工艺简介

烧结砖的工艺过程：原料调制→成型→干燥→焙烧→制品。

饰面烧土制品（饰面陶瓷）的工艺生产过程：原料调制→成型→干燥→上釉→焙饶→制品。也有的制品在成型、干燥后先焙烧（素烧），然后上釉再焙烧一次（釉烧）。

1. 原料调制与成型

原料调制的目的是破坏黏土原料的天然结构，剔除有害杂质，粉碎大块原料，然后与其他原料及水拌和成均匀的、适宜成型的坯料。成型方式主要有以下三种。

（1）塑性成型法

用含水量为15%～25%可塑性良好的坯料，通过挤泥机挤出一定断面尺寸的泥条，切割后获得制品的形状。此法适合成型烧结普通砖、烧结多孔砖及烧结空心砖。

（2）半干压或干压成型法

用含水量低（半干压法为8%～12%，干压法为4%～6%），可塑性差的坯料，在压力机上成型。由于坯料含水量少，有时可不经干燥立即进行焙烧，简化了工艺。墙地砖多用此法成型。

（3）注浆成型法　用含水量高达40%，呈泥浆状态的坯料，注入石膏模型中，石膏吸收水分使坯料变干而获得制品的形状。此法适合成型形状复杂或薄壁制品，如卫生陶瓷、釉面砖等。

2. 干燥与焙烧

成型后的生坯，其含水量必须降至8%～10%，才能入窑焙烧，因而需要进行干燥。干燥是生产工艺的重要阶段，制品裂缝多半是在这个阶段形成的。干燥分自然干燥与人工干燥，前者是在露天下阴干，后者是利用焙烧窑余热在干燥室或窑内干燥。

焙烧是生产工艺的关键阶段。焙烧是在连续作用（装窑、预热、焙烧、冷却、出窑等过程可同时进行，即一边在装窑，而另一边在出窑）的隧道窑或轮窑中进行。有的制品（如墙面砖等）在焙烧时要放在匣钵内，防止温度不均匀和窑内气体对制品外观的影响。

焙烧的目的是使黏土产生烧结，从而使制品产生强度，并具有相应的其他性质。因此，焙烧温度是否适当，对烧结制品来说是非常重要的。当焙烧温度低于烧结温度下限时，将会产生欠火制品，其特点是；坯体孔隙率大，强度低，耐久性差，颜色浅，敲之声音哑等；当焙烧温度高于烧结温度上限时，将会产生过火制品，其特点是：坯体孔隙率小，密实度大，强度与耐久性均高，导热性较强，颜色深，敲之声音响，但产品多有弯曲或扭曲变形。两者均属于不合格产品。

3. 施釉

釉是覆盖在制品表面的玻璃态薄层。釉料是熔融温度低、易形成玻璃态的材料。它是由矿物原料和化工原料经配料、磨细制成的釉浆，涂覆在坯体上，经焙烧而成釉的。上釉的目的是提高制品的机械强度、化学稳定性和热稳定性，且能掩饰坯体缺点，保护坯体不透水、不受污染，并可获得清洁和美观的装饰效果。

8.2 烧结普通砖

8.2.1 烧结普通砖的品种

按使用的原料不同，烧结普通砖可分为烧结普通黏土砖（简称黏土砖，代号N）、烧结粉煤灰砖（简称粉煤灰砖，代号F）、烧结煤矸石砖（简称煤矸石砖，代号M）、烧结页岩砖（简称页岩砖，代号Y）等。它们的原料来源及生产工艺略有不同，但各产品的性质相应用几乎完全相同。

为了节约燃料，常将炉渣等可燃物的工业废渣掺入黏土中，用以烧制而成的砖称为内燃砖。

按砖坯在窑内焙烧气氛及黏土中铁的氧化物的变化情况，又可将其分为红砖和青砖。红砖是在隧道窑或轮窑内的氧化气氛中焙烧的，因而铁的氧化物是Fe_2O_3，砖呈淡红色；青砖是在还原气氛（土窑在闫窑后）中焙烧的，铁的氧化物为Fe_3O_4或FeO，砖呈青灰色。青砖的耐久性略高于红砖，其他性能相同，但其燃料消耗多，故很少生产。

8.2.2 烧结普通砖的技术要求

《烧结普通砖》（GB 5101—2003）的技术要求如下。

1．外形尺寸

240mm×115mm×53mm的矩形标准体（其尺寸偏差不应超过标准规定）。因此，在砌筑使用时，包括砂浆缝厚度（10mm）在内，4块砖长、8块砖宽、16块砖厚都为1m，5l 2块砖可砌$1m^3$的砌体。

2．外观质量

包括条面高度差、裂纹长度、弯曲、缺棱掉角、颜色等七项内容。各项内容均应符合国家标准规定。

3．强度等级

根据砖样的抗压强度平均值（$\overline{f}$）和抗压强度标准值（f_k），将烧结普通砖分为MU30、MU25、MU 20、MU15、MU10五个强度等级，并应满足表8.1所示的规定。

强度标准值（f_k），由下式计算。

$$f_k = \overline{f} - 2.1\sigma \tag{8.1}$$

$$\sigma = \sqrt{\frac{1}{9}\sum_{i=1}^{10}(f_i - \overline{f})^2} \tag{8.2}$$

式中，$\overline{f}$——10块砖样的抗压强度算术平均值，MPa；

σ——10块砖样的抗压强度标准差，MPa；

f_i——单块砖样抗压强度测定值，MPa。

表 8.1　　烧结普通砖和烧结多孔砖强度等级

强度等级	抗压强度平均值 $\overline{f}$ /MPa	变异系数 $\delta \leqslant 0.21$	变异系数 $\delta > 0.21$
		抗压强度标准 f_k	单块最小抗压强度值 f_{min}
MU30	≥30	≥22	≥25
MU25	≥25	≥18	≥22
MU20	≥20	≥14	≥16
MU15	≥15	≥10	≥12
MU10	≥10	≥6.5	≥7.5

4．抗风化性

抗风化性能属于烧结普通砖的耐久性，是一项重要的综合性能，主要包括抗冻性、吸水率及饱和系数（此处的饱和系数是指砖在常温下浸水24h后的吸水率与5h沸煮吸水率之比），并用它们来评定砖的抗风化性能。

《烧结普通砖》(GB 5101—2003)规定，风化指数大于等于12700者为严重风化区，风化指数小于12700者为非严重风化区，黑龙江省、吉林省、辽宁省、内蒙古自治区、新疆维吾尔族自治区、宁夏回族自治区、甘肃省、青海省、陕西省、山西省、河北省、北京市、天津市属于严重风化区，其他省区属于非严重风化区。风化指数是指日气温从正温降至负温或从负温升至正温的平均天数，与每年从霜冻之日起至消失霜冻之日止这一期间降雨量的平均值之乘积。严重风化区中的前五个省区用砖的抗冻性试验必须合格，即各强度等级砖在冻融试验后(15次冻融循环)的抗压强度平均值必须大于等于该强度等级所对应的抗压强度标准值，并且单块砖的干质量损失必须小于等于2%。严重风化区的其他省区及非严重风化区用砖，可不做抗冻性试验，但5h吸水率及饱和系数必须满足表8.2所示的规定。

表 8.2　烧结普通砖的抗风化性能指标

项目 / 砖类型	严重风化区				非严重风化区			
	5h 沸煮吸水率/%		饱和系数		5h 沸煮吸水率/%		饱和系数	
	平均值	单块最大值	平均值	单块最大值	平均值	单块最大值	平均值	单块最大值
黏土砖	≤18	≤20	≤0.85	≤0.87	≤19	≤20	≤0.88	≤0.90
粉煤灰砖	≤21	≤23			≤23	≤25		
页岩砖	≤16	≤18	≤0.74	≤0.77	≤18	≤20	≤0.78	≤0.80
煤矸石砖	≤19	≤21			≤21	≤23		

注：粉煤灰砖中粉煤灰掺入量(体积比)小于30%时，按黏土砖规定。

5. 泛霜

泛霜是砖在使用过程中的一种盐析现象。砖内过量的可溶盐受潮吸水而溶解，随水分蒸发而沉积于砖的表面，形成白色粉状附着物，影响建筑物的美观。如果溶盐为硫酸盐，当水分蒸发呈晶体析出时，产生膨胀，使砖面及砂浆剥落。标准规定：优等品无泛霜，合格品不得严重泛霜。

6. 石灰爆裂

石灰爆裂是指砖坯中夹杂有石灰块，砖吸水后，由于石灰逐渐熟化而膨胀产生的爆裂现象，经试验后砖面出现的爆裂区域不应超过规定。

按上述技术要求，烧结普通砖的产品等级可根据其尺寸偏差、外观质量、强度等级和各物理性能，分为优等品(A)和合格品(C)。

在产品外观检验中，如有欠火砖、酥砖或螺旋纹砖，则判定该产品不合格。

8.2.3　烧结普通砖的性质与应用

烧结普通砖具有强度较高，耐久性和隔热保温性能均较好的特点，因而主要用于砌筑建筑物的内、外墙、桥、拱、烟囱、沟道及其他构筑物。其中，青砖主要用于仿古建筑或古建筑维修。

烧结普通砖是传统的墙体材料。一般建筑物中墙体材料约占60%左右，目前我国墙体材料中95%左右为烧结普通砖，而且绝大部分是烧结黏土砖。值得一提的是，由于烧结普通黏土砖取土毁田严重，能耗大，砖块小，而且施工效率低、砌体自重大、抗震性差等缺点日益突出。目前，我国许多大、中城市及地区，已开始限制烧结普通黏土砖的使用。烧结多孔砖、烧结空心砖及其他轻质墙体材料，尤其是利用工农业废料生产的砖，正在逐步发展起来，并将逐步替代烧结普通砖。

8.3 烧结多孔砖与烧结空心砖

与烧结普通砖比，烧结多孔砖与烧结空心砖具有自重小、保温性好、节能、施工效率高，并可节土、减少砌筑砂浆用量等优点。

烧结多孔砖和烧结空心砖的生产与烧结普通砖基本相同，但对黏土的可塑性要求更高，生产工艺也基本相同，只是成型时在挤泥机出口装有成孔芯头，采用真空挤泥机，使挤出的泥条具有满足要求的孔洞。

8.3.1 烧结多孔砖

烧结多孔砖原称竖孔空心砖或承重空心砖，因为其强度较高，保温性优于普通砖，所以，一般用于砌筑六层以下建筑物的承重墙。

《烧结多孔砖》（GB 13544—2000）规定烧结多孔砖的主要技术要求有：

1. 外形尺寸

主要有190mm×190mm×90mm，代号为M（代表模数制）的矩形体；240mm×115mm×90mm，代号为P的矩形体。砖孔形有矩形长条孔、圆孔等多种，孔洞持点是：孔径小（≤22mm），孔数多，孔洞方向垂直于承压面方向（见图8.1）。

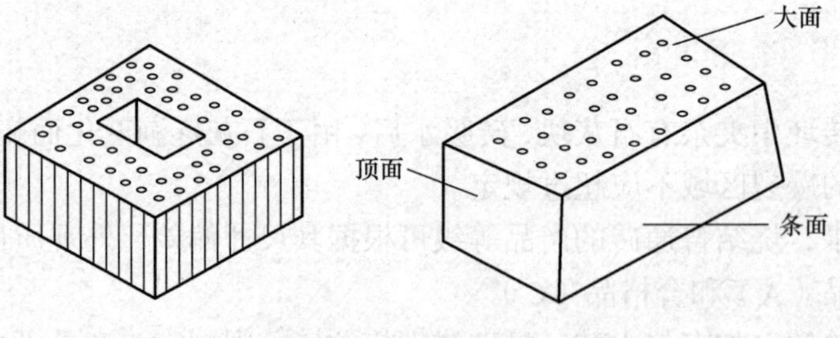

图8.1 烧结多孔砖

2. 强度等级

根据砖样的抗压强度和抗折荷重分为MU30、MU25、MU20、MU15、MU10五个强度等级，其强度应符合表8.1所示规定。

3. 其他性能

包括冻融、泛霜、石灰爆裂、吸水率等内容。其中抗冻性（15次）是以抗压强度、外观质量和质量损失率来评价是否合格的。

此外，产品的外观质量要求也均应符合标准规定。

按上述技术要求，烧结多孔砖根据其尺寸偏差、外观质量、强度等级和各物理性能，将产品分为优等品（A），一等品（B），合格品（C）三个产品等级。

8.3.2 烧结空心砖

烧结空心砖原称水平孔空心砖或非承重空心砖，因其轻质、保温性好，但强度低，所以主要用于非承重墙、框架结构的填充墙烧结空心砖的主要技术要求如下：

1. 外形尺寸

砖型为矩形，常见尺寸有290mm×190mm×90mm、240mm×180（175）mm×115mm等。砖的长、宽、高及尺寸偏差应符合标准规定。砖孔形为矩形条孔或其他形状，孔洞持点是：孔径大，孔数少，孔洞方向平行于大面或条面。

2. 强度等级

烧结空心砖根据其大面和条面的抗压强度分为MU10.0、MU7.5、MU5.0、MU3.5四个强度等级，同时又按其体积密度分为800级、900级、1000级、1100级四个密度级别。按照现行国家标准《烧结空心砖和空心砌块》（GB/T 13545—2014）各产品等级对应的强度等级及指标要求见表8.3所示。

表 8.3　　烧结空心砖强度等级

强度等级	抗压强度平均值 $\overline{f}$ ≥/MPa	变异系数 δ≤0.21	变异系数 δ>0.21
		抗压强度标准 f_k≥	单块最小抗压强度值 f_{min}≥
MU10.0	10.0	7.0	8.0
MU7.5	7.5	5.0	5.8
MU5.0	5.0	3.5	4.0
MU3.5	3.5	2.5	2.8

3. 其他性能

包括冻融、泛霜、石灰爆裂、吸水率等内容。其中抗冻性（15次）是以抗压强度、外观质量和质量损失率来评价是否合格的。

8.4 非烧结砖

不经焙烧而制成的砖均为非烧结砖，如碳化砖、免烧免蒸砖、蒸养（压）砖等。目前，应用较广的是蒸养（压）砖。这类砖是以含钙材料（石灰、电石渣等）和含硅材料（砂子、粉煤灰、煤矸石灰渣、炉渣等）与水拌和，经压制成型，在自然条件或人工水热合成条件（蒸养或蒸压）下，反应生成以水化硅酸钙、水化铝酸钙为主要胶结料的硅酸盐建筑制品。主要品种有灰砂砖、粉煤灰砖、炉渣砖等。

8.4.1 蒸压灰砂砖

蒸压灰砂砖（LSB）是以石英为原料（也可加入着色剂或掺合剂），经配料、拌和、压制成型和蒸压养护（175℃～191℃，0.8～1.2MPa的饱和蒸汽）而制成的。用料中石灰占10%～20%。

灰砂砖的尺寸规格与烧结普通砖相同，为240mm×115mm×53mm。其体积密度为1800～1900kg/m^3，导热系数约为0.61W/（m·K）。根据产品的尺寸偏差和外观质量分为优等品（A）、一等品（B）、合格品（C）三个等级。

灰砂砖按《蒸压灰砂砖》（GB 11945—1999）的规定，根据砖浸水24h后的抗压强度和抗折强度分为MU25、MU20、MU15、MU10四个强度等级。

灰砂砖有彩色（Co）和本色（N）两类。灰砂砖产品名称（LSB）、颜色、强度等级、标准编号的顺序标记。如MU20，优等品的彩色灰砂砖，其产品标记为：

LSB-Co-20-A-GB11945

MU15、MU20、MU25的砖可用于基础及其他建筑；MU10的砖仅可用于防潮层以上的建筑。灰砂砖不得用于长期受热（200℃以上）、受急冷急热和有酸性介质侵蚀的建筑部位，也不宜用于有流水冲刷的部位。

8.4.2 蒸压（养）粉煤灰砖

粉煤灰砖是利用电厂废料粉煤灰为主要原料，掺入适量的石灰和石膏或再加入部分炉渣等，经配料、拌和、压制成型、常压或高压蒸汽养护而成的实心砖。其外形尺寸同普通砖，即长240mm、宽115mm、高53mm，呈深灰色，体积密度约为1500kg/m^3。

根据《粉煤灰砖》（JC/T239—2001）规定的抗压强度和抗折强度，分为MU30、MU25、MU20、MU15、MU10五个强度等级。粉煤灰砖可用于工业与民用建筑的墙体和基础，但用于基础或易受冻融和干湿交替作用的建筑部位，必须使用一等品和优等品。粉煤灰砖不得用于长期受热（200℃以上）、受急冷急热和有酸性介质侵蚀的建筑部位。为避免或减少收缩裂缝的产生，用粉煤灰砖砌筑的建筑物，应适当增设圈梁及伸缩缝。

8.4.3 炉渣砖

炉渣砖是以煤燃烧后的炉渣（煤渣）为主要原料，加入适量的石灰或电石渣、石膏等材料混合、搅拌、成型、蒸汽养护等而制成的砖。其尺寸规格与普通砖相同，呈黑灰色，体积密度为1500～2000kg/m^3，吸水率6%～19%。按其抗压强度和抗折强度分为MU20、MU15、MU10三个强度等级。该类砖可用于一般工程的内墙和非承重外墙，但不得用于受高温、受急冷急热交替作用或有酸性介质侵蚀的部位。

8.5 建筑陶瓷

建筑陶瓷是以黏土为主要原料，经配料、制坯、干燥、焙烧而制成的，用于建筑工程的制品。主要品种有釉面砖、墙地砖、锦砖、卫生陶瓷、琉璃制品等。其中以墙地砖和卫生陶瓷应用最为广泛。

建筑陶瓷具有色彩鲜艳、图案丰富、坚固耐久、防火防水、耐磨耐蚀、易清洗、维修费用低等优点，成为现代建筑工程的主要装饰材料之一。

8.5.1 陶瓷制品的分类

陶瓷制品的品种繁多，为了便于掌握各类产品的特征，通常从不同的角度加以分类。最常用的有以下两种分类方法。

1. 按用途分类

按陶瓷制品的用途可分为日用陶瓷、艺术陶瓷和工业陶瓷。在工业陶瓷中又可分为化工陶瓷、化学陶瓷、电瓷、特种陶瓷以及建筑陶瓷。

2. 按所用原料及坯体的致密程度分类

按陶瓷制品所用原料及坯体的致密程度分为陶器、炻器和瓷器。

（1）陶器

陶器的主要原料是可塑性较高的易熔或难熔黏土。坯体烧结程度不高，呈多孔，有一定的吸水性。制品断面粗糙无光，不透明，敲之声音粗哑，可施釉或不施釉。陶器根据其原料上杂质含量的不同，又可分为粗陶和精陶两种，建筑上用的黏土砖、瓦即为粗陶一类，建筑陶瓷中的地砖、卫生洁具、外墙砖等多属于精陶类。

（2）炻器

炻器以耐火黏土为主要原料制成，烧成温度在1200℃～1300℃。烧后呈浅黄色或白色，制品断面较致密，但仍有3%～5%的吸水率。炻器是介于陶与瓷之间的制品，也称半瓷。建筑上用的釉面内墙砖、陶瓷锦砖即属于炻器。

（3）瓷器

瓷器是以高岭土为主要原料，经过精细加工、成型后在1250℃～1450℃的温度下烧成。坯体致密，呈半透明状，几乎不吸水，色白，耐酸、耐碱、耐热性能均好，日用瓷、电瓷、化学化工瓷多属于此类。

实际上，上述三类陶瓷的原料和制品性能的变化是连续和相互交错的，很难有明确的区分界限。从陶器、炻器至瓷器，其原料从粗到精，烧成温度及烧结程度由低到高，坯体结构从多孔到致密。建筑陶瓷按其组织结构多属陶器至炻器范畴的产品。

8.5.2 常用建筑陶瓷

1. 釉面砖

釉面砖又称内墙面砖，是用于建筑物内墙、柱和其他构件表面的薄片状精陶制品。釉面砖的结构是由坯体和表面釉彩层两部分组成的。

釉面砖按釉面颜色可分为单色（包括白色）釉面砖、花色和图案砖，按其正面形状可分为正方形、长方形和异形配件。釉面砖的厚度为4～5mm，长宽为75～350mm，例如，常用的产品尺寸有150mm×150mm、150mm×75mm等。其产品质量应满足《陶瓷砖》（GB/T 4100—2015）的规定。

釉面砖的持点是：色彩繁多，镶拼图案丰富，表面平整光滑，不易污染，耐水耐蚀，易清洗，耐急冷急热，底坯吸水率不大于21%，但釉面砖的抗干湿交替能力和抗冻性较差。

釉面砖主要用于浴室、厨房、厕所的墙面、台面及试验室桌面，也可用于砌筑水槽、便池。另外，经专门绘画、设计的釉面砖还可以镕成壁画，以此来提高建筑物的装饰效果。

2. 墙地砖

墙地砖是指用于建筑路面、柱面、地面等处的陶质或炻质板状陶瓷制品。其中有彩色釉面陶瓷墙地砖（简称彩釉砖），也有无釉陶瓷墙地砖。

墙地砖按其正面形状可分为正方形、长方形和异形产品，其表面有光滑、粗糙或凹凸花纹之分，有光泽与无光泽质感之分。其背面为了便于和基层黏贴牢固也制有背纹。墙地砖的厚度为8～12mm，长宽范围为60～400mm。例如，常用的规格有100mm×100mm、150mm×150mm、300mm×150mm等。其产品质量应分别满足《彩色釉面陶瓷墙地砖》及《无釉陶瓷地砖》的规定。

墙地砖的持点是色彩鲜艳、表面平整（其中用于地面的主要有红、黄、蓝、绿色，且表面光泽差，多无釉，有的带凹凸花纹），可拼成各种图案，有的还可仿天然石材的色泽和质感。墙面砖吸水率不大于10%（寒冷地区用于室外的面砖，其吸水率应小于3%），冻融循环次数不少于20次，抗弯强度不低于24.5MPa，耐磨耐蚀，防火防水，易清洗，不脱色，耐急冷急热。但也有造价偏高，工效低、自重大等不足。

墙地砖主要用于装饰等级要求较高的建筑内外墙、柱面及室内、外通道、走廊、门厅、展厅、浴室、厕所、厨房及人流出入频繁的站台、商场等民用及公共场所的地面，也可用于工作台面及耐腐蚀工程的衬面等。

3. 陶瓷锦砖

陶瓷锦砖也称马赛克，是用优质瓷土烧制而成的形状各异的小块薄片陶瓷材料，多属瓷质，因其有多种颜色和多种形状图案故称锦砖。

锦砖由于尺寸小、不便施工，更不便直接在建筑物上构成符合设计要求的装饰图案，因此，须经过铺贴工序，把单块的锦砖按一定规格尺寸和图案反贴在牛皮纸上，每张大小约有300mm×300mm，厚3～4mm。单块小砖有正方、长方、对角、斜长条和六角等形状，砖表面有光滑和稍毛两种，又分有釉和无釉（目前各地产品多为无釉）的，按拼成图案可分为单色和拼花两种。其产品质量应满足《陶瓷马赛克》（JC 456—2005）的规定。

锦砖的特点是：颜色多样，图案丰富，质地坚硬，其体积密度为2300～2400kg/m^3，抗压强度为150～200MPa，吸水率不大于0.2%（有釉锦砖不大于1.0%），适用于-40℃～100℃的环境，且耐酸耐碱，耐火耐磨，抗冻抗渗，防滑易洗，永不退色。

锦砖主要用于建筑外墙面及卫生间、厨房等处的地面。与墙地砖相比，具有耐久、砖块薄、自重轻、造价较低等优点。但用于外墙时，尤其是重要建筑，要考虑雨水反复流淌对其表面的污染。此外，用于装饰地面时，由于表面缝格较多，使用一段时间后，缝格内污染严重且清理麻烦，因而，卫生间、厨房地面，待别是较讲究的宾馆等公共场所，近年来已逐渐用大尺寸的墙地砖代替锦砖。

4. 琉璃制品

琉璃制品是以难熔黏土作原料，经成型、素烧，表面涂琉璃釉料后，再经烧制而成的制品。其釉料是以石英、铅丹为主要原料，加入着色剂而成的。釉色有金、黄、蓝、绿、紫等色。

琉璃制品是我国首创的建筑装饰材料，由于多用于园林建筑中，故有园林陶瓷之称。其产品有琉璃瓦、琉璃砖、琉璃兽及各种琉璃部件（花窗、栏杆等）及室内陈设工艺品等。

琉璃制品是富有中国民族传统特色的装饰材料，其不仅造型古朴，历史悠久，而且具有色彩绚丽，表面光滑，不易污染，质地坚硬，使用耐久等特点。其产品质量应满足《建筑琉璃制品》的规定。

琉璃制品用于具有中国特色建筑的屋面装修，常用于檐口、墙壁、柱头及欲美化的各部位。但由于其成本甚高，因而现在仅限用于古建筑的修复，纪念建筑及园林建筑中的亭、台、楼、阁等。

8.6 玻璃及其制品

玻璃是以石英砂、纯碱、长石和石灰石等为主要原料，经熔融、成形、冷却固化而成的非结晶无机材料。它具有一般材料难于具备的透明性，具有优良的机械力学性能和热工性质。而且，随着现代建筑发展的需要，逐渐向多功能方向发展。玻璃的深加工制品能具有控制光线、调节温度、防止噪声和提高建筑艺术装饰等功能。所以，玻璃已不只是采光材料，而是现代建筑的一种结构材料和装饰材料，从而扩大了其使用范围，成为现代建筑工程的重要材料之一。

8.6.1 玻璃的组成、分类及性质

1. 玻璃的组成与分类

（1）玻璃的组成

玻璃的组成很复杂，其主要化学成分为SiO_2（含量72%左右）、Na_2O（含量15%左右）、CaO（含量8%左右），另外还含有少量Al_2O_3、MgO等，它们对玻璃的性质起着十分重要的作用，改变玻璃的化学成分、相对含量和制备工艺，可获得性能和应用范围绝然不同的各类玻璃制品。为使玻璃具有某种特性或改善玻璃的工艺性能，还可加入少量的助熔剂、脱色剂、着色剂、乳浊剂和发泡剂等。玻璃中主要化学成分的作用如表8.4所示。

（2）玻璃的分类

玻璃的种类很多，按其化学成分可分为硅酸盐玻璃、磷酸盐玻璃、硼酸盐玻璃和铝酸盐玻璃等。其中以硅酸盐玻璃应用最广，它是以二氧化硅为主要成分，另外还含有一定量的Na_2O和CaO，故又称为钠钙硅酸盐玻璃，为常用的建筑玻璃。若以K_2O代替Na_2O，并提高SiO_2含量，则成为制造化学仪器用的钾硅酸盐玻璃。若引入MgO，并以Al_2O_3替代部分SiO_2，则成为制造无碱玻璃纤维和高级建筑玻璃的铝硅酸盐玻璃。

表 8.4　　玻璃中主要氧化物的作用

氧化物名称	作用	
	增加	降低
SiO_2	化学稳定性、耐热性、机械强度	密度、热膨胀系数
Na_2O	热膨胀系数	化学稳定性、热稳定性
CaO	硬度、强度、化学稳定性	耐热性
Al_2O_3	化学稳定性、韧性、硬度、强度	析晶倾向
MgO	化学稳定性、耐热性、强度	韧性

2. 玻璃的性质

（1）玻璃的密度

玻璃内几乎无孔隙，属于致密材料。其密度与化学成分有关，含有重金属离子时密度较大，含大量PbO的玻璃密度可达6.58g/cm^3。普通玻璃的密度为2.5～2.68 g/cm^3。

（2）玻璃的光学性质

玻璃具有优良的光学性质，广泛用于建筑物的采光、装饰，及光学仪器和日用器皿。

当光线入射玻璃时，表现有反射、吸收和透射三种性质。光线透过玻璃的性质称远射，以远光率表示。光线被玻璃阻挡，按一定角度反射出来称为反射，以反射率表示。光线通过玻璃后，一部分光能量被损失，称为吸收，以吸收率表示。玻璃的反射率、吸收率、远光率之和等于入射光的强度，为l00%。玻璃的用途不同，要求这三项光学性质所占的百分比不同。用于采光、照明时要求透光率高，如3mm厚的普通平板玻璃的透光率大于等于85%。用于遮光相隔热的热反射玻璃，要求反射率高，如反射型玻璃的反射率可达48%以上，而一般洁净玻璃仅7%～9%。用于隔热、防眩作用的吸热玻璃，希望它能吸收大量红外线辐射能，同时又保持良好的透射性。

玻璃对光的吸收与玻璃的组成、厚度及入射光的波长有关。不同玻璃对不同波长的光具有选择性吸收，此时通过玻璃出来的光，将改变其原来光谱组成而获得某种颜色的光。例如在玻璃中加入钴、镍、铜、锰、铬等氧化物而相应呈现蓝、灰、红、紫、绿等颜色，由此可制成有色玻璃。当加入Fe^{2+}、V^{4+}、Cu^{2+}等金属离子，则可吸收波长为0.7～5μm的红外线，从而可制成吸热玻璃。

（3）玻璃的热工性质

玻璃的热工性质主要是指其比热和导热系数。玻璃的比热随温度升高而增加，它还与化学成分有关，当含Li_2O、SiO_2、B_2O_3等氧化物时比热增大；含PbO、BaO时其值降低。玻璃的比热一般为（0.33～1.05）×10^3J/（g·K）。

玻璃是热的不良导体，它的导热系数随温度升高而降低，它还与玻璃的化学组成有关，增加SiO_2、Al_2O_3时其值增大。石英玻璃的导热系数最大，为1.344W/（m·K），普通玻璃的导热系数为0.75～0.92W/（m·K）。由于玻璃传热慢，所以在玻璃温度急变时，沿玻璃的厚度从表面到内部，有着不同的膨胀量，由此而产生内应力，当应力超过玻璃极限强度时就造成碎裂破坏。

（4）力学性质

玻璃的抗压强度与其化学成分、制品结构和制造工艺有关。二氧化硅含量高的玻璃有较高的抗压强度，而氧化钙、氧化纳及氧化钾等氧化物是降低抗压强度的因素。玻璃的抗压强度高，一般为600～1200MPa，而抗拉强度很小，为40～80MPa，故玻璃在冲击力作用下易破碎，是典型的脆性材料。玻璃在常温下具有弹性的性质，普通玻璃的弹性模量为6～7.5×10^4MPa，为钢的1/3，而与铝相接近。但随着温度升高，弹性模量下降，出现塑性变形。

（5）化学性质

玻璃具有较高的化学稳定性，在通常情况下对水、酸、碱以及化学试剂或气体等具有较强的抵抗能力，能抵抗氢氟酸以外的各种酸类的侵蚀。但如果玻璃组成中含有较多易蚀物质，在长期受到侵蚀介质的腐蚀下，化学稳定性将变差，导致玻璃损坏。

8.6.2 普通平板玻璃

平板玻璃是片状无机玻璃的总称，建筑用的平板玻璃属于钠钙玻璃。

平板玻璃的传统成型法为“引上法”，该法是采用一定措施，用垂直引上机将玻璃液向上引成玻璃带，引上的玻璃带按一定的热工制度进行冷却和退火，经切割即得平板玻璃。此法生产的玻璃质量不够理想，20世纪60年代后，浮法生产玻璃工艺在世界范围内发展起来。所谓“浮法”生产就是将玻璃液从熔炉中连续流入锡槽内，浮在干净的锡液上成为厚度均匀、上下两面平行、平整和光洁的玻璃带，冷却硬化后，再经退火，切割即得浮法玻璃。近几年来，由于浮法玻璃生产发展迅速，我国平板玻璃年产量已跃居世界首位。与引上法玻璃相比，浮法玻璃具有表面平整、光洁，接近机械磨光玻璃的水平。

平板玻璃是建筑玻璃中用量最大的一种，它包括如下几种。

1. 窗用平板玻璃

窗用平板玻璃也称平光玻璃或净片玻璃，简称玻璃，是未经研磨加工的平板玻璃。主要用于建筑物的门窗、墙面、屋面采光、室外装饰等，起着透光、隔热、隔声、挡风和防护的作用，也可用于商店柜台、橱窗及一些交通工具（汽车、轮船等）的门窗等。

窗用平板玻璃的厚度一般有2、3、4、5、6mm五种，其中2～3mm厚的，常用于民用建筑，4～6mm厚的，主要用于工业及高层建筑。浮法玻璃可有3、4、5、6、8、10、12mm厚的七种。普通窗用玻璃无色而透明，并有多种规格，其计量单位为标准箱，少量的可用m^2计算，其标准箱与质量箱的换算见表8.5。

表 8.5　普通平板玻璃各种厚度标准和重量箱的换算

厚度/mm	折合标准箱		折合重量箱	
	每 $10m^2$ 折算标准箱数	每 1 标准箱折合 m^2 数	每 $10m^2$ 折合 kg 数	每 $10m^2$ 折合质量箱
2	1.0	10.00	50	1.0
3	1.6	6.06	75	1.5
4	2.5	—	—	2.0
5	3.5	2.85	125	2.5
6	4.5	2.22	150	3.0
8	6.5	1.54	200	4.0
10	8.5	1.17	250	5.0
12	10.5	0.95	300	6.0

标准箱（又称基准任务箱），其概念是厚度为2mm的窗用平板玻璃每$10m^2$为一个标准箱（重40～50kg），其他厚度者按表8.5折算。质量箱是指2mm厚度的平板玻璃每一标准箱的质量。

普通窗用玻璃按外观质量可分为特等品、一等品、二等品共三类。

2. 磨光玻璃

也称镜面玻璃或白片玻璃，是经磨光抛光后的平板玻璃，分单面磨光和双面磨光两种。对玻璃磨光是为了消除玻璃中含有波筋等缺陷。

磨光玻璃表面平整光滑且有光泽，从任何方向透视或反射景物都不发生变形，其厚度一般为5～6mm，尺寸可根据需要制作。常用以安装大型高级门窗、橱窗或制镜。

3. 磨砂玻璃

也称毛玻璃，是用机械喷砂，手工研磨或使用氢氟酸溶液等方法，将普通平板玻璃表面处理为均匀毛而成的。该玻璃表面粗糙，使光线产生漫反射，具有透光不透视的特点，且使室内光线柔和：除透明度以外，磨砂玻璃的规格、质量等均同于窗用玻璃，它常被用于卫生间、浴室、厕所、办公室、走廊等处的隔断，也可作黑板的板面。

4. 有色玻璃

也称彩色玻璃，分透明和不透明两种。前者是在玻璃原料中加入一定量着色剂（为金属氧化物）而成的，后者是将4～6mm厚的玻璃切成所要求的形状和尺寸，经清洗、喷釉、烘烤、退火而成的。该玻璃具有耐腐蚀、抗冲刷、易清洗等优点，并可拼成各种图案和花纹。运用于门窗、内外墙面及对光有特殊要求的采光部位。

5. 彩绘玻璃

一种用途广泛的高档装饰玻璃产品。屏幕彩绘技术能将原画逼真地复制到玻璃上，这是其他装饰方法和材料很难比拟的。它不受玻璃厚度、规格大小的限制，可在平板玻璃上作出各种透明度的色调和图案，而且彩绘涂膜附着力强，耐久性好，可擦洗，易清洁。彩绘玻璃可用于家庭、写字楼、商场及娱乐场所的门窗、内外寨墙、天棚吊顶、灯箱、壁饰、家具、屏风等，利用其不同的图案和画面来达到较高艺术情调的装饰效果。

6. 光栅玻璃

光栅玻璃也称镭射玻璃，是以玻璃为基材，经激光表面微刻处理形成的激光装饰材料，是应用现代高新技术采用激光全息变光原理，将摄影美术与雕塑的特点融为一体，使普通玻璃在白光条件下现出五光十色的三维立体图像。

光栅玻璃是依据不同需要，利用电脑设计，激光表面处理，编入各种色彩、图形及各种色彩变换方式，在普通玻璃上形成物理衍射分光和全息光栅或其他光栅，凹与凸部形成四面对应分布或散射分布，构成不同质感、空间感，不同立面的透镜，加上玻璃本身的色彩及射入的光源，致使无数小透镜形成多次棱镜折射，从而产生不时变换的色彩和图形，具有很高的观赏与艺术装饰价值，是国际上刚刚兴起的一种新型装饰玻璃。

光栅玻璃耐冲击性、防滑性、耐腐蚀性均好，适用于家居及公共设施和文化娱乐场所的大厅、内外墙面、门面招牌、广告牌、顶棚、屏风、门窗等美化装饰。

8.6.3 深加工玻璃及其应用

将普通平板玻璃经加工制成具有某些特种性能的玻璃，称为深加工玻璃制品，其主要品种如下。

1. 安全玻璃

玻璃是脆性材料，当外力超过一定值后即碎裂成具有尖锐棱角的碎片，破坏时几乎没有塑性变形。另外，由于玻璃在成形冷却过程中内部产生了不均匀的内应力，也加剧了玻璃的脆性。为减小玻璃的脆性，提高其强度，通常采用的方法有：用退火法消除内应力；用物理钢化（淬火）或化学钢化法使玻璃中形成可缓解外力作用的均匀的预应力；消除玻璃表面缺陷；采用夹层和夹丝等方法。使用上述方法改性后的玻璃称为安全玻璃。常用的安全玻璃有钢化玻璃、夹丝玻璃和夹层玻璃等。

（1）钢化玻璃

钢化玻璃是采用普通平板玻璃、磨光玻璃或吸热玻璃等进行淬火加工而成的。

钢化玻璃的加工通常采用物理钢化法。即将平板玻璃放入加热炉中，加热到接近其软化温度（约650℃）并保持一定时间（一般3～5min），然后移出加热炉并随即用多头喷咀向玻璃两面喷吹冷空气，使之迅速均匀冷却，冷至室温后就成为高强度的钢化玻璃。

由于冷却过程中，玻璃的两个表面首先冷却硬化，待内部逐渐冷却并伴随体积收缩时，已硬化的外表势必阻止内部的收缩，从而使玻璃处于内部受拉、外表受压的应力状态。当玻璃受弯时，表面的压应力可抵消部分受弯引起的拉应力，即减小了实际受拉应力，且玻璃的抗压强度较高，受压的应力虽然增加了，但是远不至于使玻璃破坏，从而提高了玻璃的抗弯能力。处于这种应力状态的玻璃，一旦受损，便产生应力崩溃，碎成无数无尖锐棱角的小块，故称安全玻璃。

（2）夹层玻璃

夹层玻璃系两片或多片玻璃之间以嵌夹透明塑料薄片，经加热、加压黏合而成。

生产夹层玻璃的原片可采用一等品的引上法平板玻璃或浮法玻璃，也可为钢化玻璃、夹丝抛光玻璃、吸热玻璃、热反射玻璃或彩色玻璃，玻璃厚度可为2、3、5、6、8（mm）。夹层玻璃的层数有3、5、7层，最多可达9层，达9层时则一般子弹不易穿透，成为防弹玻璃。

夹层玻璃按形状可分为平面和曲面两类。按夹层玻璃的特性分有多个品种：如破碎时能保持能见度的减薄型；可减少日照量和眩光的遮阳型，通电后可保持表面干燥的电热型；防弹型；玻璃纤维增强型；报警型，防紫外线型以及隔声夹层玻璃等。夹层玻璃的抗冲击性能比平板玻璃高几倍，破碎时只产生裂纹而不分离成碎片，不致伤人。它还具有耐久、耐热、耐湿、耐寒和隔音等性能，适用于有特殊安全要求的建筑物的门窗、隔墙、工业厂房的天窗和某些水下工程等。

（3）夹丝玻璃

夹丝玻璃是将平板玻璃加热到红热软化状态，再将预热处理的铁丝网或铁丝压入玻璃中而制成。夹丝玻璃的表面可以是压花或磨光的，颜色可以是无色透明或彩色。与普通平板玻璃相比，它的耐冲击性和耐热性好，在外力作用和温度剧变时，破而不散。

夹丝玻璃适用于公共建筑的阳台、楼梯、电梯间、走廊、厂房天窗和各种采光屋顶。

2. 温控、声控和光控玻璃

（1）吸热玻璃

吸热玻璃是能吸收大量红外线辐射能、并保持较高可见光透过率的平板玻璃。

生产吸热玻璃的方法有两种：一种是在普通钠钙硅酸盐玻璃的原料中加入一定量的有吸热性能的着色剂，如氧化铁、氧化镍、氧化钴以及硒等；另一种是在平板玻璃表面喷镀一层或多层金属或金属氧化物薄膜而制成。吸热玻璃的颜色有灰色、茶色、蓝色、绿色、古铜色、青铜、粉红色和金黄色等。我国目前主要生产前三种颜色的吸热玻璃。厚度有2、3、5和6（mm）四种规格。吸热玻璃还可进一步加工制成磨光、钢化、夹层或中空玻璃。

吸热玻璃与普通平板玻璃相比具有以下特点。

① 吸收太阳辐射热。如6mm厚透明浮法玻璃，在太阳光照射下总透过热为84%，而同样条件下吸热玻璃的总透过热量为60%。吸热玻璃的颜色和厚度不同，对太阳辐射热的吸收程度也不同。

② 吸收太阳可见光，减弱太阳光的强度，起到反眩作用。

③ 具有一定的透明度，并能吸收一定的紫外线。

由于上述特点，吸热玻璃已广泛用于建筑物的门窗、外墙以及用作车、船挡风玻璃等，起到隔热、防眩、采光及装饰等作用。

（2）热反射玻璃

热反射玻璃是有较高的热反射能力而又保持良好透光性的平板玻璃，它是采用热解法、真空蒸镀法、阴极溅射等方法，在玻璃表面涂以金、银、铜、铝、铬、镍和铁等金属或金属氧化物薄膜，或采用电浮法等离子交换方法，以金属离子置换玻璃表层原有离子而形成热反射膜。热反射玻璃也称镜面玻璃，有金色、茶色、灰色、紫色、褐色、青铜色和浅蓝等各色。

热反射玻璃的热反射率高，如6mm厚浮法玻璃的总反射热仅16%，同样条件下，吸热玻璃的总反射热为40%，而热反射玻璃则可达61%，因而常用它制成中空玻璃或夹层玻璃，以增加其绝热性能。镀金属膜的热反射玻璃还有单向透像的作用，即白天能在室内看到室外景物，而室外却看不到家内的景像。

热反射玻璃主要用于有绝热要求的建筑物门窗、玻璃幕墙、汽车和轮船的玻璃窗等。

（3）中空玻璃

中空玻璃是将两片或多片平板玻璃相互间隔6～12mm，镶于边框中，且四周密封而成。间隔空腔中充填干燥空气或惰性气体，也可在框底放置干燥剂。为获得更好的声控、光控和隔热等效果，还可充以各种能漫射光线的材料、电介质等。

中空玻璃的生产方法有熔接法、焊接法和胶接法三种。熔接法是用金属铝或铅加热熔融后滴涂于玻璃四周，然后将金属条带夹垫在玻璃之间进行固定。焊接法是用玻璃条夹垫在玻璃之间，直接熔焊连接。目前应用较普遍的是采用有机胶黏剂胶接。中空玻璃可以根据要求，选用各种不同性能和规格的玻璃原片，如浮法玻璃、钢化玻璃、夹层玻璃、夹丝玻璃、压花玻璃、彩色玻璃、热反射玻璃、吸热玻璃等制成。玻璃片厚度可为3、4、5和6（mm），充气层厚度一般有6、9和12（mm），中空玻璃厚度可为12～42mm。

中空玻璃主要用于需要采暖、空调、防止噪声、防结露及需要无直接阳光和特殊光的建筑物门窗。

复习思考题

1. 为什么要用烧结多孔砖、烧结空心砖及新型轻质墙体材料替代普通黏土砖？
2. 什么是蒸压灰砂砖、蒸压粉煤灰砖？它们的主要用途是什么？
3. 常用的陶瓷饰面材料有哪几种？各有何用途？
4. 釉面砖为何不宜用于室外？
5. 试述玻璃的主要技术性能。
6. 生产普通平板玻璃的常用方法有哪几种？其产品规格有哪些？
7. 何谓平板玻璃的标准箱和重量箱？某工程需用5mm厚的平板玻璃50m^2，问合多少标准箱和多少重量箱？
8. 安全玻璃有哪些品种？简述各种安全玻璃的生产、特性及应用。
9. 何谓吸热玻璃、热反射玻璃和中空玻璃？

第9章 金属材料

铝合金是由铝中加入适量的某些合金元素制成，再经冷加工或热处理，大幅度地提高其强度。根据铝合金的成分和生产工艺特点，通常将其分为变形铝合金和铸造铝合金两类。由于铝材表面的自然氧化膜很薄而耐腐蚀性有限，为了提高铝材的抗蚀性，可用人工方法增加其氧化膜厚度，常用的方法是阳极氧化处理。在氧化处理的同时，还可进行表面着色处理，以增加铝合金制品的外观美。

建筑钢材的性能主要包括力学性能（拉伸性能、冲击韧性、硬度等）、工艺性能（冷弯性能、可焊性等）和耐久性（如锈蚀）。钢材中除了铁、碳以外，还含有硅、锰、磷、硫等元素，这些元素对钢的性能都有不同程度的影响，在建筑工程中应用最广泛的钢主要是碳素结构钢、低合金高强度结构钢，钢筋主要有热轧光圆钢筋、热轧带肋钢筋、低碳钢热轧圆盘条、预应力钢丝、冷轧带肋钢筋、热处理钢筋等品种。此外，还有钢丝与钢绞线以及不锈钢制品等等。

学习目标

- 掌握铝合金的冶炼、特性及分类。
- 了解常用的铝合金制品。
- 掌握钢材的技术性质、化学成分及其对性能的影响。
- 了解常用的建筑钢材和钢筋等金属材料。
- 能在建筑工程中合理地选用金属材料。

9.1 铝合金及其制品

铝具有银白色，属于有色金属。作为化学元素，铝在地壳组成中的含量仅次于氧和硅，占第二位，约为8.13%。

9.1.1 铝合金

1. 铝的冶炼及其特性

（1）铝的冶炼

铝在自然界中以化合物状态存在。炼铝的主要原料是铝矾土，其主要成分为一水铝（$Al_2O_3 \cdot H_2O$）和三水铝（$Al_2O_3 \cdot 3H_2O$），另外还含少量氧化铁、石英和硅酸盐等，其中三氧化二铝（Al_2O_3）含量高达47%～65%。

铝的冶炼是先从铝矿石中提炼出三氧化二铝（Al_2O_3），提炼氧化铝的方法有电热法、酸法和碱法三种。然后再由氧化铝（Al_2O_3）通过电解得到金属铝。电解铝一般采用熔盐电解法，主要电解质为水晶石（Na_2AlF_6），并加入少量的氟化钠、氟化铝，以调节电解液成分。电解出来的铝尚含有少量铁、硫等杂质，为了提高品质再用反射炉进行提纯，在730℃～740℃下保持6～8h使其再熔融，分离出杂质，然后把铝液浇入铸锭制成铝锭。高纯度铝的纯度可达99.996%，普通纯铝的纯度在99.5%以上。

（2）纯铝的特性

铝属于有色金属中的轻金属，密度为2.7g/cm^3，是钢的三分之一。铝的熔点低，为660℃。铝的导电性和导热性均很好。

铝的化学性质很活泼，它和氧的亲和力很强，在空气中表面容易生成一层氧化铝薄膜，起保护作用，使铝具有一定耐腐蚀性。但出于自然生成的氧化铝膜层很薄（一般小于0.1μm），因而其耐蚀性亦有限。纯铝不能与卤属元素接触，不耐碱，也不耐强酸。

铝的电极电位较低，如与电极电位高的金属接触并且有电解质存在时，会形成微电池，产生电化学腐蚀。所以用于铝合金门窗等铝制品的连接件应当用不锈钢件。

固态铝呈面心立方晶格，具有很好的阳性（伸长率δ=40%），易于加工成型。但纯铝的强度和硬度很低，不能满足使用要求，故工程中不用纯铝制品。

2. 铝合金及其特性

在生产实践中，人们发现向熔融的铝中加入适量的某些合金元素制成铝合金，再经冷加工或热处理，可以大幅度地提高其强度，甚至极限抗拉强度可高达400～500MPa，相近于低合金钢的强度。

铝中最常加入的合金元素有铜（Cu）、镁（Mg）、硅（Si）、锰（Mn）、锌（Zn）等，这些元素有时单独加入，有时配合加入，从而制得各种各样的铝合金。铝合金克服了纯铝强度和硬度过低的不足，又仍能保持铝的轻质、耐腐蚀、易加工等优良性能，故在建筑工程中儿其在装饰领域中应用越来越广泛。

表9.1所示为铝合金与碳素钢性能比较。由表可知，铝合金的弹性模量约为钢的1/3，而铝合金的比强度却为钢的2倍以上。由于弹性模量较低，铝合金的刚度和承受弯曲的能力较小。铝合金的线胀系数约为钢的2倍，但因其弹性模量小，由温度变化引起的内应力并不大。

表 9.1　铝合金与碳素钢性能比较

项目	铝合金	碳素钢
密度 ρ/（g·cm^{-3}）	2.7～2.9	7.8
弹性模量 E/MPa	63000～80000	210000～220000
屈服点 σ_s/MPa	210～500	210～600
抗拉强度 σ_b/MPa	380～550	320～800
比强度（σ_s/ρ）/MPa	73～190	27～77
比强度（σ_b/ρ）/MPa	140～220	41～98

3. 铝合金的分类及牌号

（1）铝合金的分类

根据铝合金的成分和生产工艺特点，通常将其分为变形铝合金和铸造铝合金两类。

变形铝合金是指这类铝合金可以进行热态或冷态的压力加工，即经过轧制、挤压等工序，可制成板材、管材、棒材及各种异型材使用。这类铝合金要求其具有相当高的塑性。铸造铝合金则是将液态铝合金直接浇注在砂型或金属模型内，铸成各种形状复杂的制件。对这类铝合金则要求其具有良好的铸造性，即有良好的流动性、小的收缩性及高的抗热裂性等。

变形铝合金又可分为不能热处理强化和可以热处理强化的两种。前者不能用淬火的方法提高强度，如Al-Mn、Al-Mg合金；后者可以通过热处理的方法来提高其强度，如Al-Cu-Mg（硬铝）、Al-Zn-Mg（超硬铝）、Al-Si-Mg（锻铝）合金等。不能热处理强化的铝合金一般是通过冷加工（辗压、拉拔等）过程而达到强化的，它们具有适中的强度和优良的塑性，易于焊接，并有很好的抗蚀性，我国统称之为防锈铝合金。可热处理强化的铝合金其机械性能主要靠热处理来提高，而不是靠冷加工强化来提高。热处理能大幅度提高强度而不降低塑性。用冷加工强化虽然能提高强度，但使塑性迅速降低。

（2）铝合金的牌号

① 铸造铝合金的牌号。目前应用的铸造铝合金有铝硅（Al-Si）、铝铜（Al-Cu）、铝镁（Al-Mg）及铝锌（Al-Zn）四个组系。

铸造铝合金的牌号用汉语拼音字母“ZL”（铸铝）和三位数字组成。如ZL101、ZL201等。三位数字中的第一数（1～4）表示合金组别。其中1代表铝硅合金、2代表铝铜合金、3代表铝镁合金、4代表铝锌合金。后面两位数表示该合金顺序号。

② 变形铝合金的牌号。变形铝合金可分为防锈铝合金、硬铝合金、超硬铝合金、锻铝合金和特殊铝合金等几种，通常它们以汉语拼音字母作为代号，相应表示为：LF、LY、LC、LD和LT。变形铝合金的牌号用其代号加顺序号表示，如$LF_{12}LD_{31}$等。目前的建筑工程中应用的变形铝合金型材，主要是由锻铝合金（LD）和特殊铝合金（LT）制成。

4. 铝合金型材的生产

由于建筑用铝合金型材品种规格繁多，断面形状复杂，且尺寸和表面质量要求严格，因此其生产方法和钢型材完全不同。

建筑铝合金型材的生产有挤压法和轧制法两种，目前国内外绝大多数采用挤压法，只有在生产批量较大、尺寸和表面要求较低的中、小规格棒材及断面形状简单的型材时才采用轧制法。挤压工艺按被挤压金属相对于挤压轴的运动方向不同而分为正挤压和反挤压两种。目前建筑铝型材的生产大多为正挤压法。挤压时，将铸锭放入挤压筒中，在挤压轴的压力作用下，使铝材通过模孔而挤出，则制得与模孔尺寸和形状相同的挤压制品。

5. 铝合金的表面处理

由于铝材表面的自然氧化膜很薄而耐腐蚀性有限，为了提高铝材的抗蚀性，可用人工方法增加其氧化膜厚度，常用的方法是阳极氧化处理。在氧化处理的同时，还可进行表面着色处理，以增加铝合金制品的外观美。现分述如下：

（1）阳极氧化处理

阳极氧化处理是通过控制氧化条件及工艺参数，在经过预处理的铝材表面形成比自然氧化膜（厚小于0.1μm）厚得多的氧化膜层（厚5～20μm）。

阳极氧化的原理实质上就是水的电解。它是以铝合金制品为阳极，化学稳定性高的材料（如铅、不锈钢）为阴极，置于电解质溶液（如硫酸等）中，当电流通过时，在阴极上放出氢气，在阳极上生成氧，氧与三价铝离子结合，形成氧化铝膜层。即：

$$\text{阴极}\quad 2H^{+}+2e^{-}\rightarrow H_2\uparrow$$

$$\text{阳极}\quad 2Al^{3+}+3O^{2-}\rightarrow Al_2O_3+\text{热量}$$

（2）表面着色处理

经中和水洗或阳极氧化后的铝型材，可以进行表面着色处理。着色方法有自然着色法、电解着色法和化学着色法等。常用的主要是自然着色法和电解着色法。

铝材在特定的电解液和电解条件下进行阳极氧化的同时而产生着色的方法叫自然着色法。自然着色法按着色原理又可分为合金着色法和溶液着色法两种。合金着色法也叫自然发色法，它是通过控制合金成分、热加工和热处理条件而使表面氧化膜着色的。不同的铝合金由于合金成分及含量不同，在常规硫酸及其他有机酸溶液中，阳极被氧化所生成的氧化膜颜色也不同。溶液着色法也叫电解发色法，它是靠控制电解质溶液成分及阳极氧化条件而使氧化膜着色的。目前实际应用的自然着色法是合金着色与溶液着色法的综合，即既要控制合金成分及含量，又要控制电解液的成分和阳极氧化条件。

对在常规硫酸液中生成的氧化膜进一步进行电解，使电解液中所含金属盐的金属阳离子沉积到氧化膜孔底而着色的方法叫电解着色法。电解着色法的本质就是电镀。

铝合金型材经阳极氧化、着色后的膜层为多孔状，具有很强的吸附能力，很容易吸附有害物质而被污染或早期腐蚀，从而影响外观和使用性能。因此，在表面处理后应采取一定的方法，将膜层的孔加以封闭，使之丧失吸附能力，从而提高氧化膜的抗污染和耐蚀性，这种处理过程称为封孔处理。建筑铝材的常用封孔方法有水合封孔、无机盐溶液封孔和透明有机涂层封孔等。

9.1.2 常用铝合金制品

1. 铝合金门窗

铝合金门窗是将按特定要求成型并经表面处理的铝合金型材，经下料、打孔、铣槽、攻丝等加工，制得门窗框料构件，再加连接件、密封件、开闭五金件等一起组合装配而成。

铝合金门窗按其结构与开启方式可分为：推拉窗（门）、平开窗（门）、悬挂窗、回转窗（门）、百叶窗、纱窗等。

（1）铝合金门窗的性能要求

铝合金门窗产品通常要进行以下主要性能的检验：

① 强度。测定铝合金门窗的强度是在压力箱内进行的，通常用窗扇中央最大位移量小于窗框内沿高度的1/70时所能承受的风压等级表示。如A类（高性能窗）平开铝合金窗的抗风压强度值为3000～3500Pa。

② 气密性。气密性是指在一定压力差的条件下，铝合金门窗空气渗透性的大小。通常是放在专用压力试验箱中，使窗的前后形成10Pa以上的压力差，测定每m^2面积的窗在每小时内的通气量。如A类平开铝合金窗的气密性为0.5～1.0m^3/（m^2·h），而B类（中等性能窗）为1.0～1.5 m^3/（m^2·h）。

③ 水密性。水密性是指铝合金门窗在不渗漏雨水的条件下所能承受的脉冲平均风压值。通常在专用压力试验箱内，对窗的外侧施加周期为2s的正弦脉冲风压，同时向窗以每分钟每m^2喷

射4L的人工降雨，经连续进行10min的风雨交加试验，在室内一侧不应有可见的渗漏水现象。例如A类平开铝合金窗的水密性为450～500Pa，而C类（低性能窗）为250～350Pa。

④ 隔热性。铝合金门窗的隔热性能常按传热阻值（m^2·K/W）分为3级，即I级≥0.50，Ⅱ级≥0.33，Ⅲ级≥0.25。

⑤ 隔声性。铝合金门窗的隔声性能常用隔声量（dB）表示。它是在音响试验室内对其进行音响透过损失试验。隔声铝合金窗的隔声量在25～40dB以上。

⑥ 开闭力。铝合金窗装好玻璃后，窗户打开或关闭所需的外力应在49N以下，以保证开闭灵活方便。

（2）铝合金门窗的技术标准

随着我国铝合金门窗生产和应用的迅速发展，现已颁布了一系列有关铝合金门窗的国家标准。

① 产品代号。根据有关标准规定，铝合金门窗的产品代号如表9.2所示。

表 9.2 铝合金门窗产品代号

产品名称	平开铝合金窗		平开铝合金门		推拉铝合金窗		推拉铝合金门	
	不带纱扇	带纱扇	不带纱扇	带纱扇	不带纱扇	带纱扇	不带纱扇	带纱扇
代号	PLC	APLC	PLM	SPLM	TLC	ATLC	TLM	STLM
产品名称	滑轴平开窗		固定窗	上悬窗	中悬窗	下悬窗	主转窗	
代号	HPLC		GLC	SLC	CLC	XLC	LLC	

② 平开铝合金门窗和推拉铝合金门窗的品种规格见表9.3所示。

表 9.3 铝合金门窗品种规格

名称	洞口尺寸/mm		厚度基本尺寸系列/mm
	高	宽	
平开铝合金窗	600，900，1200，1500，1800，2100	600，900，1200，1500，1800，2100	40，45，50，55，60，65，70
平开铝合金门	2100，2400，2700	800，900，1000，1200，1500，1800	40，45，50，55，60，70，80
推拉铝合金窗	600，900，1200，1500，1800，2100	1200，1500，1800，2100，2400，2700，3000	40，50，60，70，80，90
推拉铝合金门	2100，2400，2700，3000	1500，1800，2100，2400，3000	70，80，90

安装铝合金门窗采用预留洞口然后安装的方法，预留洞口尺寸应符合《建筑门窗洞口尺寸系列》的规定。因此，设计选用铝合金门窗时，应注明门窗的规格型号。铝合金门窗的规格型号是以门窗的洞口尺寸表示的，例如洞口宽和高分别为1800mm和2100mm的门，规格型号为“1821”；若洞口宽、高均为900mm的窗，其规格型号则为“0909”。

③ 产品分类及等级。铝合金门窗按其抗风压强度、气密件和水密性三项性能指标，将产品分为A、B、C三类，每类又分为优等品、一等品和合格品三个等级。另外，按空气声隔声性能，凡空气计权隔声量≥25dB时为隔声门窗；按绝热性能，凡传热阻值≥0.25m2·K/W时为绝热门。

④ 技术要求。对铝合金门窗的技术要求包括材料、表面处理、装配要求和表面质量等几个

方面。特别强调的是，选用的附件材料除不锈钢外，应经防腐蚀处理，不允许与铝合金型材发生接触腐蚀。

2. 铝合金装饰板

用于装饰工程的铝合金板，其品种和规格很多。按表面处理方法分，有阳极氧化处理及喷涂处理的装饰板。按常用的色彩分有银白色、古铜包、金色、红色、蓝色等。按几何尺寸分，有条形板和方形板，条形板的宽度多为80～100mm，厚度为0.5～1.5mm，长度6.0m左右。按装饰效果分，有铝合金花纹板、铝合金波纹板、铝合金压型板、铝合金浅花纹板、铝合金冲孔板等。

（1）铝合金压型板

铝合金压型板是目前应用十分广泛的一种新型铝合金装饰材料。它具有重量轻、外形美观、耐久性好、安装方便等优点，通过表面处理可获得各种色彩。主要用于屋面和墙面等。

（2）铝合金花纹板

铝合金花纹板是采用防锈铝合金等坯料，用特制的花纹轧辊轧制而成。花纹美观大方，筋高适中、不易磨损、防滑性能好、防腐蚀性能强、便于冲洗。通过表面处理可得到各种颜色。广泛用于公共建筑的墙面装饰、楼梯踏板等处。

9.2 建筑钢材

建筑钢材是指用于建筑工程的各种钢材，如各种型钢（角钢、工字钢、槽钢及圆钢等）、钢板以及钢筋混凝土中用的各种钢筋与钢丝等。

钢材品质均匀密实，强度高，比强度也高，一般软钢的比强度高达500左右，比普通常用标号（C30）混凝土的比强度高4倍。适用于大跨度及高层建筑结构。钢材的可加工性好，可以浇注（铸造）成各种形状，也可以进行切割、焊接及各种机加工，便于装配。

用于钢筋混凝土结构的钢筋，既能发挥其高的抗拉性能，又能克服钢筋易锈蚀的缺点，由于钢筋混凝土结构在工业与民用建筑中得到了广泛的应用，所以钢筋是最重要的建筑材料之一。

近年来还广泛使用钢材代替木材，如钢窗、钢门等。

钢材在使用过程中值得重视的问题是易锈蚀，维护费用大。据统计，在每年生产的每10t钢材中，有一吨要腐蚀成为铁锈；有3t已制成的设备因腐蚀而报废。美国1975年全年腐蚀损失700亿美元，约为全年国民生产总值的4%，因此，钢材在使用过程中的防腐、防锈是很重要的。

9.2.1 钢材的冶炼与分类

钢材是在严格的技术控制条件下生产的材料，与非金属材料相比，有品质均匀稳定、强度高、塑性韧性好、可焊接和铆接等优异性能。钢材主要的缺点是易锈蚀、维护费用大、耐火性差、生产能耗大。

1. 钢的冶炼

钢是由生铁冶炼而成。生铁是由铁矿石、焦炭（燃料）和石灰石（熔剂）等在高炉中经高温熔炼，从铁矿石中还原出铁而得。生铁的主要成分是铁，但含有较多的碳以及硫、磷、硅、锰等杂质，杂质使得生铁的性质硬而脆、塑性很差，抗拉强度很低，使用受到很大限制。炼钢的目的就是通过生铁在炼钢炉内的高温气化作用，减少生铁中碳和硫、磷等杂质含量，以显著改善其技术性能，提高质量。将生铁中的含碳量降至2%以下，使磷、硫等杂质含量降至一定范围内即成为钢。

在钢的冶炼过程中，碳被氧化成一氧化碳气体而逸出；硅、锰等氧化后形成氧化硅和氧化锰进入钢渣被排出；磷和硫在石灰的作用下亦进入渣中被除去。不过，这些作用都不可能是完全彻底的。

根据炼钢设备的不同，建筑钢材的冶炼方法可分为氧气转炉、平炉和电炉三种。不同的冶炼方法对钢的质量有着不同的影响。

（1）氧气转炉炼钢

以熔融的铁水为原料，由炉顶向转炉内吹入高压氧气，使铁水中的碳和硫等杂质氧化除去，得到较纯净的钢水。氧气转炉炼钢法是在过去空气转炉炼钢法的基础上发展起来的先进方法，避免了吹入空气冶炼时易带进氮、氢等有害气体等缺点。转炉炼钢周期短，生产效率高，杂质清除较充分，钢的质量较好。目前，氧气转炉炼钢法已成为现代炼钢的主要方法。

（2）平炉炼钢

平炉炼钢是利用拱形炉顶的反射原理，以固态或液态生铁、适量铁矿石和废钢作原料，以煤气或重油为燃料进行冶炼，它是利用废钢铁和铁矿石中的氧使杂质氧化。平炉的冶炼时间长，有足够的时间调整和控制其成分，去除杂质更为彻底，故炼得的钢质量高。但是由于设备一次投资大，燃料热效率较低，冶炼时间较长，故其成本较高。

（3）电炉炼钢

系用电加热进行高温冶炼的炼钢法。电炉炼钢的原料主要是废钢及生铁。电炉熔炼温度高，而且温度可以自由调节，清除杂质较易，因此电炉钢的质量最好，但成本也最高。

钢的冶炼过程是杂质成分的热氧化过程，炉内为氧化气氛，故炼成的钢水中会含有一定量的氧化铁，这对钢的质量不利。为消除这种不利影响，在炼钢结束时应加入一定量的脱氧剂（常用的有锰铁、硅铁和铝锭），使之与氧化铁作用而将其还原成铁，此称“脱氧”。

在铸锭冷却过程中，由于钢内某些元素在铁的液相中的溶解度大于固相，这些元素便向凝固较迟的钢锭中心集中，导致化学成分在钢锭中分布不均匀，这种现象称为化学偏析，其中尤以硫、磷偏析最为严重。偏析现象对钢的质量有很大影响。脱氧减少了钢材中的气泡并克服了元素分布不均的缺点，故能明显改善钢的技术性质。

2. 钢的分类

钢是含碳量在0.04%～2.3%的铁碳合金。为了保证其韧性和塑性，含碳量一般不超过1.7%。钢的主要元素除铁、碳外，还有硅、锰、硫、磷等。钢的分类方法多种多样，其主要方法有以下七种。

（1）按品质分类

① 普通钢（$P \leqslant 0.045\%$，$S \leqslant 0.050\%$）

② 优质钢（P、S均$\leqslant 0.035\%$）

③ 高级优质钢（$P \leqslant 0.035\%$，$S \leqslant 0.030\%$）

（2）按化学成份分类

① 碳素钢。(a)低碳钢(C≤0.25%);(b)中碳钢(C≤0.25～0.60%);(c)高碳钢(C≤0.60%)。

② 合金钢。(a)低合金钢（合金元素总含量≤5%）;(b)中合金钢（合金元素总含量＞5%～10%）(c)高合金钢（合金元素总含量＞10%）。

（3）按成形方法分类

① 锻钢；

② 铸钢；

③ 热轧钢；

④ 冷拉钢。

（4）按金相组织分类

① 退火状态的。（a）亚共析钢（铁素体+珠光体）;（b）共析钢（珠光体）;（c）过共析钢（珠光体+渗碳体）;（d）莱氏体钢（珠光体+渗碳体）。

② 正火状态的。（a）珠光体钢；（b）贝氏体钢；（c）马氏体钢；（d）奥氏体钢。

③ 无相变或部分发生相变的。

（5）按用途分类

① 建筑及工程用钢。（a）普通碳素结构钢；（b）低合金结构钢；（c）钢筋钢。

② 结构钢。

a. 机械制造用钢。（a）调质结构钢；（b）表面硬化结构钢：包括渗碳钢、氨钢、表面淬火用钢；（c）易切结构钢；（d）冷塑性成形用钢：包括冷冲压用钢、冷镦用钢。

b. 弹簧钢。

c. 轴承钢。

③ 工具钢。（a）碳素工具钢；（b）合金工具钢；（c）高速工具钢。

④ 特殊性能钢。（a）不锈耐酸钢；（b）耐热钢包括抗氧化钢、热强钢、气阀钢；（c）电热合金钢；（d）耐磨钢；（e）低温用钢；（f）电工用钢。

⑤ 专业用钢，如桥梁用钢、船舶用钢、锅炉用钢、压力容器用钢、农机用钢等。

（6）综合分类

① 普通钢。

a. 碳素结构钢。（a）Q195；（b）Q215（A、B）;（c）Q235（A、B、C）;（d）Q255（A、B）;（e）Q275。

b. 低合金结构钢。

c. 特定用途的普通结构钢。

② 优质钢（包括高级优质钢）。

a. 结构钢。（a）优质碳素结构钢；（b）合金结构钢；（c）弹簧钢；（d）易切钢；（e）轴承钢；（f）特定用途优质结构钢。

b. 工具钢。（a）碳素工具钢；（b）合金工具钢；（c）高速工具钢。

c. 特殊性能钢。（a）不锈耐酸钢；（b）耐热钢；（c）电热合金钢；（d）电工用钢；（e）高锰耐磨钢。

（7）按冶炼方法分类

① 按炉种分。

a. 平炉钢。（a）酸性平炉钢；（b）碱性平炉钢。

b. 转炉钢。（a）酸性转炉钢；（b）碱性转炉钢。或（a）底吹转炉钢；（b）侧吹转炉钢；（c）顶吹转炉钢。

c. 电炉钢。（a）电弧炉钢；（b）电渣炉钢；（c）感应炉钢；（d）真空自耗炉钢；（e）电子束炉钢。

② 按脱氧程度和浇注制度分。（a）沸腾钢；（b）半镇静钢；（c）镇静钢；（d）特殊镇静钢。

9.2.2 建筑用钢的技术性能

建筑钢材的性能主要包括力学性能（拉伸性能、冲击韧性、硬度等）、工艺性能（冷弯性能、可焊性等）和耐久性（如锈蚀）。

1. 力学性能

（1）拉伸性能

① 低碳钢的拉伸过程。低碳钢的含碳量低，强度较低，塑性较好，其应力应变图（σ—ε图）如图9.1所示。从图中可以看出，低碳钢拉伸过程经历弹性阶段（OA）、屈服阶段（AB）、强化阶段（BC）和颈缩阶段（CD）四个阶段。

（a）弹性阶段（OA）。钢材主要表现为弹性。当加荷到OA上任意一点σ，此时产生的变形为ε，当荷载σ卸掉后，变形ε将恢复到零。在OA段，钢材的应力与应变成正比，在此阶段应力和应变的比值称为弹性模量，即$E=\dfrac{\sigma}{\varepsilon}=\mathrm{tg}\alpha$，单位为MPa。$A$点的应力为应力和应变能保持正比的最大应力，称为比例极限，用σ_p表示，单位为MPa。

（b）屈服阶段（AB）。钢材在荷载作用下，开始丧失对变形的抵抗能力，并产生明显的塑性变形。在屈服阶段，锯齿形的最高点所对应的应力称为上屈服点（σ_{SU}）；最低点所对应的应力称为下屈服点（σ_{SL}）。下屈服点的应力为钢材的屈服强度，用σ_s表示，单位为MPa。屈服强度是确定结构容许应力的主要依据。

（c）强化阶段（BC）。应变随应力的增加而继续增加。C点的应力称为强度极限或抗拉强度，用σ_b表示，单位为MPa。屈强比σ_s/σ_b在工程中很有意义，此值越小，表明结构的可靠性越高，即防止结构破坏的潜力越大；但此值太小时，钢材强度的有效利用率低。合理的屈强比一般在0.60～0.75。

（d）颈缩阶段（CD）。钢材的变形速度明显加快，而承载能力明显下降。此时在试件的某一部位，截面急剧缩小，出现颈缩现象，钢材将在此处断裂。

② 高碳钢（硬钢）的拉伸特点。高碳钢（硬钢）的拉伸过程，无明显的屈服阶段，如图9.2所示。通常以条件屈服点$\sigma_{0.2}$代替其屈服点。条件屈服点是使硬钢产生0.2%塑性变形（残余变形）时的应力。

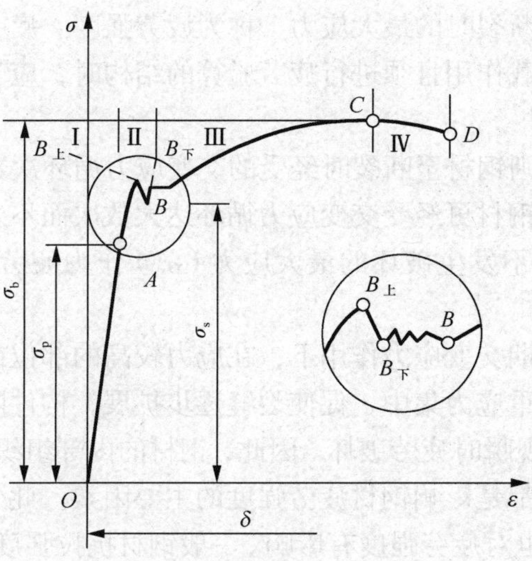

图9.1　低碳钢拉伸σ—ε图

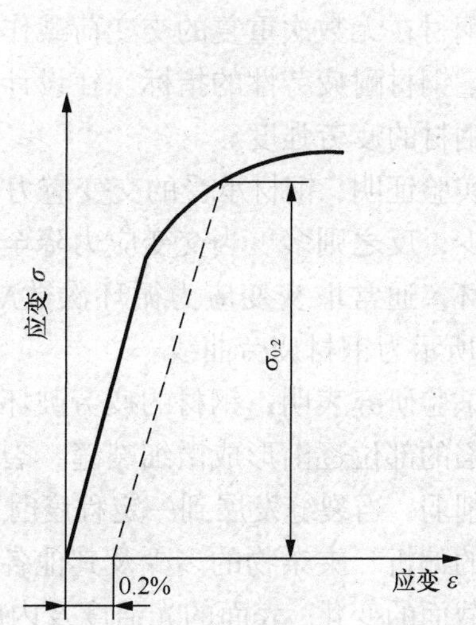

图9.2　硬钢拉伸及条件屈服点

③ 钢材的拉伸性能指标。

（a）强度指标。

屈服强度或屈服点：$\sigma_s = \dfrac{F_s}{A_0}$

抗拉强度或强度极限：$\sigma_b = \dfrac{F_b}{A_0}$

式中，σ_s、σ_b——分别为钢材的屈服强度和抗拉强度，MPa；

F_s、F_b——分别为钢材拉伸时的屈服荷载和极限荷载，N；

A_0——钢材试件的初始横截面积，mm^2。

（b）塑性指标。

伸长率：

$$\delta = \frac{l_1 - l_0}{l_0} \times 100\%$$

式中，l_1——试件断裂后标距的长度，mm；

l_0——试件的原标距（$l_0=5d_0$或$l_0=10d_0$），mm；

δ——伸长率（当$l_0=5d_0$时，$\delta\delta_5$；当$l_0=10d_0$时，$\delta\delta_{10}$）。

伸长率是衡量钢材塑性的重要指标，δ越大，则钢材的塑性越好。伸长率大小与标距大小有关，对于同一种钢材，$\delta_5 > \delta_{10}$。钢材具有一定的塑性变形能力，可以保证钢材应力重分布，从而不致产生突然脆性破坏。

（2）冲击韧性

冲击韧性是指钢材抵抗冲击荷载而不破坏的能力。规范规定以刻槽的标准试件，在冲击试验机的摆锤作用下，以破坏后缺口处单位面积所消耗的功来表示，符号α_k，单位为J/cm^2。α_k值越大，冲断试件消耗的功越多，或者说钢材断裂前吸收的能量越多，说明钢材的韧性越好，不容易产生脆性断裂。钢材的冲击韧性会随环境温度下降而降低。

（3）耐疲劳性

各种轴、弹簧等，经常受到大小及方向变化的交变荷载的作用，钢材在这种交变荷载的反复作用下，往往在应力远低于其抗拉强度时就发生破坏，这种现象称为钢材的疲劳。

钢材在无数次重复的交变荷载作用下而不致断裂时的最大应力，称为疲劳强度。疲劳强度是衡量钢材耐疲劳性的指标。在设计承受交变荷载作用且须进行疲劳验算的结构时，应当了解所用钢材的疲劳强度。

实验证明，钢材承受的交变应力（σ）越大，则钢材至断裂时经受的交变应力循环次数（N）就越少，反之则多。当交变应力降至一定值时，钢材可经受交变应力循环达大数次而不发生疲劳破坏。通常取交变应力循环次数N=10^7时试件不发生破坏的最大应力（σ_n）作为疲劳强度。图9.3所示为钢材疲劳曲线。

试验研究表明，钢材的疲劳破坏是由于在长期交变应力作用下，在应力较高的部位或材料有缺陷的部位逐渐形成微细裂缝，裂缝尖端的严重应力集中，促使裂缝逐步扩展，构件断面不断被削弱，当裂缝发展到一定程度时，就容易出现瞬时疲劳破坏。因此，钢材的内部组织状态、成分的偏析、夹杂物的多少及其他各种缺陷等，都是影响钢材疲劳强度的主要因素。此外，钢构件截面的变化、表面的光洁度及内应力大小等也对疲劳强度有影响。一般钢材抗拉强度高时，其疲劳强度也较高。

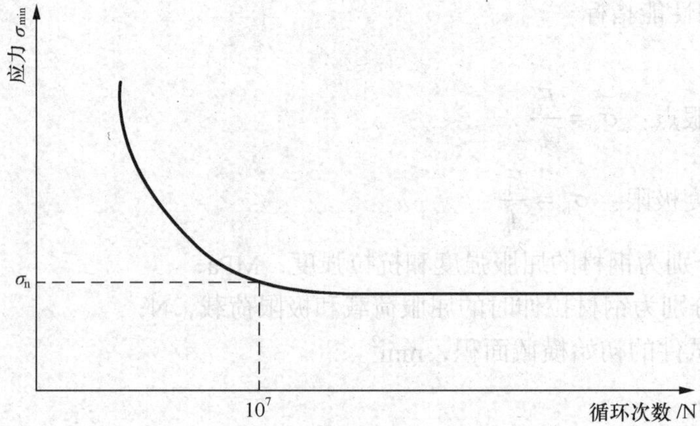

图9.3　钢材疲劳曲线

[工程实例分析]

钢结构屋架倒塌

概况：某厂的钢结构屋架是用中碳钢焊接而成的，使用一段时间后，屋架坍塌，请分析事故原因。

分析讨论：首先是因为钢材的选用不当，中碳钢的塑性和韧性比低碳钢差；且其焊接性能较差，焊接时钢材局部温度高，形成了热影响区，其塑性及韧性下降较多，较易产生裂纹。

2. 工艺性能

（1）冷弯性能

冷弯性能是指钢材在常温下，以一定的弯心直径和弯曲角度对钢材进行弯曲，钢材能够承受弯曲变形的能力。

钢材的冷弯，一般以弯曲角度α、弯心直径d与钢材厚度（或直径）a的比值d/a来表示弯曲的程度，如图9.4所示。弯曲角度越大，d/a越小，表示钢材的冷弯性能越好。

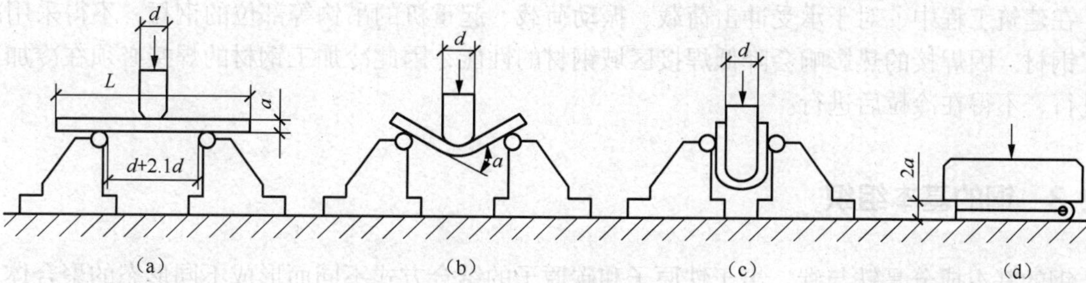

图9.4　钢材冷弯试验示意图

在常温下，以规定弯心直径和弯曲角度（90°或180°）对钢材进行弯曲，在弯曲处外表面即受拉区或侧面无裂纹、起层、鳞落或断裂等现象，则钢材冷弯合格。如果有一种及以上的现象出现，则钢材的冷弯性能不合格。

伸长率较大的钢材，其冷弯性能也必然较好。但冷弯试验是对钢材塑性更严格的检验，有利于暴露钢材内部存在的缺陷，如气孔、杂质、裂纹、严重偏析等；同时在焊接时，局部脆性及焊接接头质量的缺陷也可通过冷弯试验而发现。因此钢材的冷弯性能也是评定焊接质量的重要指标。钢材的冷弯性能必须合格。

（2）可焊性

可焊性是指钢材适应一定焊接工艺的能力。可焊性好的钢材在一定的工艺条件下，焊缝及附近过热区不会产生裂缝及硬脆倾向，焊接后的力学性能如强度不会低于原材。

可焊性主要受化学成分及含量的影响。含碳量高、含硫量高、合金元素含量高等因素，均会降低可焊性。含碳量小于0.25%的非合金钢具有良好的可焊性。

焊接结构应选择含碳量较低的氧气转炉或平炉的镇静钢。当采用高碳钢及合金钢时，为了改善焊接后的硬脆性，焊接时一般要采用焊前预热及焊后热处理等措施。

（3）冷加工强化及时效

① 冷加工强化。冷加工强化是钢材在常温下，以超过其屈服点但不超过抗拉强度的应力对其进行的加工。建筑钢材常用的冷加工有冷拉、冷拔、冷轧、刻痕等。对钢材进行冷加工的目的，主要是利用时效提高强度，利用塑性节约钢材，同时也达到调直和除锈的目的。

钢材在超过弹性范围后，产生明显的塑性变形，使强度和硬度提高，而塑性和韧性下降，即发生了冷加工强化。在一定范围内，冷加工导致的变形程度越大，屈服强度提高越多，塑性和韧性降低得越多。如图9.5所示，钢材未经冷拉的应力—应变曲线为$OBKCD$，经冷拉至K点后卸荷，则曲线回到O'点，再受拉时其应力应变曲线为$O'KCD$，此时的屈服强度比未冷拉前的屈服强度高出许多。

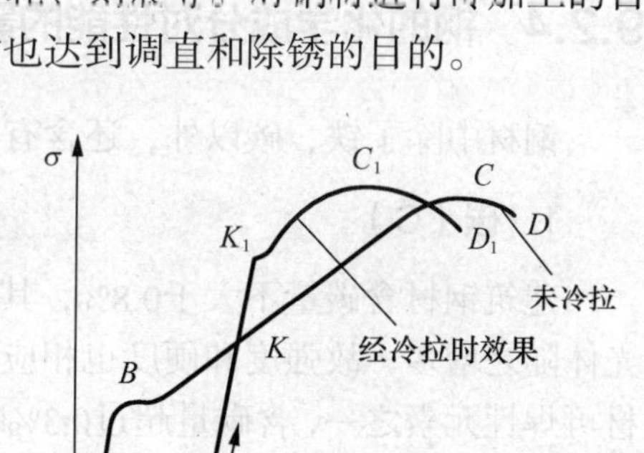

图9.5　钢材冷拉曲线

② 时效。钢材随时间的延长，其强度、硬度提高，而塑性、冲击韧性降低的现象称为时效。分为自然时效和人工时效两种。自然时效是将其冷加工后，在常温下放置15～20d；人工时效是将冷加工后的钢材加热至100～200℃保持2h以上。经过时效处理后的钢材，其屈服强度、抗拉强度及硬度都将提高，而塑性和韧性降低。

在建筑工程中，对于承受冲击荷载、振动荷载、起重机的吊钩等部位的钢材，不得采用冷加工钢材。因焊接的热影响会降低焊接区域钢材的性能，因此冷加工钢材的焊接必须在冷加工前进行，不得在冷拉后进行。

9.2.3 钢的基本组织

钢的基本成分是铁与碳。出于铁原子和碳原子的结合方式不同而形成不同形态的聚合体，称作晶体组织。

铁原子和碳原子之间的结合有3种基本形式：固溶体、化合物和二者的机械混合物。由于铁和碳结合方式的不同，碳素钢在常温下形成的基本晶体组织有以下几种。

1. 铁素体

铁素体是碳溶于α-Fe晶格中的固溶体。它仍保持纯铁的晶格，由于α-Fe体心立方晶格的原子间空隙很小，故溶碳能力较差，常温下最大仅能溶入0.006%的碳，基本上还是纯铁。所以，铁素体的强度和硬度低，但塑性和韧性很好。铁素体的抗拉强度约为250MPa，延伸率δ约为50%。

2. 渗碳体

渗碳体是铁和碳的化合物（Fe_3C），含碳量高达6.67%。其晶体结构复杂，塑性差，质地硬脆，抗拉强度低。

3. 珠光体

珠光体是铁素体和渗碳体组成的机械混合物，含碳量0.8%，为层状结构，其中铁素体与渗碳体相间分布，二者既不互溶，也不化合，各自保持原有的晶格和性质，并有珍珠似的光泽。珠光体塑性较好，强度和硬度较高。

9.2.4 钢的化学成分对性能的影响

钢材中除了铁、碳以外，还含有硅、锰、磷、硫等元素。

1. 碳（C）

建筑钢材含碳量不大于0.8%，其基本组织为铁素体和珠光体。当含碳量提高时，钢中的珠光体随之增多，故强度和硬度也相应提高，而塑性和韧性则相应降低。同时，碳是显著降低钢材可焊性元素之一，含碳量超过0.3%时的可焊性显著降低。碳还增加钢的冷脆性和时效敏感性，降低抗大气锈蚀性。

2. 硅（Si）

硅是在钢的冶炼过程中作脱氧剂而加入的。硅在钢中能提高钢的强度、硬度和弹性模量。但当其含量超过1%时，钢的塑性和韧性会明显降低，增加冷脆性，并使可焊性变差。

3. 锰（Mn）

锰也是在炼钢时作脱氧剂而加入的。锰在钢中能提高钢的强度和韧性，还可减少硫对钢的危害作用。但当其含量超过1%时，也会使钢的塑性及韧性降低，可焊性变差。

4. 磷（P）

磷主要来自冶炼时炉料中的生铁。钢中含磷则使钢的塑性降低，可焊性变差，产生冷脆现象，所以在钢中必须严格限制磷的含量。

5. 硫（S）

硫是冶炼钢时，由原料和燃料进入钢中的有害杂质。在钢水中硫与铁形成FeS，FeS塑性差，使钢产生热脆性，故钢中也必须严格限制硫的含量。但当钢中有一定锰时，锰与硫可以结合形成MnS，可减轻硫的有害作用。

6. 氧（O）和氢（H）

氧主要以各类氧化物夹杂于钢中，如FeO，MgO，SiO_2，Al_2O_3等，这些夹杂的氧化物对钢的性能有不利的影响，如出现热脆，或使钢的抗疲劳性能降低等。氢大部分是由水分蒸发而进入钢中，氢在钢中有害作用大，会使钢变脆，即所谓的氢脆，还使一些合金钢出现白点等。

7. 钒（V）、铌（Nb）、钛（Ti）

是合金钢中常用的合金元素，适量加入钢内能改善组织，细化晶粒，显著提高强度和改善韧性。

9.2.5 常用建筑钢材

在建筑工程中应用最广泛的钢品种主要有碳素结构钢、低合金高强度结构钢，另外在钢丝中也部分使用了优质碳素结构钢。

1. 碳素结构钢

碳素结构钢原称普通碳素结构钢，在各类钢中其产量最大，用途最广泛，多轧制成型材、异型型钢和钢板等，可供焊接、铆接和螺栓连接。

碳素结构钢按屈服点的大小分为Q195、Q215、Q235、Q255、Q275五个不同强度级别的牌号，并按质量要求分为A、B、C、D四个不同的质量等级。

钢的牌号由代表屈服点的字母、屈服点数值、质量等级符号、脱氧方法符号四个部分按顺序组成。例如：Q235-AF表示为屈服点不小于235MPa的A级沸腾钢；Q235-D表示屈服点不小于235MPa的D级特殊镇静钢。碳素结构钢的具体牌号为：

Q195—Q195F、Q195b、Q195；

Q215—Q215AF、Q215Ab、Q215A、Q215BF、Q215Bb、Q215B；

Q235—Q235AF、Q235Ab、Q235A、Q235BF、Q235Bb、Q235B、Q235C、Q235D；

Q255—Q255A、Q255B；

Q275—Q275。

Q195、Q215：含碳量低，强度不高，塑性、韧性、加工性能和焊接性能好，主要用于轧制薄板和盘条，制造铆钉、地脚螺栓等。

Q235：含碳适中，综合性能好，强度、塑性和焊接等性能得到很好配合，用途最广泛。常轧制成盘条或钢筋，以及圆钢、方钢、扁钢、角钢、工字钢、槽钢等型钢，广泛地应用于建筑工程中。

Q255、Q275：强度、硬度较高，耐磨性较好，塑性和可焊性能有所降低。主要用作铆接与螺栓连接的结构及加工机械零件。

2. 低合金高强度结构钢

低合金高强度结构钢的牌号，由代表屈服点的汉语拼音字母（Q）、屈服点数值、质量等级符号（A、B、C、D、E）三个部分按顺序组成。如Q345A表示屈服点不小于345MPa的A级钢。根据新标准的牌号表示方法与组成，可规定以下具体牌号：

Q295—Q295A、Q295B；

Q345—Q345A、Q345B、Q345C、Q345D、Q345E；

Q390—Q390A、Q390B、Q390C、Q390D、Q390E；

Q420—Q420A、Q420B、Q420C、Q420D、Q420E；

Q460—Q460C、Q460D、Q460E。

Q295：钢中只含有极少量合金元素，强度不高，但有良好的塑性、冷弯、焊接及耐蚀性能。主要用于建筑工程中对强度要求不高的一般工程结构。

Q345、Q390：综合力学性能好，焊接性能、冷热加工性能和耐蚀性能均好，C、D、E级钢具有良好的低温韧性。主要用于工程中承受较高荷载的焊接结构。

Q420、Q460：强度高，特别是在热处理后有较高的综合力学性能。主要用于大型工程结构及要求强度高、荷载大的轻型结构。

9.2.6 钢筋

钢筋是用于钢筋混凝土结构中的线材。按照生产方法、外形、用途等不同，工程中常用的钢筋主要有热轧光圆钢筋、热轧带肋钢筋、低碳钢热轧圆盘条、预应力钢丝、冷轧带肋钢筋、热处理钢筋等品种。钢筋具有强度较高、塑性较好，易于加工等特点，广泛地应用于钢筋混凝土结构中。

1. 热轧钢筋

钢筋混凝土用热轧钢筋分为光圆钢筋和带肋钢筋两种。热轧光圆钢筋是横截面通常为圆形、且表面为光滑的配筋用钢材，采用钢锭经热轧成型并自然冷却而成。热轧带肋钢筋是横截面为圆形，且表面通常有两条纵肋和沿长度方向均匀分布的横肋的钢筋。热轧带肋钢筋的外形见图9.6。

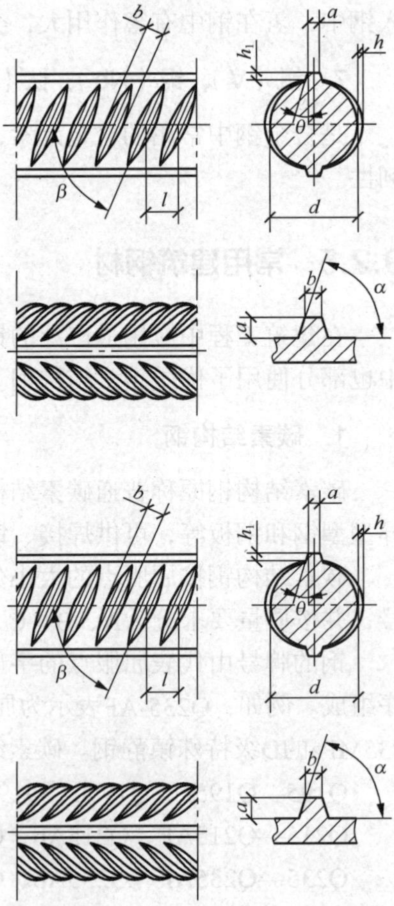

图9.6　热轧带肋钢筋的外形

热轧直条光圆钢筋强度等级代号为HPB235。热轧带肋钢筋的牌号由HRB和牌号的屈服点最小值构成。H、R、B分别为热轧（Hotrolled）、带肋（Ribbed）、钢筋（Bars）三个词的英文首位字母。热轧带肋钢筋有HRB335、HRB400、HRB500三个牌号。其意义如下：

HRB 335
└── 屈服点不小于335MPa
└── 热轧、带肋、钢筋三个词的英文首位字母

此牌号为屈服点不小于335MPa的热轧带肋钢筋。

热轧光圆钢筋的公称直径范围为8mm～20mm，推荐公称直径为8mm、10mm、12mm、16mm、20mm。钢筋混凝土用热轧带肋钢筋的公称直径为6～50mm，推荐的公称直径为6mm、8mm、10mm、12mm、16mm、20mm、25mm、32mm、40mm和50mm。热轧钢筋的力学性能和工艺性能应符合表9.4所示的规定。冷弯性能必须合格。

表 9.4　　热轧钢筋的力学性能、工艺性能

表面形状	强度等级代号	公称直径	屈服点 σ_s/MPa	抗拉强度 σ_b/MPa	伸长率 δ_5 /%	冷弯 180° *d*—弯心直径 *a*—钢筋公称直径
			不小于			
光圆	HPB235	8～20	235	370	25	*d=a*
月牙肋	HRB335	6～25 28～50	335	490	16	*d=3a* *d=4a*
	HRB400	6～25 28～50	400	570	14	*d=4a* *d=5a*
	HRB500	6～25 28～50	500	630	12	*d=6a* *d=7a*

热轧带肋钢筋应在其表面轧上牌号标志，还可依次轧上厂名（或商标）和直径（mm）数字。轧上钢筋的牌号以阿拉伯数字表示，HRB335、HRB400、HRB500对应的阿拉伯数字分别为2、3、4。厂名以汉语拼音字头表示；直径数（mm）以阿拉伯数字表示，直径不大于10mm的钢筋，可不轧标志，采用挂牌方法。标志应清晰明了，标志的尺寸由供方按钢筋直径大小作适当规定，与标志相交的横肋可以取消。

带肋钢筋与混凝土有较大的黏结能力，因此能更好地承受外力作用。热轧带肋钢筋广泛地应用于各种建筑结构，特别是大型、重型、轻型薄壁和高层建筑结构。

2. 低碳热轧圆盘条

低碳热轧圆盘条的公称直径为5.5～30mm，大多通过卷线机成盘卷供应，因此称为盘条、盘圆或线材。

盘条按用途分为供拉丝用盘条（代号L）、供建筑和其他一般用途用盘条（代号J）两种。低碳热轧圆盘条的牌号表示方法由屈服点符号、屈服点数值、质量等级符号、脱氧方法符号、用途类别符号五个内容表示。具体符号、数值表示的意义见表9.5。

表 9.5　　低碳热轧圆盘条牌号中各符号、数值的含义

符号及数值名称	屈服点	屈服点不小于/MPa	质量等级	脱氧方法	用途类别
符号	Q	195 215 235	A B	沸腾钢—F 半镇静钢—b 镇静钢—Z	供拉丝用—L 供建筑和其他用途—J

例如，牌号Q235AF—J，表示屈服点不小于235MPa、质量等级为A级的沸腾钢，是供建筑和其他用途用的低碳热轧圆盘条钢筋。低碳热轧圆盘条的力学性能和工艺性能见表9.6。

表 9.6　　低碳热轧圆盘条的力学性能和工艺性能

牌号	力学性能			冷弯试验 180°
	屈服点 σ_s/MPa	抗拉强度 σ_b/MPa	伸长率 δ_5/%	d=弯心直径
	不小于			a=试样直径
Q215	215	375	27	d=0
Q235	235	410	23	d=0.5a

低碳热轧圆盘条是由屈服强度较低的碳素结构钢轧制的盘条，是目前用量最大、使用最广的线材，也称普通线材。除大量用作建筑工程中钢筋混凝土的配筋外，还适用于供拉丝、包装及其他用途。

3. 冷轧带肋钢筋

冷轧带肋钢筋由热轧圆盘条经冷轧或冷拔减径后，在表面冷轧成两面或三面有肋的钢筋。钢筋冷轧后允许进行低温回火处理。

根据《冷轧带肋钢筋》（GB 13788—2008）规定，冷轧带肋钢筋按抗拉强度分为CRB550、CRB650、CRB800、CRB970共四个牌号。C、R、B分别为冷轧、带肋、钢筋三个英文单词的首位字母，数字为抗拉强度的最小值。

CRB550钢筋的公称直径为4～12mm，CRB650及以上牌号钢筋的公称直径为4mm、5mm、6mm。冷轧带肋钢筋的力学性能和工艺性能应符合表9.7所示的规定；当进行冷弯试验时，受弯曲部位表面不得产生裂纹；强屈比$\sigma_b/\sigma_{0.2}$应不小于1.05。其具体的尺寸规定应符合GB13788—2000的规定，其力学性质和工艺性能见表9.7。

表 9.7　　冷轧带肋钢筋的力学性能和工艺性能

牌号	$R_{p0.2}$/MPa 不小于	R_m/MPa 不小于	伸长率/½ 不小于		弯曲试验 180℃	反复弯曲次数	应力松弛 初始应力应相当于公称抗拉强度的 70% 1000h 松弛率/% 不大于
			$A_{11.3}$	A_{100}			
CRB550	500	550	8.0	—	D=3d	—	—
CRB650	585	650	—	4.0	—	3	8
CRB800	720	800	—	4.0	—	3	8
CRB970	875	970	—	4.0	—	3	8

注：表中 D 为弯心直径，d 为钢筋公称直径。

冷轧带肋钢筋用于非预应力构件，与热轧圆盘条相比，强度提高17%左右，可节约钢材30%左右；用于预应力构件，与低碳冷拔丝比，伸长率高，钢筋与混凝土之间的黏结力较大，适用于中、小预应力混凝土结构构件，也适用于焊接钢筋网。

4. 冷拉钢筋

冷拉钢筋是采用钢筋混凝土用热轧光圆钢筋和带肋钢筋经过冷加工和时效处理而得到的钢

筋。在冷拉时可采用控制冷拉应力或控制冷拉率的方法进行，但必须符合《混凝土结构工程施工质量验收规范》（GB 50204—2011）中的有关规定。

冷拉钢筋的力学性能和工艺性能见表9.8。冷弯试验后不得有裂纹、起层现象。

冷拉钢筋的强度比热轧光圆钢筋和热轧带肋钢筋的屈服点有所提高，而塑性、韧性有所降低。冷拉Ⅰ级钢筋适用于钢筋混凝土结构中的受拉钢筋，冷拉Ⅱ、Ⅲ、Ⅳ级钢筋可作为预应力混凝土结构的预应力筋。

表 9.8　冷拉钢筋的力学性能和工艺性能

钢筋级别	钢筋直径 mm	屈服强度 N/mm^2	抗拉强度 N/mm^2	伸长率 δ_{10}/%	冷弯试验 a—钢筋直径，mm	
		不小于			弯曲角度	弯曲直径
Ⅰ	≤12	280	370	11	180°	3a
Ⅱ	≤25	450	510	10	90°	3a
	28～40	430	490	10	90°	4a
Ⅲ	8～40	500	570	8	90°	5a
Ⅳ	10～28	700	835	6	90°	5a

注：表中冷拉钢筋的屈服强度值，系现行国家标准《混凝土结构设计规范》中冷拉钢筋的强度标准值；钢筋直径大于 25mm 的冷拉Ⅲ、Ⅳ级钢筋，冷弯弯曲直径增加 1a。

对承受冲击荷载和振动荷载的结构、起重机的吊钩等不得使用冷拉钢筋。由于焊接时局部受热会影响焊口处钢材的性能，因此冷拉钢筋的焊接必须在冷拉之前进行。

5. **热处理钢筋**

热处理钢筋，是经过淬火和回火调质处理的螺纹钢筋。分有纵肋和无纵肋两种，其外形分别见图9.7和图9.8。代号为RB150。

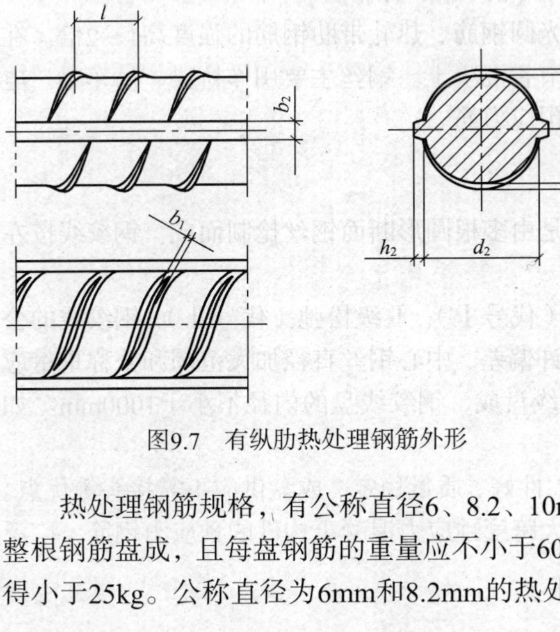

图9.7　有纵肋热处理钢筋外形

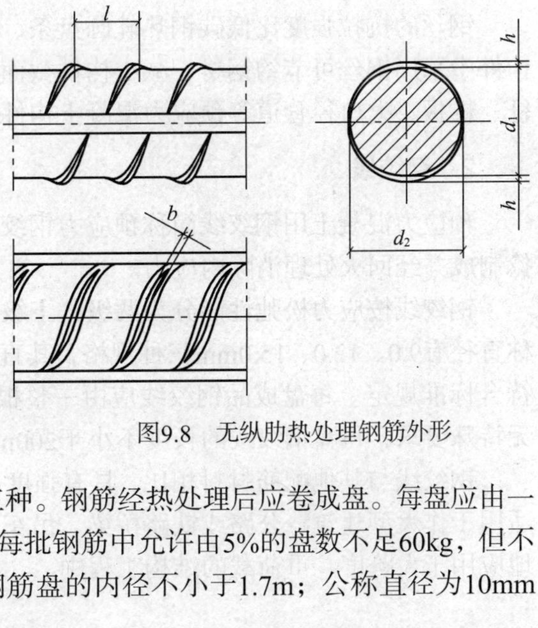

图9.8　无纵肋热处理钢筋外形

热处理钢筋规格，有公称直径6、8.2、10mm三种。钢筋经热处理后应卷成盘。每盘应由一整根钢筋盘成，且每盘钢筋的重量应不小于60kg。每批钢筋中允许由5%的盘数不足60kg，但不得小于25kg。公称直径为6mm和8.2mm的热处理钢筋盘的内径不小于1.7m；公称直径为10mm

的热处理钢筋盘的内径不小于2.0m。

热处理钢筋的牌号有$40Si_2Mn$、$48Si_2Mn$和$45Si_2Cr$三个，为低合金钢。各牌号钢的化学成分应符合有关标准规定。热处理钢筋的力学性能应符合表9.9所示的规定。

表 9.9　预应力混凝土用热处理钢筋的力学性能

公称直径/mm	牌号	$\sigma_{0.2}$/MPa	σ_b/MPa	δ_{10}/%
6	$40Si_2Mn$	≥1325	≥1470	≥6
8.2	$48Si_2Mn$			
10	$45Si_2Cr$			

热处理钢筋具有较高的综合力学性能，除具有很高的强度外，还具有较好的塑性和韧性，特别适合于预应力构件。钢筋成盘供应，可省去冷拉、调质和对焊工序，施工方便。但其应力腐蚀及缺陷敏感性强，应防止产生锈蚀及刻痕等现象。热处理钢筋不适用于焊接和点焊的钢筋。

9.2.7 钢丝与钢绞线

1. 钢丝

预应力混凝土用钢丝简称预应力钢丝，是以优质碳素结构钢盘条为原料，经淬火、酸洗、冷拉制成的用作预应力混凝土骨架的钢丝。

钢丝按交货状态分为冷拉钢丝和消除应力钢丝两种；按外形分为光面钢丝和刻痕钢丝两种；按用途分为桥梁用、电杆及其他水泥制品用两类。

钢丝为成盘供应。每盘由一根组成，其盘重应不小于50kg，最低质量不小于20kg，每个交货批中最低质量的盘数不得多于10%。消除应力钢丝的盘径不小于1700mm；冷拉钢丝的盘径不小于600mm。经供需双方协议，也可供应盘径不小于550mm的钢丝。

钢丝的抗拉强度比低碳钢热轧圆盘条、热轧光圆钢筋、热轧带肋钢筋的强度高1～2倍。在构件中采用钢丝可节约钢材、减小构件截面积和节省混凝土。钢丝主要用作桥梁、吊车梁、电杆、楼板、大口径管道等预应力混凝土构件中的预应力筋。

2. 钢绞线

预应力混凝土用钢绞线简称预应力钢绞线，是由多根圆形断面钢丝捻制而成。钢绞线按左捻制成并经回火处理消除内应力。

钢绞线按应力松弛性能分为两级：Ⅰ级松弛（代号Ⅰ）、Ⅱ级松弛（代号Ⅱ）。钢绞线的公称直径有9.0、12.0、15.0mm三种规格，其直径允许偏差、中心钢丝直径加大范围和公称重量应符合标准规定。每盘成品钢绞线应由一整根钢绞线盘成，钢绞线盘的内径不小于1000mm。如无特殊要求，每盘钢绞线的长度不小于200m。

钢绞线与其他配筋材料相比，具有强度高、柔性好、质量稳定、成盘供应不需接头等优点。适用于作大型建筑、公路或铁路桥梁、吊车梁等大跨度预应力混凝土构件的预应力钢筋，广泛地应用于大跨度、重荷载的结构工程中。

9.2.8 彩色涂层钢板

彩色涂层钢板是以冷轧薄钢板或镀锌钢板为基材，经适当处理后，在其表面上涂覆彩色的聚氯乙烯、环氧树脂、不饱和聚酯树脂等而制成。为增加装饰性等常将彩色涂层钢板辊压成一定形状（V形、半波形、梯形等）。彩色涂层钢板主要用于外墙板、屋面板等的护面板等。

9.2.9 不锈钢及制品

（1）不锈钢的一般特性

不锈钢是加铬元素为主并加其他元素的合金钢，铬含量越高，钢的抗腐蚀性越好。除铬外，不锈钢中还含有镍、锰、钛、硅等元素，这些元素都能影响不锈钢的强度、塑性、韧性和耐蚀性。

不锈钢耐腐蚀，是由于铬的性能比铁活泼，在不锈钢中，铬首先与环境中的氧化合，生成一层与钢基体牢固结合的致密氧化膜层，称做钝化膜，它能使不锈钢得到保护，不致锈蚀。

不锈钢可分为铬不锈钢，铬镍不锈钢和高锰低铬不锈钢等。普通不锈钢（简称不锈钢）具有耐大气和水蒸气侵蚀的能力，耐酸不锈钢除对大气和水气有抗蚀能力外，还对某些侵蚀介质（如酸、碱、盐溶液）具有良好的抗蚀性。

（2）普通不锈钢装饰制品

建筑装饰用不锈钢制品包括薄钢板、钢管、型材及各种异型材。主要是薄钢板，其中，厚度小于2mm 的薄钢板用得最多。

不锈钢的主要特点是：耐腐蚀性好；经不同表面加工可形成不同的光泽度和反射能力；安装方便；装饰效果好，具有时代感。

9.3 钢筋性能检测

9.3.1 钢筋性能检测一般规定

① 同一截面尺寸和同一炉罐号组成的钢筋分批验收时，每批质量不大于60t。如炉罐号不同时，应按《钢筋混凝土结构用热轧光圆（带肋）钢筋》的规定验收。

② 钢筋应有出厂证明书或试验报告单。验收时应抽样做力学性能试验，包括拉力试验和冷弯试验两个项目。两个项目中如有一个项目不合格，该批钢筋即为不合格品。

③ 钢筋在使用中如有脆断、焊接性能不良或力学性能显著不正常时，还应进行化学成分分析及其他专项试验。

④ 取样方法和结果评定规定，自每批钢筋中任意抽取两根，于每根距端部500mm处各取一套试样（两根试件），在每套试样中取一根做拉力试验，另一根做冷弯试验。在拉力试验的两根试件中，如其中一根试件的屈服点、抗拉强度和伸长率三个指标中，有一个指标达不到标准中规定的数值，应再抽取双倍（4根）钢筋，制取双倍（4根）试件重做试验，如仍

有一根试件的一个指标达不到标准要求，则不论这个指标在第一次试件中是否达到标准要求，拉力试验项目也按不合格处理。在冷弯试验中，如有一根试件不符合标准要求，应同样抽取双倍钢筋，制成双倍试件重做试验，如仍有一根试件不符合标准要求，冷弯试验项目即为不合格。

⑤ 试验应在室温10℃～35℃进行，对温度要求严格的试验，试验温度为（23±5）℃。

9.3.2 钢筋拉伸试验

1. 试验目的

测定低碳钢的屈服强度、抗拉强度与延伸率。注意观察拉力与变形之间的变化。确定应力与应变之间的关系曲线，评定钢筋的强度等级。

2. 主要仪器设备

（1）万能材料试验机为保证机器安全和试验准确，其吨位选择最好是使试件达到最大荷载时，指针位于指示度盘第三象限内。试验机的测力示值误差不大于1%。

（2）量爪游标卡尺（精确度为0.1mm）。

3. 试件制作和准备

抗拉试验用钢筋试件不得进行车削加工，可以用两个或一系列等分小冲点或细划线标出原始标距（标记不应影响试样断裂），测量标距长度L_0（精确至0.1mm），如图9.9所示。计算钢筋强度用横截面积采用表9.10所列公称横截面积。

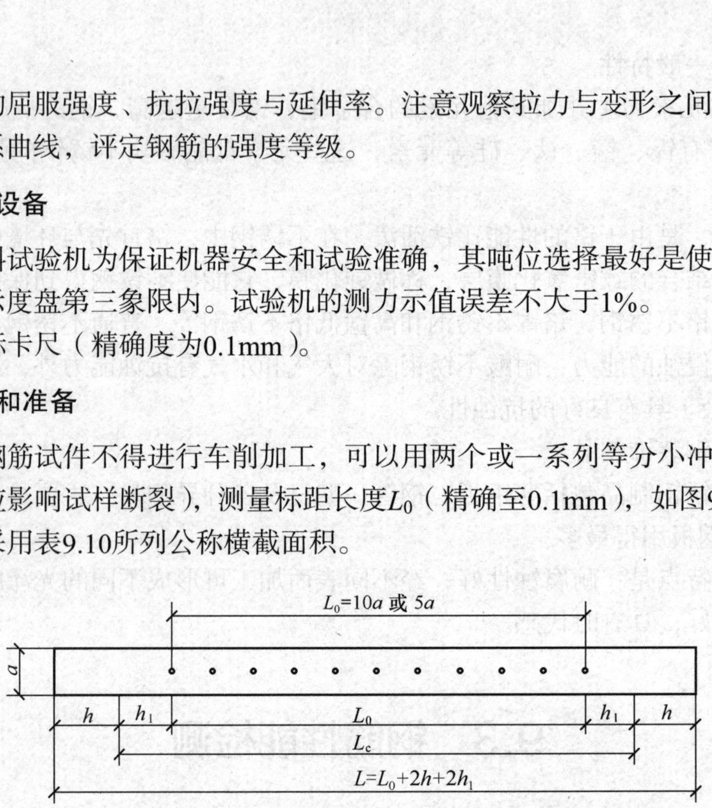

图9.9 钢筋拉伸试验试件

a—试样原始直径；L_0—标距长度；h—夹头长度；L_c—试样平行长度（不小于L_c+a）

表 9.10 钢筋的公称横截面积

公称直径/mm	公称横截面积/mm²	公称直径/mm	公称横截面积/mm²
8	50.27	22	380.1
10	78.54	25	490.9
12	113.1	28	615.8
14	153.9	32	804.2
16	201.1	36	1 018
18	254.5	40	1 257
20	314.2	50	1 964

4. 屈服强度和抗拉强度的测定

（1）调整试验机测力度盘的指针，使对准零点，并拨动副指针，使与主指针重叠。

（2）将试件固定在试验机夹头内。开动试验机进行拉伸，拉伸速度为：屈服前，应力增加速度按表9.11所示规定，并保持试验机控制器固定于这一速率位置上，直至该性能测出为止；屈服后或只需测定抗拉强度时，试验机活动夹头在荷载下的移动速度不大于$0.5L_0$/min。

表 9.11　　屈服前的加荷速率

金属材料的弹性模量/MPa	应力速率/[N/（mm^2·s）]	
	最小	最大
<150 000	2	20
≥150 000	6	60

（3）拉伸中，测力度盘的指针停止转动时的恒定荷载，或第一次回转时的最小荷载，即为所求的屈服点荷载F_s。按下式计算试件的屈服强度。

$$f_y = \frac{F_s}{A}$$

式中，f_y——屈服强度，MPa；

F_s——屈服点荷载，N；

A——试件的公称横截面积，mm^2。

当f_y＞1000MPa时，应计算至10MPa；f_y为200～1000MPa时，计算至5MPa；

f_y≤200MPa时，计算至1MPa。小数点数字按“四舍六入五单双法”处理。

（4）向试件连续施载直至拉断，由测力度盘读出最大荷载F_b（N）。按下式计算试件的抗拉强度：

$$f_u = \frac{F_b}{A}$$

式中，f_u——抗拉强度，MPa；

F_b——最大荷载，N；

A——试件的公称横截面积，mm^2。

5. 伸长率测定

（1）将已拉断试件的两段在断裂处对齐，尽量使其轴线位于一条直线上。如拉断处由于各种原因形成缝隙，则此缝隙应计入试件拉断后的标距部分长度内。

（2）如拉断处到邻近的标距点的距离大于$1/3L_0$时，可用卡尺直接量出已被拉长的标距长度L_1（mm）。

（3）如拉断处到邻近的标距端点的距离小于或等于$1/3L_0$，可按下述移位法确定L_1：

在长段上，从拉断处0取基本等于短段格数，得B点，接着取等于长段所余格数之半，得C点；或者取所余格数减1与加1之半，得C与C_1点。移位后的L_1分别为$AO+OB+2BC$或者$AO+OB+BC+BC_1$。

如果直接量测所求得的伸长率能达到技术条件的规定值，则可不采用移位法。

（4）伸长率按下式计算（精确至1%）：

$$\delta_{10}(\text{或}\delta_5)=\frac{L_1-L_2}{L_0}\times 100\%$$

式中，δ_{10}、δ_5——分别表示L_0=10d或L_0=5d时的伸长率；

L_0——原标距长度10d（5d），mm；

L_1——试件拉断后直接量出或按移位法确定的标距部分长度（测量精确至0.1mm）。

（5）如试件在标距端点上或标距处断裂，则试验结果无效，应重做试验。

9.3.3 钢筋冷弯试验

1. 试验目的

测定钢筋在冷加工时承受规定弯曲程度的弯曲变形能力，显示其缺陷，评定钢筋质量是否合格。

2. 主要仪器设备

压力机或万能试验机，具有不同直径的弯心。

3. 试验步骤

（1）钢筋冷弯试件不得进行切削加工，试样长度通常按下式确定。

$$L\approx 5a+150$$

（2）半导向弯曲

试样一端固定，绕弯心直径进行弯曲，如图9.10（b）所示。试样弯曲到规定的弯曲角度或出现裂纹、裂缝或断裂为止。

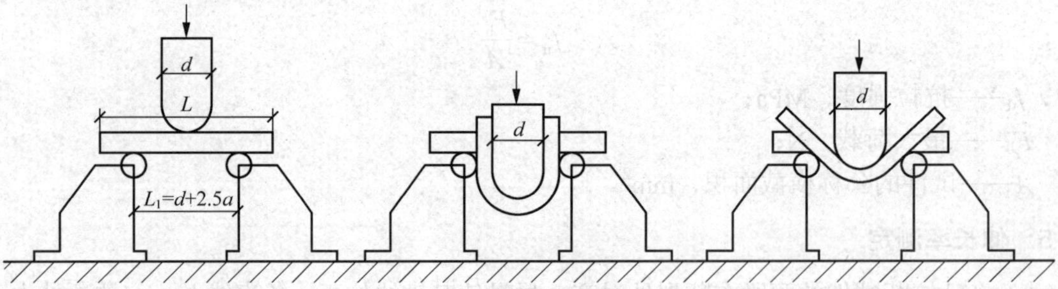

(a) 冷弯试件和支座　(b) 弯曲180°　(c) 弯曲90°

图9.10　钢筋冷弯试验装置示意图

（3）导向弯曲

① 试样放置于两个支点上，将一定直径的弯心在试样两个支点中间施加压力，使试样弯曲到规定的角度，如图9.8（c）所示或出现裂纹、裂缝、断裂为止。

② 试样在两个支点上按一定弯心直径弯曲至两臂平行时，可一次完成试验，亦可先弯曲到图9.8（b）所示的状态，然后放置在试验机平板之间继续施加压力，压至试样两臂平行。此时可以加与弯心直径相同尺寸的衬垫进行试验，如图9.8（b）所示。

当试样需要弯曲至两臂接触时，首先将试样弯曲到图9.8（b）所示的状态，然后放置在两平板间继续施加压力，直至两臂接触。

③ 试验应在平稳压力作用下，缓慢施加试验压力。两支辊间距离为（d+2.5a）±0.5a，并且在试验过程中不允许有变化。

④ 试验应在10～35℃或控制条件（23 ± 5）℃下进行。

4. 试验结果评定

弯曲后，按有关标准规定检查试样弯曲外表面，进行结果评定。若无裂纹、裂缝或裂断，则评定试样合格。

复习思考题

1. 铝合金是如何分类的？铝合金的表面处理方法有哪几种，原理是什么？
2. 常用的铝合金制品有哪些？
3. 钢材的冶炼方式有哪些？
4. 钢的化学成分有哪些，对钢的化学性质有什么影响？
5. 什么是钢的冷弯性能？应如何进行评价？
6. 何谓钢材的冷加工和时效性，钢材经过冷加工和时效处理后性能如何变化？
7. 举例说明常用的建筑钢材，并说明其表示方法。
8. 钢筋有几种，如何表示，性能如何？

第10章 合成高分子材料

合成有机高分子化合物又称高聚物或聚合物，它是由千万个原子彼此以共价键连接的大分子化合物。聚合物分为天然的（如淀粉、纤维素、蛋白质）及合成的（如聚乙烯、氯丁橡胶、醋酸纤维等）。合成的聚合物按其物理形状和高分子的结构，可分为：合成树脂、合成橡胶及合成纤维。

合成有机高分子材料具有许多优良的性能，因而在建筑中得到了较为广泛的应用，如塑料、合成橡胶、涂料、胶黏剂、高分子防水材料等已成为主要建筑材料。

学习目标

- 了解合成高分子材料的基本知识以及常见的合成高分子材料。
- 了解常见高分子材料的种类。
- 掌握聚合物的结构及性质。
- 能合理地选用合成高分子材料。

10.1 合成高分子材料的基本知识

塑料、橡胶、化学纤维以及某些胶黏材料、涂料等，都是以高分子化合物（简称高聚物）为基础材料制成，这些高分子化合物绝大多数是由人工合成制得的，故又称高分子合成材料。由高聚物加工或用高聚物对传统材料改性所制成的建筑材料，我国习惯称为化学合成建筑材料或简称化学建材。

10.1.1 高分子化合物的特征与基本性质

1. 高分子化合物的特征

高分子化合物具有与低分子化合物截然不同的性质，这是由高分子化合物的化学结构所决定的。高分子化合物的化学结构有以下几个持征。

① 高分子化合物的分子量一般都在几千以上，甚至可以达到数万、数十万或更大。

② 高分子是出许多结构相同的小单元（链节）重复组成的长链化合物。例如，乙烯的分子量为28，由乙烯为单体聚合而成的高分子化合物聚乙烯的分子量则在1000～35000或更大。

③ 一种高分子化合物是许多结构和性质相类似而聚合度不完全相等的高分子的混和物。生成的这些聚合物称为同系聚合物，因此，高分子化合物是不同分子量的间系聚合物。高分子化合物的分子量只能用平均分子量来表示。

④ 具有长链。根据分子链的形状不同，高分子化合物又分为线型的、支链型的和体型的等几种结构。

2. 高分子化合物的基本性质

由于高分子化合物的化学结构有以上特征，故其高聚物具有以下的基本性质。

（1）质轻

密度一般在0.9～2.2g/cm^3，平均约为铝的1/2，钢的1/5，混凝土的1/3，与木材相近。

（2）比强度高

其强度与表观密度之比已接近甚至超过了钢材。这是由于长链型的高分子化合物分子与分子之间的接触点很多、相互之间的作用力很大；同时，高分子化合物的分子链是蜷曲的，互相纠缠在一起，这样，高分子化合物就只有高比强度的持性。

（3）弹性好

这是由于高分子化合物受力时，蜷曲的分子可以被拉伸而伸长，当外力除去后，又能恢复到原来蜷曲的状态。

（4）导热性低

高分子化合物的导热性为金属的1/500～1/600。例如，泡沫塑料的导热性很小，是最好的保温材料之一。

（5）耐磨性好

例如，尼龙、聚四氟乙烯等许多高分子化合物不仅耐磨，又有优良的自润滑性能，比金属和天然材料都强。

（6）绝缘性好

由于高分子化合物分子中的化合键是共价键，不能电离，因此不能传递电子；又因为高分子化合物的分了细长而蜷曲，在受热或受声波作用时，分子不容易振动。所以，高分子化合物共有对电、热、声的良好绝缘性能。

（7）耐腐蚀性优良

因为许多分子链上的基团被包在里面，当接触到能与分子中的某一基团起反应的腐蚀性介质时，被包在里面的基团就不容易发生变化，因而，高分子化合物具有耐酸、碱腐蚀的特性。尤其是被称为“塑料王”的聚四氟乙烯，比黄金更耐酸、碱和强氧化剂的腐蚀。

10.1.2 聚合物及其分类

1. 聚合物

高分子化合物又称聚合物或高聚物，其分子量虽然很大，但化学成分却比较简单，是由简单的结构以重复方式连接起来而形成的。

少数高分子化合物的结构非常复杂，在它们的分子链中已找不到链节。

习惯上常将塑料工业中使用的高聚物统称为树脂，有时将未加工成型的高聚物也统称为树脂。

2. 聚合物的分类

聚合物按照合成高聚物时化学反应的不同，分为下面两大类。

（1）缩聚树脂

又称缩合树脂，一般由两种或两种以上含有官能团的单体经缩合反应而得。缩合反应过程中有副产品——低分子化合物出现，缩聚树脂的化学组成与单体的化学组成完全不同。

缩聚树脂的命名方法一般为在单体名称后加“树脂”。例如，由苯酚和甲醛缩合而得的称为酚醛树脂、由脲和甲醛缩合而得的称为脲醛树脂。

（2）加聚树脂

又称聚合树脂，是由含有不饱和键的低分子化合物（称为单体）经加聚反应而得。加聚反应过程中无副产品，加聚树脂的化学组成与单体的化学组成基本相同。

由一种单体加聚而得的称为均聚物，其命名方法为在单体名称前冠以“聚”字。例如，由乙烯加聚而得的称为聚乙烯，由氯乙烯加聚而得的称为聚氯乙烯等；两种或两种以上单体加聚而得的称为共聚物，其命名方法为在单体名称后加“共聚物”。例如，由乙烯、丙烯、二烯炔共聚而得的称为乙烯丙烯二烯炔共聚物（又称三元乙丙橡胶），由丁二烯、苯乙烯共聚而得的称为丁二烯苯乙烯共聚物（又称丁苯橡胶）。

10.1.3 聚合物的结构及性质

1. 聚合物大分子链的几何形状与性质

从结构上看，聚合物大分子链的几何形状有线型、支链型和体型结构三种，如图10.1所示。

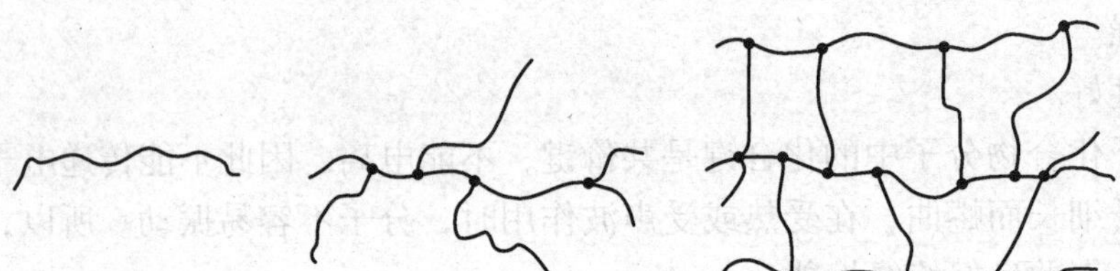

(a) 线型结构　　(b) 支链型结构　　(c) 体型结构

图10.1　聚合物结构示意图

（1）线型结构

主链是线状长链大分子，有些线型长链大分子是呈卷曲状的。

（2）支链型结构

主链也是长链形状的，但带有大量的支链。

（3）体型（网状型或交联型）结构

长链被许多横跨键交联成网状，或在单体聚合过程中在二维或三维空间交联成空间网络，分子彼此固定。

由线型和支链型高分子组成的聚合物称为线型聚合物。具有体型结构的高分子聚合物称为体型聚合物。一般来说，线型及支链型聚合物在受热时可以熔化，也能溶于特定的溶剂中，强度较低，弹性模量较小，变形较大，耐热性和耐腐性较差。支链型聚合物，因分子间排列较松，作用力较弱，所以溶解度较线型聚合物大，但密度、熔点、机械强度则较低。体型聚合物大分子间的结合力较强，在高温下不熔化，一般在有机溶剂中也不溶解，强度、硬度、脆性较高，塑性较差。

聚合物大分子的排列状态（聚集状态）分为结晶态和非结晶态（无定形态）两种。

在结晶聚合物的结构中，很少有全部都呈结晶状态的，一般都在晶区中间还存有非晶区。大分子在晶区部分呈规则、紧密的排列，而在非晶区部分则呈卷曲、无序的排列。

在聚合物整体内，结晶区域所占的百分比称为结晶度。一般说来，随结晶度增大聚合物的密度、抗拉强度、表面硬度、弹性模量、折光指数、耐热性都随之提高，而塑性、韧性、黏附能力、透气性、吸湿性和溶解度则相应降低。

2. 高聚物的变形与温度

非晶态高聚物的变形与温度的关系如图10.2所示。非晶态线型高聚物在低于某一温度时由于所有的分子链段和大分子链均不能自由转动而成为硬脆的玻璃体，即处于玻璃态，高聚物转变为玻璃态的温度称为玻璃化温度T_g。当温度超过玻璃化温度T_g时，由于分子链段可以发生运动（大分子仍不可运动），使高聚物产生大的变形，具有高弹性，即进入高弹态。温度继续升高至某一数值时，由于分子链段和大分子链均可发生运动，使高聚物产生塑性变形，即进入黏流态，将此温度称为高聚物的黏流态温度T_f。

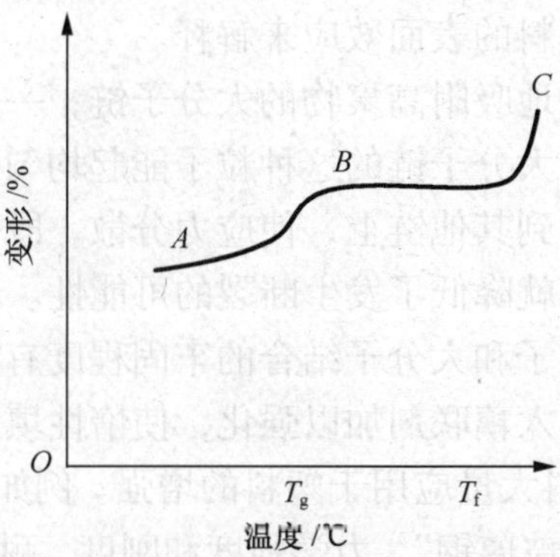

图10.2 非晶态线型高聚物的变形与温度的关系

A—玻璃态；*B*—高弹态；*C*—黏流态

热塑性树脂与热固性树脂在成型时均处于黏流态。

玻璃化温度T_g低于室温的称为橡胶，高于室温的称为塑料。玻璃化温度是塑料的最高使用温度，但却是橡胶的最低使用温度。

10.1.4 高分子化合物的改性与老化

1. 高分子化合物改性

高分子化合物材料本身的某些性能往往不能满足工程上的某些特定要求。例如，环氧树脂是很好的黏结材料，但它的脆性使其经受不住撞击或震动。对于这些性能上的不足，可通过改性来弥补。通常我们需要改善高聚物的耐热性，低温脆性，耐磨性，化学稳定性，机械强度等，以满足不同工程上的需要。

（1）脆性的改善

高聚物的聚集状态之一是玻璃态，透明且易碎为其特征。要改善材料的脆性，就必须阻止玻璃态的出现，其办法是降低玻璃化温度，其实质是在不破坏原分子结构的基础上，减弱分子间的作用力。

增塑剂的加入，可以改进高聚物的流动性，从而降低其玻璃化温度。

增塑剂是一些熔点较低、挥发性小、沸点高、化学性质稳定的有机小分子液体化合物，一般对高聚物有可溶性。增塑剂分子可钻到高聚物分子链中，使大分子溶胀，分子间距离增大，从而减弱分子间的作用力，破坏大分子的有序排列，提高各链节相对运动的自由程度，使其不易达到玻璃态的结构要求。常用的增塑剂有樟脑、乙二醇、甘油、邻苯二甲酸二丁酯等。

（2）力学强度的改善

高聚物力学强度的提高称为“增强”。许多材料可用来提高高聚物的力学强度，如炭黑、碳酸钙、纤维、纸张等，这些材料称为增强材料。

① 粉状填料的增强作用。粉状填料加入聚合物中，不仅可以改善成型加工性能和制品使用性能。而且使成本显著下降。其中最突出的例子是橡胶的补强。炭黑或二氧化硅（白炭黑）对橡胶的增强作用是人们早已熟悉的。胶体二氧化硅对非晶态硅橡胶的增强效果更为突出，其抗拉强度可提高40倍。

粉状填料的增强机理可用填料的表面效应来解释。

活性填料粒子的表面能较好地吸附高聚物的大分子链，一个粒子表面可同时有几条大分子链通过，形成物理交联。吸附有大分子链的这种粒子能起均匀分布负荷的作用。当其中一条受到应力时，可通过交联粒子传递到其他链上，使应力分散，既使某一网链断裂，其他链仍可起作用，不致迅速危及整体。这样就降低了发生断裂的可能性。

显然，填料增强的效力与粒子和大分子结合的牢固程度有重要关系。为了加强这种结合，可采用一定的化学处理方法或加入藕联剂加以强化，使惰性填料变成活性境料。

② 纤维增强塑料。纤维填料大量应用于塑料的增强。例如，环氧树脂，不饱和聚酯树脂等与玻璃纤维或其他织物复合成“玻璃钢”，力学强度和刚度、耐疲劳、耐蠕变及耐热性均得到明显提高。如玻璃纤维增强环氧树脂的抗拉强度可达1000MPa以上。

纤维增强塑料的制造原理是靠纤维和树脂的复合作用，利用纤维的高强度承受应力，利用树脂的塑性流动及其与纤维的黏结性传递应力。在应力作用下，与纤维方向平行的纤维的应变和基体树脂的应变应相等。由于树脂的模量比玻璃纤维小得多，且易塑性屈服，因而当玻璃纤维和树脂基体处在相同应变时，纤维中的应力要比树脂中的大很多。即使有一些有裂口的纤维先断，紧靠断头的这部分纤维将不再承受负荷，然而由于断头部分受到黏着它的基体塑性流动的阻碍，拉开断纤维的趋势被阻止。

复合增强的另一原理是基体抑制裂缝的效应。柔软基体依靠形变作用使裂缝不沿垂直应力的方向发展而发生倾斜，导致断裂功有很大一部分用于反抗基体对纤维的黏着力，因此抗裂能力提高了。

纤维增强复合材料中基体在断纤维周围产生的结果表明，即使纤维全部都断了，复合作用原理仍然起作用。

③ 对于晶态高聚物，还可以用拉伸的方法增加其强度。这是由晶区结构的有序性和取向性决定的，这时，所有微晶沿拉伸方向取向，形成稳定状态。

线性高聚物中加入交联剂，使之形成网状结构或体型结构，从而使强度增加的方法也是经常使用的。

2. 高分子化合物的老化

高分子化合物在加工或应用过程中，由于环境影响而破坏或丧失使用功能的现象叫作老化。导致老化的因素主要是光、热、氧、水、霉菌、机械力及化学物质的作用。相应地，为了防止材料老化，可使用光稳定剂、抗氧化剂等。

10.2 建筑塑料

塑料是一种天然或人造的高分子有机化合物，它是以树脂为基本材料或基体材料，加入适量的填料和添加剂后制得的材料和制品。常用的天然高分子化合物有纤维素、骨胶、松香和沥青等；人造的高分子化合物一般由单体聚合而成，如合成树脂、合成橡胶等。这类材料在一定的高温下具有流动性，加入少量的其他原料，可塑制成各种制品，在常温、常压下不变形。塑料还具有一些优良的特性，如轻质、低导热性、高绝缘性和良好的装饰性等。因此，随着化学工业的发展，建筑塑料的应用已日益广泛。

10.2.1 概述

1. 塑料的基本特点

建筑塑料与一般的建筑材料相比具有许多不可比拟的优良性能，主要有以下几点。

（1）质量轻，比强度高

塑料的密度为0.9～2.2g/cm^3，比铝轻一半，是混凝土的1/3，是钢材的1/4，为大多数有色金属的1/5～1/8。而塑料单位重量计算的强度比金属高。因此塑料可以取代某些金属材料、木材和墙体内隔材料，大大减轻建筑物的自重，节约基建成本，对高层建筑意义更大。

塑料及其他材料的比强度值如表10.1所示

表 10.1　各种材料的比强度

名称	密度/（g·cm^{-3}）	抗拉强度/MPa	比强度
聚氯乙烯（硬度）	1.4	42	30
聚苯乙烯	1.06	30	28
聚丙烯	0.91	34	37
聚酯（硬度）	1.3	56	43
酚醛	1.4	49.2	35
有机硅	1.8	29	16
聚甲基丙烯酸甲酯	1.19	63	53
环氧（填充玻璃纤维）	1.14	70.3	62
酚醛布质压层板	1.4	150	107
酚醛木质压层板	1.4	350	250
PRC-1	1.65	250～300	167
PRC-2	1.9	480～500	260

续表

名称	密度/（$g \cdot cm^{-3}$）	抗拉强度/MPa	比强度
Q235	7.85	380	48
高强度钢	7.85	1280	163
铸铁	7.85	150	19
纯铝	2.7	90	33
硬铝合金	2.8	380	136

（2）成本低，加工方便

塑料可以采用多种方法模塑成型，切削加工。虽然其品种多，如薄膜、板材、管材、门窗等，包括复杂的异型材和模制品，但是可塑性强，成型温度和压力容易控制，工序简单，设备利用率高，生产成本低，适合大规模机械化生产，产品结构调整方便，规模效应显著。

（3）出色的装饰性能

现代先进的塑料加工技术可以把塑料加工成装饰性优异的各种建筑制品。塑料可以着色，还可以采用印刷和压花技术进行印刷和压花。印刷图案可以模仿天然材料和仿古花纹，压花制品表面产生立体质感。此外，塑料的烫金和电镀等装饰方法更使塑料制品锦上添花。

（4）优良的抗化学腐蚀性

塑料对酸、碱等化学品抗腐蚀能力要比金属材料和一些无机材料强。例如，聚四氟乙烯，同熔融的碱金属才能发生腐蚀反应。塑料在空气中也不发生锈蚀，经过适当配方的建筑塑料的使用寿命也高于传统材料。因此塑料被大量应用于民用建筑上下水管材和管件，以及有酸、碱等化工腐蚀的工业建筑小的门窗、地面、墙体等。

（5）电绝缘性能好

由于大多数塑料具有优良的耐电弧和介电损耗小等优良的电绝缘性，在建筑行业中电器线路、控制开关、电缆等方面应用广泛，并逐步取代陶瓷、橡胶等其他绝缘材料。

（6）减振、吸声和隔热性好

泡沫塑料具有较好的减振、吸声和隔热作用。轻质塑料隔墙板和塑料壁纸、涂料有较好的隔热、隔音效果。塑料门窗、塑钢门窗比普通钢门窗可提高空温2℃～3℃，保温效果显著。

塑料作为建筑装饰材料，在工程中也有其不利的性质。

（1）耐热性差

塑料一般都具有受热变形的问题，甚至产生分解，一般的热塑性塑料的热变形温度仅为80℃～120℃，热固性塑料耐热性较好，但一般也不超过150℃。在施工、使用和保养时，应注意这一特性。

（2）易燃

塑料材料是由氢氧元素组成的有机高分子物质，当其遇火时，极易起火燃烧。塑料的燃烧可产生以下三种灾难性的作用。

① 燃烧迅速，放热剧烈。这种作用可使塑料或其他可燃材料猛烈燃烧，导致火焰迅速漫延，使火灾难以控制。

② 发烟量大，浓烈弥漫。浓烟会使人产生恐惧感，加重人们的不安或恐慌心理。同时受害人难以辨明方向，阻碍自身逃逸，妨碍被人救援。

③ 生成毒气、毒害窒息。使受害人在几秒或几十秒内，被毒害而丧失意识，或神志不清，

或窒息而死。近年来发生的重大火灾伤亡事故，无一不是由于毒害作用而致人死亡。

因此，在设计及施工时应给予特别的注意，选用有阻燃性能的塑料，或在设计及工程中，采取必要的消防和防范措施。

（3）易老化

塑料制品在阳光、空气、热及环境介质中的酸、碱、盐等作用下，其力学性能将发生劣化现象，这种现象称为“老化”。采用技术方法，可使其使用寿命延长。

（4）刚度小

塑料是一种黏弹性材料，弹性模量低，且在荷载的长期作用下易产生蠕变。但碳纤维增强塑料，其强度和变形性可大为提高，甚至可超过钢材，在航天、航空结构中广泛应用。

2. 塑料的基本组成

（1）合成树脂

合成树脂是塑料的基本组成材料，在塑料中起着黏结作用。塑料的性质主要决定于合成树脂的种类、性质和数量。合成树脂在塑料中的数量一般为30%～60%，仅有少量的塑料完全由合成树脂组成。

用于热塑性塑料的树脂主要有聚乙烯、聚氯乙烯、ABS共聚物、聚苯乙烯、聚甲基丙烯酸甲酯等；用于热固性塑料的树脂主要有酚醛树脂、脲醛树脂、不饱和聚酯树脂、环氧树脂、有机硅树脂等。

（2）填充料

填充料又称填料，其种类很多。常用的粉状填料主要有木粉、滑石粉、石灰石粉、碳黑等，在塑料中填料的主要作用是降低成本，提高强度和硬度及耐热性，并减少塑料制品的收缩；常用的纤维状填料主要为玻璃纤维，其在塑料中的主要作用是提高抗拉强度。

（3）增塑剂

增塑剂可降低树脂的黏流态温度T_f，使树脂具有较大的可塑性以利于塑料的加工。增塑剂的加入降低了大分子链间的作用力，因而能降低塑料的硬度和脆性，使塑料具有较好的韧性、塑性和柔顺性。常用的增塑剂是分了量小、熔点低、难挥发的液态有机物，如邻苯二甲酸二丁酯、邻苯二甲酸二辛酯、磷酸三甲酚酯等。

（4）固化剂

固化剂又称硬化剂，其主要作用是使线型高聚物交联成体型高聚物，使树脂具有热固性。如某些酚醛树脂常用的六亚甲基四胺（乌洛托品），环氧树脂常用的胺类（乙二胺、间苯二胺）、酸酐类（邻苯二甲酸酐、顺丁烯二酸酐）及高分子类（聚酰胺树脂）。

（5）着色剂

着色剂可使塑料具有鲜艳的颜色，改善塑料制品的装饰性。常用的着色剂是一些有机和无机颜料。

（6）稳定剂

为防止某些塑料在热、光及其他条件下过早老化而加入的少量物质称为稳定剂。常用的稳定剂有抗氧化剂和紫外线吸收剂。

除此之外，在塑料生产中常常还加入一定量的其他添加剂，使塑料制品的性能更好、用途更加广泛。如使用发泡剂可以获得泡沫塑料，使用阻燃剂可以获得阻燃塑料。

10.2.2 塑料的分类与基本性能

1. 塑料的分类

根据高聚物对热的性质，可将塑料分为两大类，即热塑性树脂和热固性树脂。

（1）热塑性树脂

热塑性树脂又称热塑性塑料。热塑性塑料主要是由具有线型和支链的高分子所组成，加热时分子的活动能力增加。随着温度升高，分子及分子之间产生运动，使塑料具有一定流动性。完全熔融的树脂，在压力作用下能加工成各种形状的制品，冷却后分子重新冻结而失去流动性，制品随塑模形状被固定下来。如果高聚物分子不发生降解、交联或解聚等变化，这一过程就可以反复进行。

降解常指在化学或物理作用下（包括自然气候条件、光、热、氧、放射线等），高聚物分子的聚合度降低的过程。它会引起机械性能的变化，如弹性消失，强度降低，熔体黏度降低等。但有时为了加工的需要，也特地使高聚物部分降解。一般以高聚物的熔体黏度、机械性能，电性能等各种物理力学性能的变化判断其降解程度。

交联是指线型结构分子因化学或高能辐射作用变为具有桥键的体型结构分子的过程。如高能辐射能使聚乙烯交联。也可以在一定的温度和压力下，加入交联剂（有机过氧化物），通过氧化物分解，产生高度活泼的游离基，使聚乙烯碳链上生成活性点，发生碳—碳交联，形成三向的网状结构聚合物。交联能提高树脂的不溶不熔性，调整树脂黏度、耐热性和抗拉强度等。交联过大会导致树脂变脆、延伸率降低。

解聚是指线型高聚物降解为单体的过程。主要在物理或化学作用下产生，如在光、热、辐射、机械能、氧、酸、碱、催化剂等因素影响作用下会使线型高聚物产生解聚，成为原始单体。

所以，在反复加工热塑性树脂时，要注意其高聚物分子的变化状况。这类热塑性树脂有聚乙烯、聚丙烯、聚酰胺、聚甲醛、聚苯醚、聚碳酸酯、聚矾等。

（2）热固性树脂

热固性树脂又称热固性塑料。热固性塑料在成型前分子量较低（线型或支链分于），具有可塑性，在热和固化剂等作用下，成型过程中发生交联等化学反应变成不熔不溶、网状体型结构的大分子，质地坚硬而失去可塑性。热固性塑料成型过程是不可逆的，固化后的制品受热不再软化，高温下会发生降解而破坏，在溶剂中只溶胀而不溶解，不能反复加工塑制。

热固性树脂具有较高的耐热性和刚性，加入填料等补强剂，可进一步提高其强度。典型的热固性树脂有酚醛树脂、氨基树脂、环氧树脂、聚硅醚树脂、不饱和聚酯等。

2. 塑料的基本性能

塑料用作建筑材料，认识其基本物理性能是很重要的。高聚物组成塑料的主要成分，其分子量大小、分子结构等化学物理特性直接反映了塑料的特性。线型高聚物具有弹性和塑性，可以溶解于溶剂中，一定温度下可熔融；体型高聚物呈三度空间交联的网状巨型分子结构，没有弹性和塑性，高温不熔，也不溶于任何溶剂。

（1）热性能

网状体形巨型分子结构树脂对温度不敏感，严密的三维结构限制了高聚物中的分子运动，在一定的高温下只能分解而遭受破坏。

非晶态高聚物外观透明，随着温度的变化，玻璃态、高弹态和黏流态等力学聚集态表现明显。

（2）机械性能

塑料的机械性能与其他材料一样，是指在应力下产生应变的程度。通常指塑料的拉伸强度、断裂伸长率、弹性模量、硬度、剪切强度及抗弯强度等。

塑料在拉伸应力的作用下应变（伸长率）变化的过程。随着外力的增加，出现屈服点，达到了弹性极限；再增加外力，则应力随之下降，直至断裂。在弹性极限内，应力与应变符合虎克定律，两者之比为塑料的弹性模量，这主要是高聚物分子及链段由滑动而变为拉伸，继而发生断裂。

塑料的机械性能反映了高分子链主价力、分子间力、分子量、结晶性等的关系。

（3）老化性能

塑料制品受外界条件影响，性能逐渐变坏，质量下降的过程为老化。空气、光、热等长期作用会引起高聚物化学结构破坏，物理性能改变，机械性能降低；铜、锰、铁等金属盐杂质、臭氧以及压缩挠曲、电磁效应等也能加速老化。老化过程中分子结构会发生以下反应：一是高聚物发生降解、解聚，分子变小，塑料制品变软发黏，机械强度降低。一是高分子发生交联、支化和环化，形成大分子体型结构，塑料制品变硬发脆，失去弹性。老化试验表明，热老化起主要作用。老化过程中两种反应的相对速度决定其结果是降解还是交联。

（4）耐腐蚀性能

根据高聚物分子链上带有的不同基团，在不同条件下，会发生水解、卤化、磺化、硝化、酯化等化学反应。

带活性基团的塑料，容易发生化学腐蚀，如含有酰胺键的聚酰胺树脂在强酸或强碱作用下会发生水解反应，随着温度的升高水解反应速度会加快。又如含双键的ABS树脂，遇到臭氧、卤化氢会发生反应而引起断链，降低分子量。

不带极性基团的塑料，有良好的抗酸、碱腐蚀能力。例如，聚四氟乙烯，分子中的C-F键结合力很强，不易断裂，同时氟原子封闭碳链，使碳不易受到侵蚀，其结构比黄金还要稳定，能抗沸腾王水的腐蚀。

10.2.3 常用建筑塑料

建筑上常用的塑料品种可分为两大类：

1. 热塑性塑料

（1）聚氯乙烯（PVC）

聚氯乙烯由聚氯乙烯树脂加入稳定剂、填料、着色剂及润滑剂等加工而成。若加入增塑剂，则为软质聚氯乙烯，不加增塑剂，则为硬质聚氯乙烯。 PVC是工程中使用最多的塑料。

聚氯乙烯中氯的质量分数高达56.8%，所以PVC具有自熄性，故可在建筑中大量使用。聚氯乙烯在室温下是无色、半透明、坚硬而性脆的聚合物，密度为1.2～1.6g/cm^3，玻璃化温度为95℃，在光、热或某些盐类的作用下分解放出氯化氢，造成制品的颜色变深，性能变差。因此，在聚氯乙烯塑料中必须加入热氧稳定剂，以提高它的使用寿命。

此外，硬聚氯乙烯塑料的机械强度及常温下的抗冲击性能较高，耐油性及抗老化性较好，易于熔接及黏合。主要缺点是软化点低，温度升高便容易降解，故使用温度低；线膨胀系数大；加工成型性不好。软聚氯乙烯塑料质地柔软、耐摩擦、耐挠曲、弹性好、破裂时伸长率较大、吸水性低，易于加工成型，且有良好的耐寒性，但使用温度也较低，且抗拉强度、抗弯强度及冲击韧度均不如硬质聚氯乙烯。

典型聚氯乙烯塑料的物理力学性能如表10.2所示。

表 10.2　典型聚氯乙烯塑料的物理力学性能

性能	硬质	软质	
		通用型	电器用
密度/（$g\cdot cm^{-3}$）	1.4～1.6	1.2～1.6	1.2～1.6
抗压强度/MPa	70.5	8.8	8.8
悬臂冲击韧度（23℃）/（$J\cdot cm^{-2}$）	0.22～10.8	随增塑剂量而不同	随增塑剂量而不同
抗弯曲强度/MPa	100	—	—
抗拉强度/MPa	45.7	10.5～21.1	10.5～21.1
断裂伸长率/%	25	100～500	100～500
吸水性（浸 25h）/%	0.1～0.4	0.25	0.5～1
邵氏硬度	75～85	A50～95	A60～95
最高工作温度℃	70	50～80	80～104
线膨胀系数/（$\times10^{-5}K^{-1}$）	5	1	1
比热容/kJ/（$kg\cdot K$）	1.05	1.26	1.67
燃烧性	自熄	自熄	自熄

（2）聚乙烯（PE）

聚乙烯由乙烯单体聚合而成，是产量最大、用途最广的一种热塑性树脂。按聚合方法不同分为高压、低压、中压聚乙烯三种。

高压聚乙烯含有较多短链分支，具有较低的密度、分子量和结晶度，因而质地柔软，适用于制造薄膜。低压聚乙烯中只含很少的短链分支，有较高的密度、分子量和结晶度，质地坚硬，能用作机械工业中的结构材料。

聚乙烯有优良的耐低温性（−70℃）和耐化学腐蚀性，有突出的电绝缘性和耐辐射性。又因为它只含碳、氢两种元素，其中没有极性元素存在，所以有良好的抗水性。

日光可导致聚乙烯链的降解。用聚乙烯制成的塑料能吸收油类而引起膨胀、变色、破裂。但它有很高的化学稳定性、耐水性、物理机械性能和介电指标。

聚乙烯能燃烧，使用时要严加注意。

聚乙烯可作防水材料（如护堤、防渗、给排水管道、混凝土及建筑物的防水层等）、涂料、绝缘材料等。

聚乙烯的力学性能与密度有密切关系，如表10.3所示。

（3）聚丙烯（PP）

聚丙烯的密度在所存塑料中是最小的，约为$0.90g/cm^3$左右。聚丙烯易燃并容易产生熔融洒落现象，但它的耐热性能优于聚乙烯，在100℃时仍能保持一定的抗拉强度。聚丙烯也是结晶性高聚物，其机械性能高于聚乙烯。聚丙烯的耐化学腐蚀性能很好，常温下没有溶剂。聚丙烯的缺点是耐低温冲击性能较差，通常要进行增韧改性。

表 10.3　　聚乙烯的密度和力学性能的关系

聚合法	低压法	中压法	高压发	
密度/（$g \cdot cm^{-3}$）	0.95，0.96（高密度）	0.97，0.98（高密度）	0.91，0.92（低密度）	0.93，0.94（中密度）
抗拉强度/MPa	25	40	14	18
伸长率/%	100	200	500	300
冲击韧度（带缺口）/（$J \cdot cm^{-2}$）	2.1	1.6	5.4	2.7
相对硬度	3	4	1	2
结晶度	85	95	65	75
熔点/℃	120	130	100	110

聚丙烯常用来生产管材、卫生洁具等建筑制品。

（4）聚苯乙烯（PS）和高抗冲聚苯乙烯（HIPS）

聚苯乙烯为无色透明类似玻璃的塑料，透光度可达88%～92%。聚苯乙烯的机械性能较高，但脆性大，敲击时有金属脆声。聚苯乙烯在燃烧时会放出黑烟，并发出特殊的苯乙烯气味。聚苯乙烯的耐溶剂性较差，能溶解于苯、甲苯、乙苯等芳香族溶剂。

聚苯乙烯在建筑中主要用来生产泡沫隔热材料，此外它也被用于制造灯具、发光平顶板等制品。

商品聚苯乙烯分为抗冲型、工业型、日用型和颗粒型等几种。抗冲聚苯乙烯（即HIPS）在聚合时加人抗冲改性剂，具有较高的抗冲强度。工业型和日用型被用来制造一般的工业和日用品。颗粒型主要用于生产可发性聚苯乙烯。所谓可发性聚苯乙烯，是在高压下向聚苯乙烯中渗入丁烷或正戊烷等低沸点液体，加热时PS软化而丁烷或正戊烷气化使聚苯乙烯膨胀成泡沫塑料。

（5）ABS塑料

ABS塑料是由丙烯腈、丁二烯和苯乙烯三种单体共聚而成。

聚苯乙烯的资源丰富、加工方便，但抗冲性和耐热性较差。为了改善PS的这些性能，近几十年来通过将苯乙烯与不同的单体共聚或采用共混的方法开发了一系列聚苯乙烯的改良品种。其中最成功并已工业化生产的就是ABS塑料。它具有优良的综合性能，即ABS中的三个组份各显其能，丙烯腈使ABS具有良好的耐化学性能和表面硬度，丁二烯使ABS坚韧和具有良好的耐低温性能，苯乙烯则赋予ABS良好的加工性能。ABS塑料的总体性能取决于这三种单体的组成比例。

ABS塑料的性能如表10.4所示。

ABS可用于生产建筑五金和各种管材等。

（6）聚甲基丙烯酸甲酯（PMMA）

PMMA俗称有机玻璃，是由丙酮、氰化物和甲醇反应生成的甲基丙烯酸甲酯单体加入引发剂、增塑剂聚合而成。

表 10.4　　　　ABS 塑料的性能

性能	性能		超高冲击型	高强度中冲击型	低温冲击型	耐热型
物理性能	密度/（$g \cdot cm^{-3}$）		1.05	1.07	1.02	1.06～1.08
	吸水率（24h，%）		0.3	0.3	0.2	0.2
热性能	热弯形温度/℃	0.5MPa	96	98	98	104～116
		1.86MPa	87	89	78～85	96～110
	线膨胀系数/（$\times 10^{-5}K^{-1}$）		1	7	8.6～9.9	6.8～8.2
	燃烧性（>1.27mm 厚）/（$mm \cdot s^{-1}$）		—	—	0.55	0.55
力学性能	抗拉强度/MPa	极限	35	63	21～28	53～56
		屈服	—	—	21～28	53～56
	抗拉弹性模量 $\times 10^{-4}$/MPa		0.2	0.3	0.07～0.2	0.25
	抗折强度/Mpa		62	97	25～46	84
	弯曲弹性模量 $\times 10^{-4}$/MPa		0.2	0.3	0.1～0.2	0.25～0.26
	抗压强度/MPa		—	v	18～39	70
	硬度/HRC		100	121	62～88	108～116
	冲击韧度（带缺口）/（$J \cdot cm^{-2}$）	23℃	5.3	0.6	2.7～4.9	1.6～3.2
		0℃	—	—	2.1～3.2	1.1～1.3
		−40℃	—	—	8.1～18.9	1.6～5.4
负载变形（150℃，1.4MPa，%）			—	—	—	0.4

PMMA是透光率最高的一种塑料，它不但能透过92% 以上的日光，并且能透过73.5%的紫外光。它质轻、坚韧并具有弹性，不易碎裂，在低温时仍具有较高的冲击强度，有优良的耐水性和耐热性，易加工成型，并具有良好的耐久性，处于热带气候下曝晒多年，它的透明度和色泽变化很小；燃烧时呈淡蓝色火焰，顶端白色，无滴落现象；易溶于低级酮、四氯化碳、苯、甲苯、氯仿及丙酮等有机溶剂中。但它的缺点是耐磨性差，硬度低，表面硬度比无机玻璃低得多，表面容易起毛，光泽难以保持长久。

PMMA塑料的技术性能指标如表10.5所示。

表 10.5　　　　聚甲基丙烯酸甲酯塑料的综合技术性能指标

性能	指标	性能		指标
密度/（$g \cdot cm^{-3}$）	1.18～1.12	介电性		良
抗拉强度/MPa	49～77	击穿电压/kV/mm		20
抗压强度/MPa	84～126	熔点/℃		>108
抗弯曲强度/MPa	91～120	热膨胀系数/$\times 10^{-5}K^{-1}$		5～9
冲击韧度（缺口）/（$J \cdot cm^{-2}$）	0.8～1.0	硬度	布氏	14～18
热变性温度（1.86MPa）/℃	74～107		洛氏	85～105
吸水率/%	0.3～0.4	耐热温度/℃	马丁	60～88
伸长率/%	2～10		连续	100～102

PMMA塑料在建筑中大量用做窗玻璃的代用品，用在容易破碎的场合。此外，PMMA还可用做室内墙板、天窗及装饰板和制造浴缸等。

2. 热固性塑料

（1）酚醛塑料（PF）

酚醛树脂是由苯酚与甲醛在酸性催化剂（常用盐酸）作用下缩聚而成的一种树脂。由于所用苯酚与甲醛比例不同，催化剂类型不同可制得热塑性塑料和热固性塑料两种。

酚醛树脂不能单独作塑料使用，它必须加入各种填料才能制得各种塑料制品。例如，人们熟知的用于模压成各种电工器材的“电木粉”就是用酚醛树脂加木粉或颜料制成。

酚醛塑料的性能指标如表10.6所示。

表 10.6　　酚醛塑料的性能

性能	指标
密度/（$g \cdot cm^{-3}$）	1.4
抗拉强度/MPa	49.2
抗压强度/MPa	21.1
抗弯曲强度/MPa	70.3
冲击韧度（缺口）/（$J \cdot cm^{-2}$）	0.109～0.196
热变性温度（1.86MPa）/℃	177
燃烧难易	难
抗酸性	良
抗溶剂性	良
介电性	良
热膨胀系数/（$\times 10^{-5}K^{-1}$）	2.5～6

酚醛塑料具有电绝缘性能，脆性大且耐热、耐湿、耐化学腐蚀，在建筑上主要用作装饰面板、模压制品、胶黏剂和涂料。

（2）聚酯塑料

聚酯塑料的单成分聚酯树脂是多元酸和二元醇的不饱和树脂与其他不饱和单体在激发剂的作用下共聚而成。它具有良好的黏结性、弹性、透光性、耐热性和耐水性。常用玻璃纤维作增强材料在建筑上制造管道、水箱、贮槽以及一些承重结构构件。

（3）脲醛塑料（UF）

脲醛塑料的主要成分脲醛树脂是由尿素和甲醛缩聚的产物。低分子量时呈液态，溶于水和一些有机溶剂，可用作胶黏剂来生产胶合板，纸质层压板等；高分子量的为白色固体，加入填充剂加工成塑料（电玉），色彩鲜艳、有自熄性，可制成装饰品或电绝缘材料，还可以采用机械的方法用其制成泡沫塑料，用作空心墙的隔热层等。

UF塑料坚硬、耐刮伤，且刚度较大，不易变形；半透明、着色性好；难燃且具有自熄性；其制品的性能随所用填料的不同而异，例如，加入尼龙丝， 可提高抗冲击强度；加入石棉，可提高机械强度和耐热性；加入玻璃纤维织物，可提高耐火性、抗冲击强度及抗化学腐蚀性等。塑料的缺点是耐水性差，且更不耐沸水，耐热性也较差，耐热温度仅为75℃。

脲醛塑料的性能指标如表10.7所示。

表 10.7　脲醛塑料的性能

性能	指标
密度/（$g \cdot cm^{-3}$）	1.47～1.52
抗拉强度/MPa	42～91
抗压强度/MPa	21.1175～245
弹性模量 $\times 10^{-2}$/MPa	105
伸长率/%	0.5～1.0
冲击韧度（缺口）/（$J \cdot cm^{-2}$）	0.054～0.075
硬度（莫氏）	115～120
24h 吸水率/%	0.4～0.8
耐热温度/℃	75
热膨胀系数/（$\times 10^{-5}K^{-1}$）	2.7

（4）有机硅塑料（SI）

有机硅树脂也称有机硅氧烷，将二甲基二氯硅烷（$(H_3C)_2SiCl$）水解可制得线型有机硅，这种低分子量的聚合物常用作清漆、润滑剂、脱模剂中的外加剂或单独用作憎水剂。体型有机硅是由二甲基二氯硅烷和一甲基二氯硅烷混合水解而制得。用玻璃纤维、石棉、云母或二氧化硅来增强有机硅树脂可制成层压塑料或模压成各种塑料制品。

（5）环氧树脂（EP）

环氧树脂是一种热固性塑料，未固化时为高黏度液体或脆性固体，易溶于丙酮或二甲苯等溶剂。加入固化剂后可在室温或高温下固化。

EP黏结力强，且黏结适应性好，与金属、木材、玻璃、陶瓷、水泥砂浆、混凝土都能黏结；收缩性小；稳定性好，可放置很久而不变质；抗化学侵蚀性强；有良好的物理力学性能。

（6）聚氨酯（PU）

聚氨酯是性能优异的热固性塑料。它的强度高，耐化学性能优异，耐热、耐油、耐溶剂性好，黏结性和弹性优良。生产工艺非常简单，原料为液体，聚合和发泡可在常温常压下进行，甚至可在建筑施工现场喷涂发泡，这是其他泡沫塑料难以做到的。

聚氨酯可制成单组分或双组分的涂料、黏合体、弹性体、硬塑料、硬质和软质泡沫塑料。在建筑中它主要以泡沫塑料的形式作为隔热材料以及优质涂料和黏合剂、防水涂料和弹性嵌缝材料等。

（7）玻璃纤维增强塑料（玻璃钢）

玻璃钢是用玻璃纤维制品（纱、布、短切纤维、毯和无纺布等）增强不饱和聚酯树脂、环氧树脂等，得到的一种复合材料。玻璃钢具有下列优异性能：成型性能好，可以制成各种结构形式和形状的结构件，也可以现场制作；重量轻而强度高，可以在满足设计要求的条件下，大大减轻建筑物的自重；具有很好的耐化学腐蚀性能；具有独特的透光性能，可以同时作为结构和采光材料使用。玻璃钢还可与钢结构组合，制成公园中的山景，如北京世界公园的克罗拉多大峡谷，天津儿童乐园的峡谷漂流等，都是玻璃钢制品的成功应用。

10.3　建筑涂料

所谓建筑涂料，是指涂装于建筑物表面，如内、外墙面、顶棚、地面和门窗等，并能与基体材料很好黏结，形成完整而坚韧保护膜的一类物料。涂料与油漆是同一概念。

建筑涂料的作用主要是装饰建筑物，保护主体材料和改善居住条件或提供某些特殊使用功能。

建筑涂料质轻、品种多，色彩变化灵活，施工和维修更新方便，且生产投资较小，因而成为一类重要的建筑饰面材料，并得到十分广泛的应用。

10.3.1 建筑涂料的组成

建筑涂料包含多种组成物质，每种涂料的具体组成也差异很大。建筑涂料大致可分成挥发部分和不挥发部分两个组分。挥发部分包括分散介质和其他材料带入的可挥发成分，不挥发部分则会留在基层表面，干结后形成一层膜盖住基层。涂料中的不挥发部分称作成膜物质。进一步，组成涂料的物质按其在涂料中的作用可划分为主要成膜物质（基料）、次要成膜物质（颜料和填料）、辅助成膜物质（分散介质和助剂）。

1. 主要成膜物质

主要成膜物质也称为基料或黏结剂，是决定涂料性质的最主要组分。主要成膜物质具有单独成膜的能力，亦可黏结其他组分共同成膜。涂料的品种与名称通常是根据主要成膜物质来命名的。

可以成膜的物质很多，如干性油、半干性油、天然树脂、合成树脂、无机胶结材等。

2. 次要成膜物质

次要成膜物质主要是指颜料。颜料按其在涂料中所起的作用可分为着色颜料和体质颜料，自身没有成膜的能力，它们必须依靠主要成膜物质的黏结而成为膜的一个组成部分。

着色颜料是一种不溶于水、溶剂或涂料的一种微细粉末状的有色物质，能均匀地分散在涂料介质中。着色颜料在建筑涂料中不仅能使涂层具有一定的遮盖能力，增加涂层色彩，而且还能提高膜的强度。

体质颜料按其颗粒大小分为粉料和粒料。

粉料是一些几乎不具有遮盖力和着色力的白色粉末。粉料开始用于涂料仅是为了弥补着色颜料的体质不足，降低涂料成本，故称填充料。现在发现，粉料与着色颜料配合使用，粉料质轻、悬浮力大，可以防止重质颜料沉淀，使颜料在涂料中均匀分散。粉料还能增加涂膜厚度和体质感，提高涂层的耐磨性和耐久性，因而也称为体质颜料。

粒料是用天然石材加工或人工烧结而成的一类粒径在3mm以下的彩色固体颗粒，也称作彩砂。相对涂料中其他基料而言，它粒度较粗，因此在建筑涂料中可以起到提高色观和质感的作用。加有粒料的涂料被称作彩砂涂料，这是一种较新颖的建筑涂料。

3. 分散介质

在工程中，为了便于涂装施工，建筑涂料大都是液体状的，具有一定的流动性，所以建筑涂料中总是含有较大数量的分散介质。分散介质可以是有机溶剂，也可以是水，前者组成溶剂型涂料，后者则是水性的。

分散介质在涂料中属于辅助成膜物质，当涂料涂于基层上，分散介质被基层物质吸收一部分，而大部分则挥发到空气中。分散介质虽然不构成涂膜，但它对涂膜形成的质量和涂料的成本都有很大影响。

4. 辅助材料

为了改善涂膜的某些性能，诸如涂膜的结膜干燥时间、柔韧性、抗氧化性、抗紫外线作用、耐老化性能等，常在涂料中加入一些辅助材料。辅助材料又称助剂，它们用量很少，但种类很多，且作用显著，是改善涂料性能不可忽视的重要组分。常用辅助材料有增塑剂、催干剂、间化剂、抗氧剂、紫外线吸收剂、防霉剂、乳化剂以及特种涂料使用的阻燃剂、杀虫剂等。

10.3.2 建筑涂料的基本类型

1. 按主要成膜物质的化学成分分

按构成涂膜主要成膜物质的化学成分，可将建筑涂料分为有机涂料、无机涂料和有机复合涂料3类。

（1）有机涂料

有机涂料常用的有以下3种类型。

① 溶剂型涂料。溶剂型涂料是以高分子合成树脂为主要成膜物质，有机溶剂为稀释剂，加入适量的颜料、填料（体质颜料）及辅助材料，经研磨而成的涂料。

溶剂型涂料形成的涂膜细腻光洁而坚韧，有较好的硬度、光泽和耐水性、耐候性、气密性，耐酸碱，对建筑物有较强的保护性，使用温度可以低至0℃。它的主要缺点是易燃，溶剂挥发对人体有害，施工时要求基层干燥，涂膜透气性差，而且价格较贵。

② 水溶性涂料。水溶性涂料是以水溶性合成树脂为主要成膜物质，以水为稀释剂，加入适量的颜料、填料及辅助材料，经研磨而成的涂料。

这类涂料的水溶性树脂，可直接溶于水中与水形成单相的溶液。它的耐水性较差，耐候性不强，耐洗刷性差，一般只用于内墙涂料。

③ 乳胶涂料。乳胶涂料又称乳胶漆。它是由合成树脂借助乳化剂的作用，以0.1～0.5μm的极细微粒子分散于水中构成的乳液，并以乳液为主要成膜物，加入适量的颜料、填料、辅助材料经研磨而成的涂料。

这种涂料由于省去价格较贵的有机溶剂，以水为稀释剂，价格较便宜，无毒，不燃，对人体无害，有一定的透气性，涂布时不需要基层很干燥，涂膜固化后的耐水、耐擦洗性较好，可作为内外墙建筑涂料。但施工温度一般应在10℃以上，用于潮湿的部位，易发霉，需加防霉剂。

（2）无机涂料

无机涂料是历史最早的一类涂料，传统的石灰水、大白粉、可赛银等，就是以生石灰、碳酸钙、滑石粉等为主要原料，加适量动植物胶配制而成的内墙涂刷材料。它的耐水性差，涂膜质地疏松，易起粉，早已被以合成树脂为基料配制成的各种涂料所取代。但硅溶胶、火玻璃的出现，又赋予它新的生命。

无机涂料具有以下特点。

① 资源丰富，生产工艺较简单，价格便宜，节约能源，减少环境污染。

② 黏结力较强，对基层处理要求不是很严。

③ 材料的耐久性好，遮盖力强，装饰效果好。

④ 温度适应性好，碱金属硅酸盐系列的涂料可在较低的温度下施工，双组分固化成膜，受气温的影响较小。

⑤ 颜色均匀，保色性好。

⑥ 有良好的耐热性，且遇火不燃，无毒等。

无机涂料是一种很有发展前途的建筑涂料。

（3）有机无机复合涂料

有机无机复合涂料，综合了无机涂料和有机涂料的优点，克服了它们的缺点，取长补短、发挥其各自的优势。在降低成本，改善建筑涂料的性能，更适应建筑装饰的要求等方面开辟了一条途径。例如以硅溶胶、丙烯酸系列复合的外墙涂料在涂膜的柔韧性及耐候性方面更能适应大气温差的变化。

2. 按建筑物的使用部位分类

建筑涂料可分为外墙涂料、内墙涂料、顶棚涂料、地面涂料和屋面防水涂料等。根据它们涂刷于建筑物的部位不同，对涂料性能的要求，也各有不同的侧重。

10.3.3 常用建筑涂料

建筑涂料的品种繁多，性能各异，按涂料的使用部位可分为外墙涂料、内墙涂料及地面涂料。

1. 外墙涂料

外墙涂料主要功能是装饰和保护建筑物的外墙面，使建筑物外貌整洁美观，从而达到美化城市环境的目的。同时能够起到保护建筑物外墙的作用，延长其使用时间。为了获得良好的装饰与保护效果，外墙涂料一般应具有装饰性好、耐水性好、耐玷污性好、耐候性好等特点。建筑外墙涂料的主要类型及品种如下：

（1）过氯乙烯外墙涂料

它是合成树脂涂料用做建筑外墙面装饰的最早外墙涂料之一，以过氯乙烯树脂为主要成膜物质。过氯乙烯涂料的特点：涂膜干燥快，施工方便，在常温下2h可完全干燥，在冬季晴天也能施工，具有良好的大气稳定性和化学稳定性，不引燃，耐水性、耐霉性较好，但附着力较差，在配制时应拼用适当的合成树脂，以增强其附着力。

（2）聚氨酯系列外墙涂料

它是以聚氨酯树脂或聚氨酯与其他树脂复合物为主要成膜物质。它与常用的硅聚酯涂料相比，聚氨酯涂料不用涂二道，可以承受严重拉伸而不剥落或破坏，耐化学药品和溶剂性能好，柔度高，沾灰倾向小。目前国外开发的抗刻划涂料有热固化脂族聚氨酯，固化膜相当柔软，透明、自愈自合能力强，数分钟后即显不出刻划痕迹。它可用于天窗、风雨窗、金属化反射薄膜。聚氨酯系列涂料性能好，弹性高，装饰性好，但价格较贵，所以适用于比较高级建筑的外墙装饰。

（3）苯-丙乳液涂料

它是以苯乙烯-丙烯酸酯共聚乳液为主要成膜物质。纯丙烯酸酯乳液配制的涂料，具有优良的耐候性和保光、保色性，适用于外墙涂装。但价格较贵，限制了它的使用。以一部分或全部苯乙烯代替纯丙乳液中的甲基丙烯酸甲酯制成的苯-丙乳液涂料，仍然具有良好的耐候性和保光保色性，而价格却较低。苯丙乳液涂料还具有优良的耐碱、耐水性，外观细腻，色彩艳丽，质感好，很适于外墙涂装。从资源、造价分析，是适合我国国情的外墙乳液涂料，目前国内生产量较大。用苯-丙乳液配制的各种类型外墙乳液涂料，性能优于乙-丙乳液涂料。

（4））彩砂涂料

它是以丙烯酸共聚乳液为胶黏剂，由高温烧结的彩色陶瓷粒或以天然带色的石屑作为集料，外加添加剂等多种助剂配制而成。这种涂料的特点是无毒、快干、不燃、耐强光、不褪色、耐污染性能好，涂层具有丰富的色彩及质感，耐久性约10年以上。彩砂涂料主要用于各种板材及水泥沙浆抹面的外墙面装饰。

（5）无机高分子涂料

它是近年来发展起来的新型建筑涂料。建筑上广泛应用的有碱金属硅酸盐和硅溶胶两类。有机高分子建筑涂料一般都有耐老化性能较差，耐热性差，表面硬度小等缺点。无机高分子涂料恰好在这些方面性能较好，耐老化性、耐高温、耐腐蚀、耐久性等性能好，涂膜硬度大，耐磨性好，若选材合理，耐水性能也很好，而且材料来源广泛，价格便宜，因而近年来受到国内外普遍重视，发展较快。

2. 内墙涂料

内墙涂料的主要功能是装饰及保护室内墙面，使其美观整洁。为了获得良好的装饰效果，内墙涂料应具有以下特点：色彩丰富、细腻、调和；耐碱性、耐水性、耐粉化性、透气性好；涂刷容易，价格合理。

（1）803内墙涂料

它是以聚乙烯醇半缩醛经氨基化合处理后加入填料、颜料及其他助剂经砂磨机分散而成的一种新型水溶性涂料。具有无毒、无味、干燥快、遮盖力强、涂层光洁，在冬季温度较低时不易结冻，涂刷方便，装饰性好，耐擦洗性好，对墙面有较高的附着力，能在稍潮湿的基层及新老墙面上施工等优点。803内墙涂料可涂刷于混凝土、纸筋石灰、水泥表面。这种涂料适合大厦、住宅、剧院、学校等室内建筑物墙面装饰。

（2）聚乙烯醇水玻璃内墙涂料

这是一种在国内普通建筑中广泛使用的内墙涂料，其商品名为“106”。它是以聚乙烯醇树脂和水玻璃为胶黏剂，加入一定数量的体质颜料和少量助剂，经搅拌、研磨而成的水溶性涂料。聚乙烯醇水玻璃涂料的品种有白色、奶白色、湖蓝色、果绿色、天蓝色等。这种涂料适用于住宅、商店、医院、学校等建筑物的内墙装饰。

（3）乙-丙有光乳胶漆

它是以乙-丙共聚乳液为主要成膜物质。用于建筑内墙装饰，其耐水性、耐碱性、耐久性优于醋酸乙烯乳胶漆，并具有光泽，是一种高档内墙涂料。这种涂料的特点是乳液的光稳定性、耐候性、涂膜的柔韧性好，国内资源丰富，价格适中。

（4）苯丙乳胶内墙漆

它是由苯丙共聚物乳液与钛白粉及其他颜料和填料经研磨而成的一种水性乳胶涂料，是一种高浓度的乳胶涂料。此种涂料可刷涂、喷涂，施工方便，而且平流性好、干燥快、无嗅、无着火危险，还可在略微潮湿的表面上施工，涂膜具有良好的保色性和耐擦洗性等。这种涂料能用于较高级的住宅及各种公共建筑物内墙装饰。

10.3.4　涂料的性能要求

涂料的一般性能包括以下几方面。

1. 遮盖力

遮盖力通常用能使规定的黑白格遮盖所需的涂料的重量表示。重量大则遮盖力小。遮盖力的大小与涂料中颜料的着色能力以及含量有关。建筑涂料遮盖力为100～300g。

2. 涂膜附着力

表示涂料与基层的黏结力。可用划格法测定，即在涂料表面用特殊的划刀划出100个1mm^{2}的方格，切口穿透整个涂膜。然后用软毛刷沿格子对角线方向前后备刷5次。检查掉下小方格的数目。附着力用下式表示。

$$a = [(100 - a_1) / 100] \times 100\% \quad (10.1)$$

式中，a——附着力；

a_1——掉下方格数。

附着力最大为100%。附着力的大小与涂料中成膜物质的性质及基层的性质和处理方法有关。

3. 黏度

黏度的大小影响施工性能，不同的施工方法要求涂料有不同的黏度。有的要求涂料具有触变性，抹上基体表面后不流淌，而涂刷又很容易。黏度的大小取决于涂料的固体成分，即成膜物质和填料的性质和含量。

黏度常用黏-4杯法测定，即一定量涂料流过涂-4杯下面的小孔所需的时间（s）。时间越长，黏度越大。厚质涂料则用旋转粘度计测定，并用厘泊数表示。

4. 细度

细度是检查色漆中颜料及其他固体成分颗粒大小及分散程度的指标，以粒子的全径微米数表示。细度是涂料的基本质量指标，细度值越低，颗粒越细小，在涂料中分布越均匀、成膜后越平滑，外观及各项机械性能、耐久性都高。面层涂料细度一般应在20～40μm、底层涂料细度一般应在40～60μm。

10.4　建筑胶黏剂

胶黏剂是一种能将各种材料紧密地黏结在一起的物质。由于塑料在建筑中广泛应用，建筑向预制装配化、施工机械化的方向发展，所以建筑构件和材料的连接将更多地使用胶黏剂。用胶黏剂粘接材料具有工艺简单、省工省料、接缝处应力分布均匀、密封和耐腐蚀等优点。

10.4.1 胶黏剂的组成与分类

1. 胶黏剂的基本组成材料

（1）黏料

黏料是胶黏剂的基本组成，又称基料，它使胶黏剂具有黏结特性。黏料一般由一种或几种聚合物配合组成。用于结构受力部位的胶黏剂以热固性树脂为主，用于非结构和变形较大部位的胶黏剂以热塑性树脂或橡胶为主。

（2）固化剂

固化剂用于热固性树脂，使线型分子转变为体型分子；交联剂用于橡胶，使橡胶形成网型结构。固化剂和交联剂的品种应按黏料的品种、特性以及对固化后胶膜性能（如硬度、韧性、耐热性等）的要求来选择。

（3）填料

加入填料可改善胶黏剂的性能（如强度、耐热性、抗老化性、固化收缩率等）、降低胶黏剂的成本。常用的填料有石英粉、滑石粉、水泥以及各种金属与非金属氧化物。

（4）稀释剂

稀释剂用于调节胶黏剂的黏度、增加胶黏剂的涂敷浸润性。稀释剂分有活性和非活性两种，前者参与固化反应，后者不参与固化反应而只起到稀释作用。稀释剂需按黏料的品种来选择。一般地，稀释剂的用量越大，则黏结强度越小。

此外，为使胶黏剂具有更好的性能，还应加入一些其他的添加剂，如增韧剂、抗老化剂、增塑剂等。

2. 胶黏剂的分类

胶黏剂的分类方法很多，无论哪一种分类方法都有它的局限性。下面介绍几种比较常见的分类方法。

（1）按组成胶黏剂的黏料分类

这种分类方法的着眼点是黏料的来源组成特点及其工艺特点，在胶接工程中一直占据着显赫的地位，其分类如图10.3所示。

- 胶黏剂
  - 有机胶黏剂
    - 天然胶黏剂：动植物胶等
    - 热固性胶黏剂：环氧、UP 树脂
    - 热塑性胶黏剂：聚酯酸乙烯酯、聚乙烯酯等
    - 合成胶黏剂：橡胶胶黏剂：氯丁胶、硅橡胶等
  - 无机胶黏剂：水玻璃、磷酸盐、硼酸盐

图10.3 胶黏剂按黏料分类

（2）按胶黏剂外观状态分类

此方法格胶黏剂分为溶液型、乳液型、膏糊型、粉末型、薄膜型和固体型等种类。

溶液型胶黏剂黏料主要成分是树脂或橡胶，可含溶剂，也可不含溶剂，溶液黏度各不相同，

大部分胶黏剂属此种类型。乳液是水分散型的，树脂在水中分散（乳化）称为乳液，橡胶在水中分散称为乳胶。膏糊型是高度不挥发的，具有间隙充填性的，高黏稠的胶黏剂。粉末型主要是水活性胶黏剂，使用前加溶剂（主要是水），调成糊状或液状使用。薄膜型是以纸、布、玻璃纤维等为基材，涂敷或吸附胶黏剂后，干燥成薄膜状，具有高耐热性和高强度，主要用于结构件的胶接。固体型主要是热熔性胶黏剂，可制成条状、块状、粒状等使用。

（3）按固化后强度特性分类

按照这种方法可将胶黏剂分为结构型、次结构型和非结构型三大类。

结构型胶黏剂用于结构部件的受力部件，一般要求胶接头部位所能承受的应力应与被胶接构件相当或较为接近，在经受高低温条件和介质浸渍时，物理机械性能没有大幅度的下降。结构型胶黏剂大都为混合型品种，如酚醛-氯丁、环氧-酚醛、环氧-聚硫、环氧-聚酰胺等。

（4）按胶黏剂固化机理分类

按照这种方法可以将胶黏剂分为溶剂挥发型、化学反应型和热熔型三大类。

溶剂挥发型胶黏剂是由溶剂挥发或被胶接材料吸收，形成胶黏膜，而产生胶接强度的一种纯物理可逆过程的胶黏剂。

化学反应型胶黏剂是由化学反应而产生固化的胶黏剂、属不可逆的化学变化过程。热熔型胶黏剂是不含水或溶剂的热塑性高聚物的固态胶黏剂，使用时通过加热熔融黏合，冷却固化产生强度而实现胶接，也是一种纯物理的可逆过程的胶黏剂。

10.4.2 常用胶黏剂品种

1. 热塑性树脂胶黏剂

（1）聚醋酸乙烯（PVAC）胶黏剂

聚醋酸乙烯乳液胶黏剂俗称白乳胶，是由醋酸乙烯乳液聚合而成的。它无毒、无味，黏结强度高，常温下固化速度快，但耐水性和耐热性差。可单独使用，也可与水泥、按甲基纤维素等作复合使用。常用作非结构型胶黏剂，黏结各种非金属材料如木材、塑料壁纸、陶瓷饰面材料等，还可配制乳液涂料、乳液腻子等。

（2）聚乙烯醇（PVAL）和聚乙烯醇缩醛（PVAM）胶黏剂

聚乙烯醇是由聚醋酸乙烯水解而得到的水溶性胶黏剂，常用它黏结纸张、织物等。

聚乙烯醇缩醛树脂是由聚乙烯醇与醛类反应后而得到的。市场上常用的107胶为聚乙烯醇缩甲醋（PVFL）胶，是由聚乙烯醇与甲醛在酸性介质中缩聚而成的。107胶是无毒、无味的透明水溶液，具有较高的黏结强度和较好的耐水性和耐老化性。它可单独使用，也可与其他材料混合使用。可用作非结构胶黏剂，粘贴塑料壁纸、玻璃布等，也可用它配制内外墙、地面用的涂料及腻子等。

由聚乙烯醇与甲醛在酸性介质中经缩聚反应后再经氨基化得到的胶黏剂称801胶。801胶的耐磨性和剥离强度优于107胶，其他性能同107胶，用途也同107胶。

2. 热固性树脂胶黏剂

（1）环氧树脂（EP）胶黏剂

环氧树脂是指分子结构中至少含有两个环氧基的线性高分子化合物。凡用环氧树脂为基料配制的胶黏剂都称为环氧树脂胶黏剂。目前应用最多的是由二酚基丙烷（简称双酚A）与环氧氯丙烷在碱性催化剂作用下缩聚而成的双酚A环氧树脂，它在加入固化剂之前是热塑性的，固化后为热固性的。

环氧树脂与金属、木材、塑料、橡胶、混凝土等均有很高的黏结力，有万能胶之称。它黏结强度高，收缩率小（约2%），有较好的稳定性和电绝缘性，能在室温至高温（150℃～180℃）条件下用不同的固化剂固化。但在固化后脆性较大，耐热性、耐紫外线较差，抗冲击强度较低，这些缺点可通过掺加不同的添加剂来改善。

环氧树脂不仅用作结构胶黏剂，黏结金属、陶瓷、玻璃、混凝土等多种材料，还可用于混凝土构件补强，裂缝修补，配制涂料和防水防腐材料等。

（2）丙烯酸酯树脂胶黏剂

丙烯酸酯树脂胶黏剂以丙烯酸漆树脂为基料配制而成。常用的α-氰基丙烯酸酯胶黏剂是由氰基乙酸酯和甲醛在碱性介质中经缩合反应得到的低聚物加热裂解而制得。该胶黏剂为快速固化胶黏剂，室温下在几分钟甚至几秒钟即可固化，故称瞬干胶。α-氰基丙烯酸酯胶黏剂为无色透明的液体，黏结力强，固化速度快，胶结表面不必打毛，使用方便，且容易清除。但耐热性、耐水性差，性脆，不宜大面积黏结。可用于黏结多种金属和非金属材料，特别是对ABS塑料、有机玻璃、聚苯乙烯等与金属之间的黏结，能得到较为理想的胶结强度。

502胶属丙烯酸酯树脂胶黏剂。它以α-氰基丙烯酸乙酯为基料，加入少量磷酸三甲酚酯（增塑剂）、有机玻璃粉末（填料）及微量二氧化硫（稳定剂）等拌制而成。适用于-50℃～70℃范围各种材料的黏结，但不宜在酸、碱性水中长期使用，也不宜在高度潮湿及强烈震动的设备上使用。

3. 橡胶胶黏剂

它是以橡胶为基料配制而成的胶黏剂。几乎所有的天然橡胶和合成橡胶都可以用来配制胶黏剂。橡胶胶黏剂富有柔韧性，有优异的耐蠕变、耐挠曲及耐冲力震动等特性，起始黏结性高，但耐热性差。常用的有氯化天然橡胶胶黏剂、氯丁橡胶胶黏剂、丁苯橡胶胶黏剂、丁腈-氯化胶等。橡胶胶黏剂用于橡胶、金属和非金属等多种材料的黏结。

10.4.3 胶黏剂的储存管理

胶黏剂中大部分含有有机溶剂，在储存中应注意防止发生燃烧或爆炸的事故。也应注意溶剂挥发和基料老化引起的质变。

胶黏剂应储存于阴凉、干燥的库房内。库温不宜过高。对易结晶的品种（如氯丁胶黏剂在12℃以下能结晶）应注意库房的保温。库房湿度不要大于80%，防止水分浸入包装。库房内所有电气设施应采用防爆式，窗玻璃涂漆、货架可用黑帘布遮盖，避免阳光照射。搬运、储存中均应绝对保证包装的完好，严格密封，防止溶剂挥发，对双组分包装的胶黏剂应注意配套保管供应。注意胶黏剂的有效期限，一般被单包装的储存期为3～6月。多组分包装的胶黏剂储存期可长些。超期储存者应经性能鉴定合格后，方能发放使用。

复习思考题

1. 高分子化合物有哪些特征？这些特征与高分子化合物的性质有何联系？

2. 聚合树脂与缩合树脂在合成时的化学反应有何不同？

3. 热塑性树脂和热固性树脂主要不同之点有哪些？

4. 聚合树脂都是热塑性的，而缩合树脂则有热固性的也有热塑性的，这是什么缘故？

5. 试述塑料的组成成分。它们各起什么作用？

6. 试述涂料的组成成分和它们所起的作用。

7. 常用的建筑涂料有哪些？各有何优缺点？

8. 建筑上常用的胶黏剂有哪几种？各有何使用特点？

9. 在黏结结构材料或修补建筑结构（如混凝土、混凝土结构）时，一般宜选用哪类合成树脂胶黏剂？为什么？

第11章 防水材料

沥青与许多材料表面有良好的黏结力，能黏附在木材、钢铁等材料表面；沥青是一种憎水性材料，几乎不溶于水，而且构造密实，是建筑工程中应用最广泛的一种防水材料；沥青能抵抗一般酸、碱、盐等侵蚀性液体和气体的侵蚀，广泛应用于防水、防潮、防腐材料。

防水涂料常涂布在基层表面，经溶剂或水分挥发，或各组分间的化学反应，形成具有一定弹性的连续薄膜，使基层表面与水隔绝，起到防水和防潮作用。广泛适用于工业与民用建筑的屋面防水工程、地下混凝土工程的防潮防治等。

建筑密封材料是一些能使建筑上的各种接缝或裂缝、变形缝保持水密、气密性能，并具有一定强度、能连接构件的填充材料。

学习目标

- 掌握石油沥青的技术性能。
- 了解改性沥青性能。
- 熟悉各种防水卷材、防水涂料和建筑密封材料的种类。
- 要能够根据具体工程的特点及防水要求合理地选用防水材料。

11.1 沥青防水材料

沥青是一种有机胶凝材料，它是复杂的大分子碳氢化合物及非金属（氧、硫等）衍生物的混合物。在常温下为黑色或黑褐色液体、固体或半固体，具有明显的树脂特性，能溶于二硫化碳、四氯化碳、苯及其他有机溶剂。沥青与许多材料表面有良好的黏结力，它不仅能黏附于矿物材料表面上，而且能黏附在木材、钢铁等材料表面；沥青是一种憎水性材料，几乎不溶于水，而且构造密实，是建筑工程中应用最广泛的一种防水材料；沥青能抵抗一般酸、碱、盐等侵蚀性液体和气体的侵蚀，故广泛应用于防水、防潮、防腐材料。

11.1.1 石油沥青

石油沥青是由石油原油经蒸馏等炼制工艺提炼出各种轻质油（汽油、煤油、柴油等）和润滑油后的残余物，经再加工后的产物。石油沥青的化学成分很复杂，很难把其中的化合物逐个分离出来，且化学组成与技术性质间没有直接的关系，因此，为了便于研究，通常将其中的化合物按化学成分和物理性质比较接近的，划分为若干组分。

油分为流动至黏稠的液体。在石油沥青中，油分的含量为40%～60%。油分使石油沥青具有流动性。在170℃加热较长时间可挥发。含量越高，沥青的软化点越低，沥青流动性越大，但温度稳定性差。

树脂为红褐色至黑褐色的黏稠半固体。在石油沥青中，树脂的含量为15%～30%，它使石油沥青具有良好的塑性和黏结性。

地沥青质为深褐色至黑色的硬、脆的无定形不溶性固体。在石油沥青中，地沥青质含量为10%～30%。地沥青质是决定石油沥青热稳定性和黏性的重要组分，含量越多，软化点越高，也越硬、脆。对地沥青加热时会分解，逸出气体而成焦炭。

此外，石油沥青中往往还含有一定量的固体石蜡，是沥青中的有害物质，会使沥青的黏结性、塑性、耐热性和稳定性变坏。

石油沥青的性质与各组分之间的比例密切相关。液体沥青中油分、树脂多，流动性好，而固体沥青中树脂、地沥青质多，特别是地沥青多，所以热稳定性和黏性好。

石油沥青中的这几个组分的比例，并不是固定不变的，在热、阳光、空气和水等外界因素作用下，组分在不断改变，即由油分向树脂、树脂向地沥青质转变，油分、树脂逐渐减少，而地沥青质逐渐增多，使沥青流动性、塑性逐渐变小，脆性增加直至脆裂。这个现象称为沥青材料的老化。

1. 石油沥青的主要技术性质

（1）黏滞性

黏滞性是指石油沥青在外力作用下抵抗变形的性能。黏滞性的大小，反映了胶团之间吸引力的大小，即反映了胶体结构的致密程度。当地沥青质含量较高，有适量树脂，但油分含量较少时，黏滞性较大。在一定温度范围内，当温度升高时，黏滞性随之降低，反之则增大。

表征沥青黏滞性的指标，对于液体沥青是黏滞度。

表征半固体沥青、固体沥青黏滞性的指标是针入度。

（2）塑性

塑性是指石油沥青在外力作用时产生变形而不破坏的性能，沥青之所以能被制成性能良好的柔性防水材料，在很大程度上取决于这种性质。石油沥青中树脂含量大，其他组分含量适当，则塑性较高。温度及沥青膜层厚度也影响塑性。温度升高，则塑性增大；膜层增厚，则塑性也增大。在常温下，沥青的塑性较好，对振动和冲击作用有一定承受能力，因此常将沥青铺作路面。

沥青的塑性用延度（延伸度）表示。

（3）温度敏感性（温度稳定性）

温度敏感性是指石油沥青的黏滞性和塑性随温度升降而变化的性质。温度敏感性越大，则沥青的温度稳定性越低。温度敏感性大的沥青，在温度降低时，很快变成脆硬的物体，受外力作用极易产生裂缝以致破坏；而当温度升高时即成为液体流淌，而失去防水能力。因此，温度敏感性是评价沥青质量的重要性质。

沥青的温度敏感性通常用“软化点”表示。软化点是指沥青材料由固体状态转变为具有一定流动性膏体的温度。软化点可通过“环球法”试验测定。

不同的沥青软化点不同，大致在25℃～100℃。软化点高，说明沥青的耐热性好，但软化点过高，又不易加工；软化点低的沥青，夏季易产生变形，甚至流淌。所以，在实际应用中，总希望沥青具有高软化点和低脆化点（当温度在非常低的范围时，整个沥青就好象玻璃一样的脆硬，一般称作“玻璃态”，沥青由玻璃态向高弹态转变的温度即为沥青的脆化点）。为了提高沥青的耐寒性和耐热性，常常对沥青进行改性，如在沥青中掺入增塑剂、橡胶、树脂和填料等。

（4）大气稳定性

大气稳定性是指石油沥青在热、阳光、水分和空气等大气因素作用下性能稳定的能力，也即沥青的抗老化性能，是沥青材料的耐久性。在自然气候的作用下，沥青的化学组成和性能都会发生变化，低分子物质将逐渐转变为大分子物质，流动性和塑性逐渐减小，硬脆性逐渐增大，直至脆裂，甚至完全松散而失去黏结力。

石油沥青的大气稳定性常用蒸发损失和针入度变化等试验结果进行评定。

2. 石油沥青的分类及技术标准

根据中国现行标准，石油沥青按用途和性质分为道路石油沥青、建筑石油沥青、防水防潮石油沥青和普通石油沥青四类。

3. 石油沥青的应用

沥青在使用时，应根据当地气候条件、工程性质（房屋、道路、防腐）、使用部位（屋面、地下）及施工方法具体选择沥青的品种和牌号。对一般温暖地区、受日晒或经常受热部位，为防止受热软化，应选择牌号较小的沥青；在寒冷地区，夏季暴晒、冬季受冻的部位，不仅要考虑受热软化，还要考虑低温脆裂，应选用中等牌号沥青；对一些不易受温度影响的部位，可选用牌号较大的沥青。当缺乏所需牌号的沥青时，可用不同牌号的沥青进行掺配。

道路石油沥青黏度低，塑性好，主要用于配制沥青混凝土和沥青砂浆，用于道路路面和工业厂房地面等工程。

建筑石油沥青黏性较大，耐热性较好，塑性较差，主要用于生产防水卷材、防水涂料、防水密封材料等，广泛应用于建筑防水工程及管道防腐工程。一般屋面用的沥青，软化点应比本地区屋面可能达到的最高温度高20℃～25℃，以避免夏季流淌。

防水防潮石油沥青质地较软，温度敏感性较小，适于做卷材涂复层。

普通石油沥青因含蜡量较高，性能较差，建筑工程中应用很少。

11.1.2 沥青改性

建筑上使用的沥青必须具有一系列良好的性能。即在低温条件下应有弹性和塑性；在高温时要有足够的强度和稳定性；在加工和使用时具有抗老化能力；与各种矿物填充料和结构表面要有较强的黏附力；对基层变形有一定的适应性和耐疲劳性。而上述这些特性，通常在石油加工厂制备的沥青是不一定能全面满足要求的，由此必然影响到沥青防水材料的质量。所以常加入橡胶、树脂和矿物填充料等对沥青进行改性处理。

11.2 防水卷材

11.2.1 沥青防水卷材

防水卷材是一种具有一定宽度和厚度的能够卷曲成卷状的带状定型防水材料。防水卷材是建筑防水工程中应用的主要材料，约占整个防水材料的90%。沥青防水卷材是以沥青（石油沥青或煤焦油、煤沥青）为主要防水材料，以原纸、织物、纤维毡、塑料薄膜、金属箔等为胎基（载体），用不同矿物粉料或塑料薄膜等作隔离材料所制成的防水卷材，通常称之为油毡。胎基是油毡的骨架，使卷材具有一定的形状、强度和韧性，从而保证了在施工中的铺设性和防水层的抗裂性，对卷材的防水效果有直接影响。沥青防水卷材由于卷材质量轻、价格低廉、防水性能良好、施工方便、能适应一定的温度变化和基层伸缩变形，故多年来在工业与民用建筑的防水工程中得到了广泛应用。目前，我国大多数屋面防水工程仍采用沥青防水卷材。通常根据沥青和胎基的种类对油毡进行分类，如石油沥青纸胎油毡、石油沥青玻纤油毡等。

1. 石油沥青纸胎油纸、油毡

凡用低软化点热熔沥青浸渍原纸而制成的防水卷材称油纸；在油纸两面再浸涂软化点较高的沥青后，撒上防黏物料即成油毡。表面撒石粉作隔离材料的称为粉毡，撒云母片作隔离材料的称为片毡。

油纸和油毡均以原纸每平方米质量克数划分标号。石油沥青油纸分为200、350两个标号；油毡分为200、350、500三个标号；煤沥青油毡分为200、270、350三个标号。油纸和油毡幅宽有915mm、1000mm两种，每卷面积为（20±0.3）m^2。

油纸主要用于建筑防潮和包装，也可用于多叠层防水层的下层或刚性防水层的隔离层。油毡适用面广，但石油沥青纸胎油毡的防水性能差、耐久年限低。建设部于1991年6月颁发的《关于治理屋面渗漏的若干规定》的通知中已明确规定：“屋面防水材料选用石油沥青油毡的，其设计应不少于三毡四油”。所以，纸胎油毡按规定一般只能作多叠层防水，其中500号粉毡用于“三毡四油”的面层，350号粉毡用于里层和下层；也可用“二毡三油”的简易做法来做非永久性建筑（如简易宿舍、简易车间等）的防水层；200号油毡适用于简易防水、临时性建筑防水、建筑防潮及包装等；片毡用于单层防水。

2. 煤沥青纸胎油毡

煤沥青纸胎油毡（以下简称油毡）系采用低软化点煤沥青浸渍原纸，然后用高软化点煤沥青涂盖油纸两面，再涂或撒隔离材料所制成的一种纸胎防水材料。

油毡幅宽为915mm和1000mm两种规格。

油毡按技术要求分为一等品（B）和合格品（C）；按所用隔离材料分为粉状面油毡（F）和片状面油毡（P）两个品种。

油毡的标号分为200号、270号和350号三种。

3. 其他纤维胎油毡

这类油毡是以玻璃纤维布、石棉布、麻布等为胎基，用沥青浸渍涂盖而成的防水卷材。与纸胎油毡相比，其抗拉强度、耐腐蚀性、耐久性都有较大提高。

（1）沥青玻璃布油毡

沥青玻璃布油毡是用中蜡石油沥青或用高蜡石油沥青经氧化锌处理后，再配低蜡沥青，用它涂盖玻璃纤维两面，并撒布粉状防黏物料而制成的，它是一种无机纤维为胎基的沥青防水卷材。这种油毡的耐化学侵蚀好，玻璃布胎不腐烂，耐久性好，抗拉强度高，有较高的防水性能。

沥青玻璃布油毡按幅宽可分为900mm和1000mm两种规格。

（2）沥青玻纤胎油毡

沥青玻纤胎油毡是以无定向玻璃纤维交织而成的薄毡为胎基，用优质氧化沥青或改性沥青浸涂薄毡两面，再以矿物粉、砂或片状沙砾作撒布料制成的油毡。沥青玻纤胎油毡由于采用200号石油沥青或渣油氧化成软化点大于90℃、针入度大于25的沥青（或经改性的沥青），故涂层有优良的耐热性和耐低温性，油毡有良好的抗拉强度，其延伸率比350号纸胎油毡高一倍，吸水率也低，故耐水性好，因此，其使用寿命大大超过纸胎油毡。另外，玻纤毡优良的耐化学性侵蚀和耐微生物腐烂，使耐腐蚀性大大提高。沥青玻纤胎油毡的防水性能优于玻璃布胎油毡。

沥青玻纤胎油毡可用于屋面及地下防水层、防腐层及金属管道的防腐层等。由于沥青玻纤油毡质地柔软，用于阴阳角部位防水处理，边角服贴、不易翘曲、易于黏结牢固。

11.2.2 改性沥青防水卷材

1. 改性沥青

沥青具有良好的塑性，能加工成良好的柔性防水材料。但沥青耐热性与耐寒性较差，即高温下强度低，低温下缺乏韧性。表现为高温易流淌，低温易脆裂。这是沥青防水屋面渗漏现象严重，使用寿命短的原因之一。如前所述，沥青是由分子量几百到几千的大分子化组成的复杂混合物，但分子量比通常高分子材料（几万到几百万或以上）小得多，而且其分子量最高（几千）的组分在沥青中的比例比较小，决定了沥青材料的强度不高，弹性不好。为此，常添加高分子的聚合物对沥青进行改性。高分子的聚合物分子和沥青分子相互扩散、发生缠结，形成凝聚的网络混合结构，因而具有较高的强度和较好的弹性。按掺用高分子材料的不同，改性沥青可分为橡胶改性沥青、树脂改性沥青、橡胶树脂共混改性沥青三类。

① 橡胶改性沥青。在沥青中掺入适量橡胶后，可使沥青的高温变形性小，常温弹性较好，低温塑性较好。常用的橡胶有SBS橡胶、氯丁橡胶、废橡胶等。

② 树脂改性沥青。在沥青中掺入适量树脂后，可使沥青具有较好的耐高低温性、黏结性和不透气性。常用树脂有APP（无规聚丙烯）、聚乙烯、聚丙烯等。

③ 橡胶和树脂共混改性沥青。在沥青中掺入适量的橡胶和树脂后，沥青兼具橡胶和树脂的特性，常见的有氯化聚乙烯-橡胶共混改性沥青及聚氯乙烯－橡胶共混改性沥青等。

2. SBS 改性沥青防水卷材

SBS改性沥青防水卷材是以聚酯纤维无纺布为胎体，以SBS（苯乙烯－丁二烯－苯乙烯）弹性体改性沥青为浸渍涂盖层，以塑料薄膜或矿物细料为隔离层制成的防水卷材。这类卷材具有较高的弹性、延伸率、耐疲劳性和低温柔性，主要用于屋面及地下室防水，尤其适用寒冷地区。以冷法施工或热熔铺贴，适于单层铺设或复合使用。

3. APP 改性沥青防水卷材

APP改性沥青防水卷材是以APP（无规聚丙烯）树脂改性沥青浸涂玻璃纤维或聚酯纤维（布或毡）胎基，上表面撒以细矿物粒料，下表面覆以塑料薄膜制成的防水卷材。这类卷材弹塑性好，具有突出的热稳定性和抗强光辐射性，适用于高温和有强烈太阳辐射地区的屋面防水。单层铺设，可冷、热施工。

4. 铝箔塑胶改性沥青防水卷材

铝箔塑胶改性沥青防水卷材是以玻璃纤维或聚酯纤维（布或毡）为胎基，用高分子（合成橡胶或树脂）改性沥青为浸渍涂盖层，以银白色铝箔为上表面反光保护层，以矿物粒料和塑料薄膜为底面隔离层制成的防水卷材。

这种卷材对阳光的反射率高，具有一定的抗拉强度和延伸率，弹性好，低温柔性好，在−20℃～80℃温度范围内适应性较强，抗老化能力强，具有装饰功能，适用于外露防水面层，并且价格较低，是一种中档的新型防水材料。

其他常见的还有再生橡胶改性沥青防水卷材、丁苯橡胶改性沥青防水卷材、PVC改性煤焦油防水卷材等。

11.3 石油沥青性能检测

11.3.1 石油沥青针入度测定

1. 试验目的

针入度是表示沥青流动性的指标，根据它来确定石油沥青的牌号。

2. 仪器与设备

针入度仪（见图11.1）、恒温水浴、试样皿（金属圆柱形平底容器）、温度计、秒表、平底玻璃皿等。

3. 试验材料

石油沥青取样，以20t沥青为一个取样单位。从每个取样单位的5个不同部位，各取大致相同量的洁净试样，共约1kg，作为该批沥青的平均试样。

将沥青试样装入金属皿中在密闭电炉上加热熔化，加热温度不得比估计的软化点高出100℃，充分搅拌，至气泡完全消除为止。将用0.6～0.8mm筛网过滤后的熔化沥青注入试样皿中，试样厚度不小于30mm，放在环境温度15℃～30℃中冷却1h，再把试样皿浸入（2.5±0.5）℃的恒温水浴中，恒温1h，水浴中水面应高于试样表面25 mm。至此，试样制备完毕，准备试验。

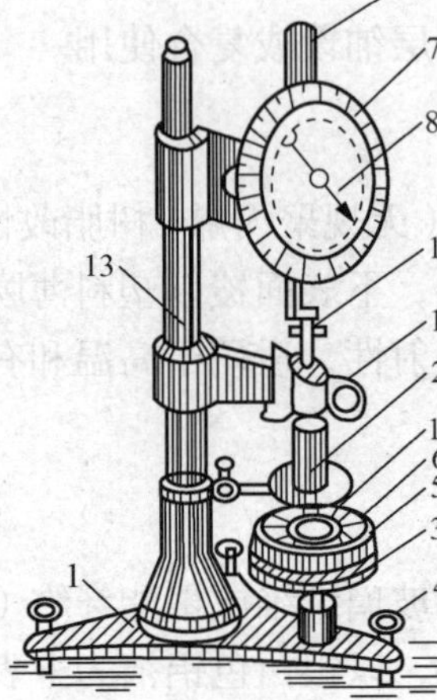

图11.1 针入度仪

1—底座；2—小镜；3—圆形平台；4—调平螺丝；5—保温皿；6—试样；7—刻度盘；8—指针；9—活动齿杆；10—标准针；11—连杆；12—按钮；13—砝码

4．试验方法及步骤

① 调平针入度仪三脚底座。

② 将试样皿从恒温水浴中取出，置于水温严格控制为，（25±0.1）℃的平底保温玻璃皿中，水面应高出试样表面至少10mm。将保温玻璃皿置于底座上的圆形平台上。调整标准针，使针尖正好与试样表面接触。拉下活动齿杆，使其下端与标准针连杆顶端接触，并将指针指到刻度盘上的“0”位上，记录初始值。

③ 压下按钮，同时启动秒表。当标准针自由落下穿入试样，时间达5s时，立即放松按钮，使标准针停止下落。

④ 拉下活动齿杆与标准针连杆顶端接触。记录刻度盘上所指数值（或与初始读值之差），即为试样的针入度值。

⑤ 每一试样进行平行测定至少三次。每次试验后，应将标准针用浸有煤油、苯或汽油的布擦净，再用干布擦干。各测定点间距离及测定点与试样边缘之间的距离应不小于10mm。每次测定前应将平底玻璃皿放入恒温水浴，测定期间要随时检查保温皿内水温，使其恒定。

⑥ 测定针入度大于200的沥青试样时，至少用3根针，每次测定后将针留在试样中，直至3次测定完成后，才能把针从试样中取出。

5．试验结果确定

① 以每一试样的三次测定值的算术平均值为该试样的针入度值。

② 三次测定值中的最大与最小值之差，当针入度低于49°时，不大于2°；针入度为50°～149°时，不应大于4°；针入度为150～249°时，不应大于6°；针入度为250°～350°时，不应大于10°。

11.3.2 石油沥青的延度检测

1. 试验目的

延伸度是表示石油沥青塑性的指标，它也是评定石油沥青牌号的指标之一。

2. 仪器设备

延度测定仪（见图11.2）及8字形试模（见图11.3）。

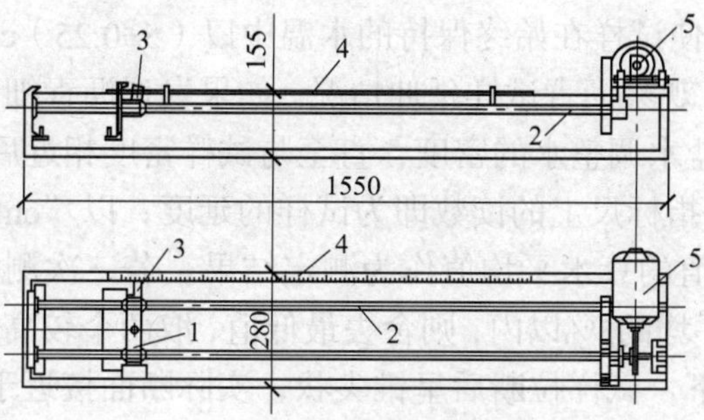

图11.2 沥青延度测定仪

1—滑动器；2—螺旋杆；3—指针；4—标尺；5—电动机

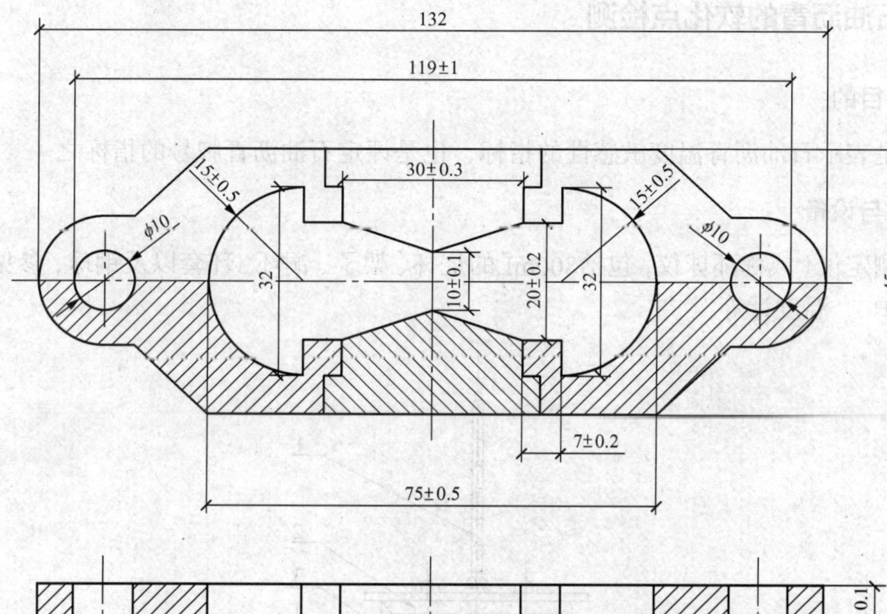

图11.3 延度测定仪试模

3. 试验材料

① 取样方法与针入度试验相同。制备试件之前，将8字形试模的侧模内壁及玻璃板上涂以隔离剂（甘油:滑石粉=1：3）。

② 将熔化并脱水的沥青用0.6～0.8mm的筛网过滤后，浇筑8字形试模3个。沥青应略高于模面，冷却30min后，用热刮刀将试模表面多余的沥青仔细刮平，试样不得有凹陷或鼓起现象，

且须与试模高度水平（误差不大于0.1mm），表面应十分光滑。

4. 试验方法及步骤

① 将试样连同试模及玻璃板（或金属板）浸入恒温水浴或延度仪水槽中，水温保持（25±0.5）℃，水面高出沥青试件上表面不少于25mm。

② 检查延度测定仪滑板移动速度（5cm/min），并使指针指向零点。待试件在水槽中恒温1h后，便将试模自玻璃上取下，将模具两端的小孔，分别套在延度测定仪的支板与滑板的销钉上，取下两侧模。检查水温，保持在（25±0.5）℃。

③ 开动延度测定仪，使试样在始终保持的水温中以（5±0.25）cm/s的速度进行拉伸，仪器不得震动，水面不得晃动，观察沥青试样延伸情况。如果发现沥青细丝浮在水面或沉入槽底时，则应在水中加入酒精或食盐水调整水的密度，直至与试样密度相近后重新试验。

④ 试样拉断时指针所指标尺上的读数即为试样的延度，以“cm”表示。

取三个试件平行测定值的算术平均值作为测定结果。若三次测定值不在其平均值的5%以内，但其中两个较高值在平均的5%以内，则舍去最低值，取两个较高值的平均值作为测定结果，否则重新试验。正常情况下，试样拉断后呈锥尖状，实际断面接近于零，如果不能得到上述结果，则应报告注明，在此条件下无法测定结果。

11.3.3 石油沥青的软化点检测

1. 试验目的

软化点是表示石油沥青温度敏感性的指标，也是评定石油沥青牌号的指标之一。

2. 仪器与设备

软化点测定仪（或称环球仪，包括800mL的烧杯、架子、铜环、环套以及钢球，参见图11.4）、加热器（电炉）、温度计等。

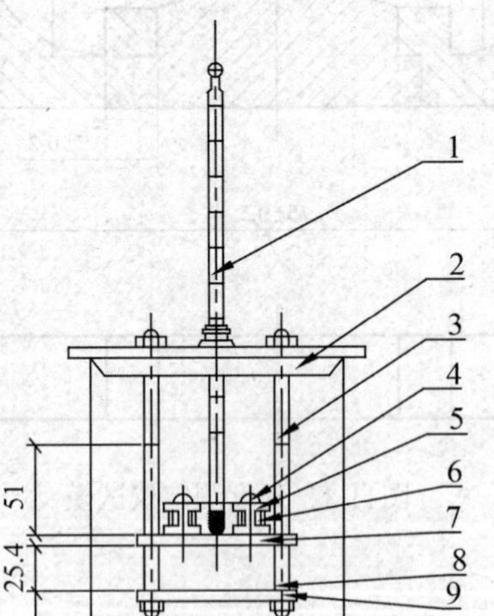

图11.4 沥青软化点测定器

1—温度计；2—上承板；3—枢轴；4—钢球；5—环套；6—环；7—中承板；

8—支承座；9—下承板；10—烧杯

3. 试验材料

取样方法与针入度试样相同。

制备试样时，将铜环置于涂有隔离剂的玻璃上，往铜环中注入熔化已完全脱水的沥青，注入前用筛孔尺寸为0.6～0.8mm的筛网过滤，注入的沥青稍高于铜环的上表面。试样在15℃～30℃环境中冷却30min后，用热刮刀刮平，注意使沥青表面与铜环上口平齐，光滑。

4. 试验步骤

① 将铜环水平放置在架子的小孔上，中间孔穿入温度计。将架子置于烧杯中。

② 烧杯中装（5±0.5）℃的水。如果预计软化点较高，在80℃以上时，可装入（30±1）℃的甘油，装入水或甘油的高度应与架子上的标记相平。经30min后，在铜环中沥青试样的中心各放置一枚3.5g重的钢球。将烧杯移至放有石棉网的电炉上加热，开始加热3min后，升温速度应保持（5±0.5）℃/min。随着温度的不断升高，环内的沥青因软化而下坠，当沥青裹着钢球下坠到底板时，此时的温度即为沥青的软化点。如升温速度超出规定时，则试验应重做。

5. 试验结果确定

每个试样至少平行测定两个试件，取两个试件测定值的算术平均值作为试验结果。两个试件测定结果的差值不得大于0.5℃（软化点高于80℃的，不得大于1.2℃）。

11.3.4 石油沥青油毡检测

1. 取样方法

① 石油沥青油毡以同一生产厂、同一品种、同一标号、同一等级的产品，不超过1500卷为一验收批。

② 取样方法：每一验收批中抽取一卷，切除距外层卷头2500mm部分后顺纵向截取长度为500mm的全幅卷材两块，一块做物理性能试验用，另一块备用（如由于特殊原因造成试验失败，不能得出结果应取备用试样重做，但须注明原因）。并按表11.1所表示尺寸及数量切取试件。

表 11.1 试件尺寸和数量

试验项目		部位号	试件尺寸/mm	数　量
不透水性		B	150×150	3
拉力		D	250× 50	3
耐热力度		E	100× 50	3
柔度	纵向	F	60×30	3
	横向	F	60× 30	3

2. 拉力试验

（1）试验步骤

① 试验应在（25±2）℃的条件下进行，将试件置于与拉力试验相同温度的干燥处不少于1h。

② 先调整拉力试验机（测试范围：0～1000N或2000N；最小读数5N），在无负荷情况下，空夹具自动下降速度为40～50mm/min，然后将试件夹在拉力机的夹具中心，并不得歪扭，上、下夹具之间的距离为180mm，开动拉力机直至试件被拉断为止，读出拉断时指针所指数值，即为试件的拉力值，如试件断裂处距夹具小于20mm时，该试件试验结果无效，应在同一样品上另行切取试件，重做试验。

（2）试验结果的确定

拉力试验以三个试件的算术平均值作为试验结果。

3. 耐热度试验

（1）试验步骤

把准备好的试件用细铁丝或回形针穿过每个试件，将距短边一端1cm处的中心的小孔挂好，然后放入标准规定温度的电热恒温箱内（试件与箱壁间距不应小于50mm）2h后取出，观察并记录试件表面有无涂盖层滑动和集中性气泡。

（2）试验结果的确定

若三个试件表面均无涂盖层滑动和集中性气泡，则耐热度试验合格。

4. 不透水性试验

（1）试验步骤

① 试验准备。将洁净水注满水箱后，启动油泵，在油压的作用下夹脚活塞带动夹脚上升，先排净水缸的空气，再将水箱内的水吸入缸内，同时向三个试座充水，当三个试座充满水，并已接近溢出状态时，关闭试座进水阀门，如果水缸内储存水已近断绝，需通过水箱向水缸再次充水，以确保测试的水缸内有足够的储存水。

② 测试将三个试件分别置于三个透水盘试座上，涂盖材料薄弱的一面接触水面，并注意“O”形密封圈应固定在试座槽内，试件上盖上金属压盖，然后通过夹脚将试件压紧在试座上，如产生压力影响试验结果，可向水箱泄水，达到减压的目的。

打开试座进水阀门，通过水缸向装好试件的透水盘底座继续充水，当压力表达到指定压力时，停止加压，关闭进水阀和油泵，同时开动定时钟，随时观察试件表面有无渗水现象，直到达到规定时间为止。期间如有渗漏应停机，记录开始渗水时间。试验前，试件在15℃～30℃的室温及干燥处保持一定时间。水温为（20±5℃）。

（2）试验结果确定

若三个试件均无渗水现象，则不透水性合格。

5. 柔度试验

（1）试验步骤

试件经30min浸泡后，自水中取出，立即沿圆棒（或弯板）用手在约2s时间内按均衡速度弯曲成180℃，用肉眼观察试件表面有无裂纹。

（2）试验结果确定

柔度试验纵向和横向6个试件中，至少5个试件无裂纹，则柔度试验合格。

11.4 防水涂料

11.4.1 概述

防水涂料是将在常温下呈黏稠液状态的物质，涂布在基层表面，经溶剂或水分挥发，或各组分间的化学反应，形成具有一定弹性的连续薄膜，使基层表面与水隔绝，起到防水和防潮作用。广泛适用于工业与民用建筑的屋面防水工程、地下混凝土工程的防潮防治等。

1. 特点

①在固化前呈无液态，特别适用于各种不规则屋面、节点等复杂表面，形成天接缝的完整防水膜。

② 冷施工，勿须加热，既减少了环境污染，又便于施工操作，改善劳动条件。

③ 形成的防水层自重小，特别适用于轻型屋面。

④ 涂布的防水涂料，既是防水层的主体，又是黏结剂，故施工质量容易保证，维修也较简单。

⑤ 施工时须采用刷子、刮板等逐层涂刷或涂刮，故防水膜的厚度很难做到象防水卷材那样均一。因此，选用防水涂料时，须认真了解材料的性质和特征、使用方法、最低单位面积用量，并认真考虑防水层各个细部节点的增强处理。

2. 分类

防水涂料按成膜物质的主要成分可分为三大类，如果按涂料的介质不同，又可分为溶剂型、乳液型和反应型三类。

11.4.2 防水涂料的性能与选用

防水涂料成膜后的防水涂膜具有良好的防水性能，能形成无接缝的完整防水膜、特别适合于各种复杂、不规则部位的防水。它大多采用冷施工，不必加热熬制，减少了环境污染。改善了劳动条件，并且施工方便、快捷。此外涂布的防水涂料既是防水层的主体，又是黏结剂，因而施工质量易保证，维修也简便。只是若采用刷涂时防水膜的厚度较难保持均匀一致。

无论何种防水涂料，其性能都是由以下几个指标来衡量。

1. 固体含量

指防水涂料中所含固体比例。由于涂料涂刷后靠其中的固体成分形成涂膜，由此固体含量多少与成膜厚度及涂膜质量密切相关。

2. 耐热度

指防水涂料成膜后的防水薄膜在高温下不发生软化变形、不流淌的性能。涂膜的耐高温性能。

3. 柔性

指防水涂料成膜后的膜在低温下保持柔韧性的性能。它反映防水涂料在低温下的施工和使用性能。

4. 不透水性

指防水涂膜在一定水压（静水压或动水压）和一定时间内不出现渗漏的性能，是防水涂料满足防水功能要求的主要质量指标。

5. 延伸性

指防水涂膜适应基层变形的能力。防水涂料成膜后必须具有一定的延伸性，以适应由于温差、干湿等因素造成的基层变形保证防水效果。

防水涂料的使用应考虑建筑的特点、环境条件和使用条件等因素，结合防水涂料的特点和性能指标选择。

11.4.3 常用防水涂料

1. 石棉乳化沥青涂料

石棉乳化沥青涂料是以石油沥青为基料，石棉作为分散剂，在机械强制搅拌下制成的厚质防水涂料。

石棉乳化沥青涂料具有水性、单组分、无毒、不燃、可在潮湿基层上施工等特点。由于其填料采用无机纤维状矿物，它的乳化膜比化学型更为坚固，故其耐水性、耐候性、稳定性都优于一般的乳化沥青。

按《水性沥青防水涂料》（JC/T408—2005）的规定，石棉乳化沥青涂料的技术性能应满足表11.2所示的要求。

表 11.2　水性沥青基防水涂料质量指标

项目		质量指标
固体含量不小于/%		50
延伸性不小于/mm	无处理	5.5
	处理后	4.0
耐热性		无流淌、起泡和滑动
黏结性不小于/MPa		0.20
不透水性		不渗水
抗冻性		20 次无开裂

2. 乳液型氯丁橡胶沥青防水涂料

乳液型氯丁橡胶沥青防水涂料是以阳离子氯丁胶乳与阳离子石油沥青乳液混合，稳定分散在水中而制成的一种乳液型防水涂料。

由于用氯丁橡胶对其进行改性，与沥青基防水涂料相比，乳液型氯丁橡胶沥青防水涂料无论在柔韧性、抗裂性、强度，还是耐高低温性能、使用寿命等方面都有了很大的改善，具有成膜快、强度高、耐候性好、抗裂性好，且难燃、无毒等特点。已成为我国防水涂料中的主要品种之一。

乳液型氯丁橡胶沥青防水涂料的技术性能如表11.3所示。

表 11.3　乳液型氯丁橡胶沥青防水涂料的技术性能

项目		性能指标
外观		深棕色乳状液
黏度/（Pa·s）		0.25
含固量/%		≥43
耐热性（80℃恒温 5h）		无变化
黏结力		≥0.2N/mm²
低温柔韧性（−15℃）		不断裂
不透水性（动水压 0.1～0.2MPa，0.5h）		不透水
耐碱性（在饱和 $Ca(OH)_2$ 溶液中浸 15d）		表面无变化
抗裂性（基层裂缝宽度≤2mmd）		涂膜不裂
涂膜干燥时间/h	表干	≤4
	实干	≤24

3. 聚氨酯防水徐料

聚氨酯防水涂料属双组分反应型涂料。甲组分是含有异氰酸基的预聚体，乙组分由含有多羟基的固化剂与增塑剂、填充料、稀释剂等，甲乙两组分混合后，经固化反应，即形成均匀、富有弹性的防水涂膜。

由于这类涂料是借组分间发生化学反应直接由液态变为固态，几乎不产生体积收缩，故易于形成较厚的防水涂膜。此外．它还具有优异的耐候、耐油、抗撕裂等性能，属高档防水徐料。按《聚氨酯防水涂料》（Jc/T500—92）规定，其主要技术性能如表11.4所示。

表 11.4　聚氨酯防水涂料的主要技术性能

项目		一等品	合格品
拉伸强度/MPa		＞2.45	＞1.65
断裂延伸率/%		＞450	＞300
拉伸时老化	加热老化	无裂缝及变形	
	紫外线老化	无裂缝及变形	
低温柔性		−35℃无裂纹	−30℃无裂纹
不透水性		0.3MPa，30min 不渗漏	
固体含量/%		≥94	
适用时间/min		≥20	
干燥时间/h		表干≤4，实干≤12	

11.5　建筑密封材料

11.5.1　概述

建筑密封材料是一些能使建筑上的各种接缝或裂缝、变形缝（沉降缝、伸缩缝、抗震缝）

保持水密、气密性能，并具有一定强度、能连接构件的填充材料。具有弹性的密封材料有时亦称弹性密封胶，或简称密封胶。

1. 建筑密封材料必须具备的特性

① 良好的黏结性、抗下垂性，不渗水透气，易于施工。

② 在接缝发生变化时，填充的密封材料应不断裂、剥落，具有一定弹塑性。

③ 良好的耐老化性能，有较长的使用寿命。

2. 密封材料的选用

密封材料的选用一般首先考虑以下两点。

① 密封材料的黏结性能。根据结构件的材质、表面状态和性质来选用具有良好黏结力的密封材料，同时应考虑密封材料的耐疲劳和耐老化性能。

② 密封材料的使用部位。建筑物中不同部位的接缝，对密封材料的要求是不同的。例如，对室外部位的接缝来说要求有较高的耐候性、而对伸缩缝则要求有较好的弹性和黏结性。

11.5.2 常用建筑密封材料

1. 嵌缝油膏

嵌缝油膏也叫嵌缝密封膏、它是一种胶泥状物质，具有很好的黏结性和延伸性，用来密封建筑物中各种接缝。传统的嵌缝油膏是油性及沥青基的，属于塑性油膏，缺乏弹性。用高分子材料制得的油膏则为弹性油膏，延伸大，耐低温性能突出。将嵌缝油膏用溶剂稀释也可作为防水涂料使用。

（1）胶泥

胶泥是目前国内常用的一种密封材料。它实际上是一种聚合物改性的沥青油膏，主要成分是煤焦油，用聚氯乙烯进行改性。胶泥的价格较低，防水性好，有弹性，耐寒和耐热性较好。但它必须热施工，通常随配方不同，在60℃～110℃进行热灌。

配方中若加入少量溶剂，油膏变软，就可冷施工，但收缩较大。填料通常用碳酸钙和滑石粉。

为了降低胶泥的成本，可以选用废旧聚氯乙烯塑料制品来代替聚氯乙烯树脂，这样得到的密封油膏习惯上称作塑料油膏。

（2）有机硅橡胶密封膏

有机硅橡胶密封膏大都为单组分系统，它是由有机硅氧烷聚合物为主体，加入硫化剂、硫化促进剂以及增强填料组成。有机硅橡胶密封膏具有优异的耐热、耐寒性和良好的耐候性；与各种材料都有较好的黏结性能，耐伸缩疲劳性强；耐水性好。

随着高层建筑的发展与玻璃幕墙的应用，有机硅密封膏采用醋酸型和醇酸型两种硫化体系，主要用于建筑物的结构型密封部位，如高层建筑的玻璃幕墙、隔热玻璃黏结密封，以及建筑门、窗密封等；中模量的有机硅密封膏采用醇酸型硫化体系，它除了不能在大伸缩缝中使用外，在其他部位都可使用；低模量的有机硅密封膏采用酰胺硫化体系，它只能用于建筑物的非结构型密封部位，如预制混凝土墙板、水泥板、大理石板的外墙接缝，混凝土和金属框架的黏结，卫生间和高速公路接缝的防水密封等。

生产时，在隔绝空气的条件下将上述密封膏各组分混合均匀后装于密闭包装筒中。施工后，密封膏借助空气中的水分进行交联反应，形成橡胶弹性体。

（3）聚硫密封膏

聚硫密封膏是由液态聚硫橡胶为基料，加入各种填充剂、促进剂、硫化剂等配制而成。

以PbO_2作硫化剂的聚硫密封膏，常温力学性能好，而且价格也较便宜，它是世界上应用最早，使用最成熟的密封材料，可用于伸缩大的接缝。

聚硫密封膏具有很好的耐候性，能耐水、耐湿热等，使用温度范围宽，在-40℃～90℃的温度范围内均能保持它的各项性能指标；它与钢、铝等金属材料以及其他各种建筑材料都有良好的黏结性，并且有较高的抗撕裂强度。

（4）丙烯酸酯建筑密封膏

丙烯酸酯建筑密封膏通常为水乳型，其制作工艺是把表面活性剂、增塑剂等化学助剂在高速搅拌下均匀地分散在丙烯酸酯乳液中，然后在低速高剪切力的搅拌机中把粉状填充剂掺入到混合乳液中混合均匀，最后在三辊机中研磨成均匀、细腻的稠状膏体。

丙烯酸酯建筑密封膏的特点是黏结性很好，嵌缝时不必打底；充分固化后，它的耐老化性、耐化学腐蚀以及防水性都很好；它的弹性和延伸性较小，不宜用在伸缩较大的接缝中。

2. 嵌缝条

嵌缝条是用塑料或橡胶经挤出成型而得到的一类软质带状制品，所用材料包括软质聚氯乙烯、氯丁橡胶、EPDM、丁苯橡胶等。嵌缝条被用来密封伸缩缝和施工缝。

复习思考题

1. 石油沥青有哪些主要的性能？
2. 要满足防水工程的要求，防水卷材应具备哪几方面的性能？
3. 与传统沥青防水卷材相比较，高聚物改性沥青防水卷材有什么突出的优点？有哪些种类？
4. 防水涂料有哪些性能？常用的防水涂料有哪些？如何选用？
5. 常用的建筑密封胶有几种？性能如何？如何选用？

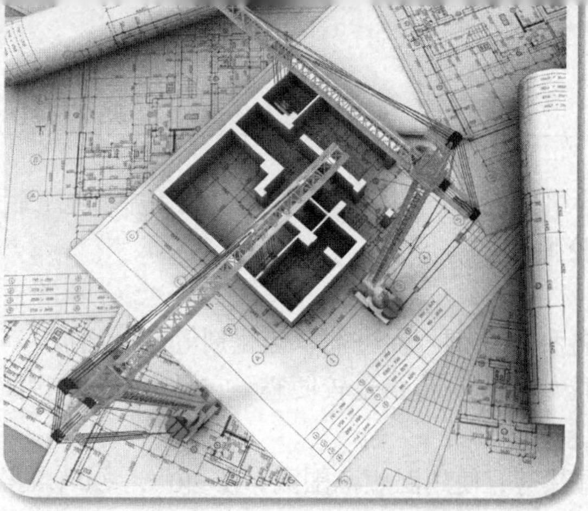

第12章 木材及制品

木材具有很多优良的性能，如轻质高强，导电、导热性低，有较好的弹性和韧性，能承受冲击和振动，易于加工等。目前，木材较少用于外部结构材料，但由于它有美观的天然纹理，装饰效果较好，所以仍被广泛用作装饰与装修材料。但由于木材构造不均匀、各向异性、易吸湿变形、易腐易燃等缺点，且树木生长周期缓慢、成材不易等原因，因此在应用上也受到限制，所以对木材的节约使用和综合利用是十分重要的。

学习目标

- 了解木材的构造、物理力学性质。
- 熟悉木材的腐朽虫害及防护。
- 了解木材产品的种类和应用。
- 能在工程实践中合理地选用木材及其制品。

12.1 木材的构造

不同的材种具有不同的构造，而木材的性质和应用又与木材的构造有着密切的关系。

工程中所用的木材主要取自树干。树干由树皮、形成层、木质部和髓心所组成。树干的木质部是作为材料使用的主要部分。木材的构造主要指木质部的构造，可从宏观和微观两个方面来进行研究。宏观构造是指用肉眼或放大镜就能观察到的构造，而微观构造是指须借助显微镜才能看清楚的构造。

12.1.1 木材的宏观构造

木材是非均质材料，其构造应从树干的横切面（垂直于树轴的切面）、径切面（通过树轴的纵切面）和弦切面（平行于树轴的切面）三个主要切面来剖析。

如图12.1所示，木材由树皮、木质部和髓心所组成。

① 年轮、早材和晚材。

年轮：树木生长呈周期性，在一个生长周期内（一般为一年）所生长的一层木材环轮称为一个生长轮，即年轮。

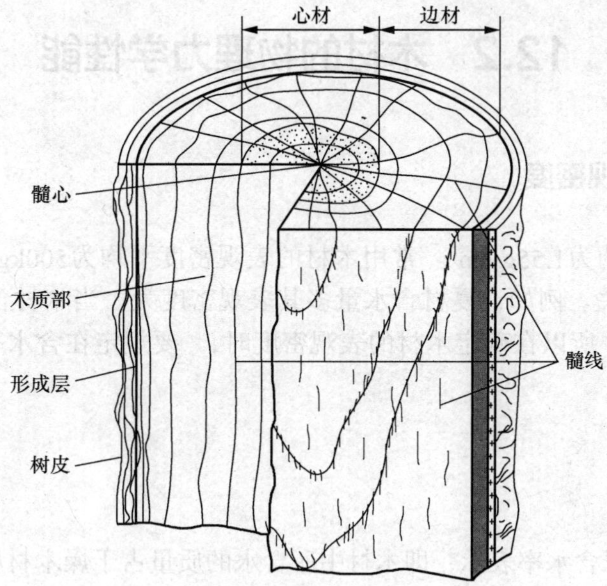

图12.1　木材的构造

早材：在同一生长年中，春天细胞分裂速度快，细胞腔大壁薄，所以构成的木质较疏松，颜色较浅，称为早材或春材。

晚材：夏秋两季细胞分裂速度慢，细胞腔小壁厚，所以构成的木质较致密，颜色较深，称为晚材。

一年中形成的早晚材合称为一个年轮。

② 边材和心材。

边材：颜色较浅，靠近树皮部分的木材称为边材。

心材：颜色加深，靠近髓心部分的木材称为心材。

③ 髓线：又称木射线

④ 树脂道和导管。

树脂道：是大部分针叶树种特有，它是由泌脂细胞围绕而成的孔道，富含树脂。在横切面上呈棕色或浅棕色的小点。在纵切面上呈深色的沟槽或浅线条。

导管：是一串纵行细胞复合生成的管状构造，起输送养料的作用。导管只在阔叶树中有。

12.1.2　木材的微观构造

在光学显微镜下观察到木材是由许许多多的管状细胞紧密地结合组成。绝大部分是纵向排列，少部分是横向排列髓线。每一个细胞分细胞壁和细胞腔两部分，细胞壁由细纤维构成，纵向联结较横向牢固。细纤维之间有极小的空隙，能够吸附和渗透水分。木材的细胞壁越厚、腔越小，木材便越密实，密度和强度也越大，但湿胀干缩也较严重。春材与夏材相比较，夏材的细胞壁较厚，腔较小些。

12.2 木材的物理力学性能

12.2.1 密度、表观密度

木材的平均密度约为1.55g/cm^3。常用木材的表观密度平均为500kg/m^3。表观密度大小与木材种类及含水率有关。例如，夏材含水量多其表观密度大。当木材含水率变化时，木材表观密度随之发生变化，所以在确定木材的表观密度时， 要规定在含水率为15%时的标准含水率情况下进行。

12.2.2 含水量

木材中的含水量以含水率表示，即木材中所含水的质量占干燥木材质量的百分数。

1. 木材中的水

木材中所含水分可分为自由水和吸附水两种。

（1）自由水

存在于木材细胞腔和细胞间隙中的水分。自由水影响木材的表观密度、保存性、抗腐蚀性和燃烧性。

（2）吸附水

被吸附在细胞壁基体相中的水分。由于细胞壁基体相具有较强的亲水性，且能吸附和渗透水分，所以水分进入木材后首先被吸入细胞壁。吸附水是影响木材强度和胀缩的主要因素。

2. 纤维饱和点

湿木材在空气中干燥时，当自由水蒸发完毕而吸附水尚处于饱和时的状态，称为纤维饱和点。此时的木材含水率称为纤维饱和点含水率，其大小随树而异，通常为23%～33%。

纤维饱和点含水率的重要意义：不在其数值的大小，而在于它是木材许多性质在含水率影响下开始发生变化的起点。

当木材中的含水率低于木材纤维饱和点时，木材的强度、体积等许多性质会发生变化。通常木材纤维饱和点在23%～31%波动，常以30%作为木材纤维饱和点。

3. 平衡含水率

木材长时间处于一定温度和湿度的空气中，当水分的蒸发和吸收达到动态平衡时，其含水率相对稳定，这时木材的含水率称为平衡含水率。

木材平衡含水率随周围空气的温度、湿度而变化（见图12.2），所以各地区、各季节、各树种木材的平衡含水率常不相同。

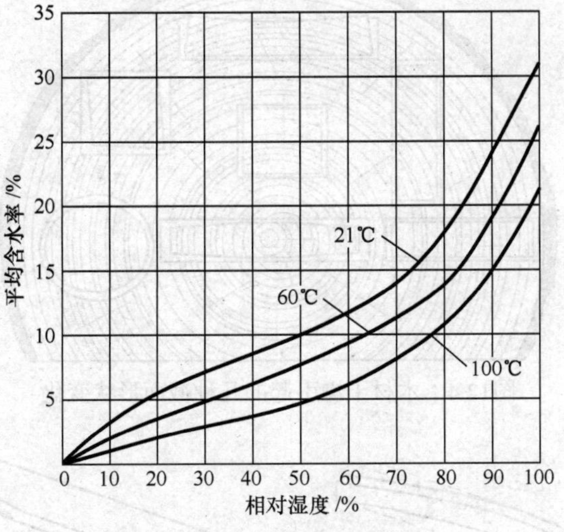

图12.2　木材的平衡含水率

12.2.3　湿胀与干缩

木材具有显著的湿胀干缩性。当木材从潮湿状态干燥至纤维饱和点时，自由水蒸发不改变其尺寸；继续干燥，细胞壁中吸附水蒸发，细胞壁基体相收缩，从而引起木材体积收缩。反之，干燥木材吸湿时将发生体积膨胀，直到含水量达到纤维饱和点为止。细胞壁越厚，则胀缩越大。因而，表观密度大、夏材含量多的木材胀缩变形较大。

由于木材构造不均匀，各方向、各部位胀缩也不同，其中弦向最大，径向次之，纵向最小，边材大于心材。图10.3所示为新伐木材的干燥曲线示意图。由于复杂的构造原因，木材弦向收缩总是大于径向，弦向收缩与径向收缩比率通常为2∶1。干缩会使木材翘曲开裂、接榫松弛、拼缝不严，湿胀则造成凸起。为了避免这种情况，在木材加工制作前必须预先进行干燥处理，使木材的含水率比使用地区平衡含水率低2%～3%。湿材干燥后，将改变其截面形状和尺寸，引起翘曲、局部弯曲、扭曲、反翘，也会发生裂缝等现象，如图12.4和图12.5所示。

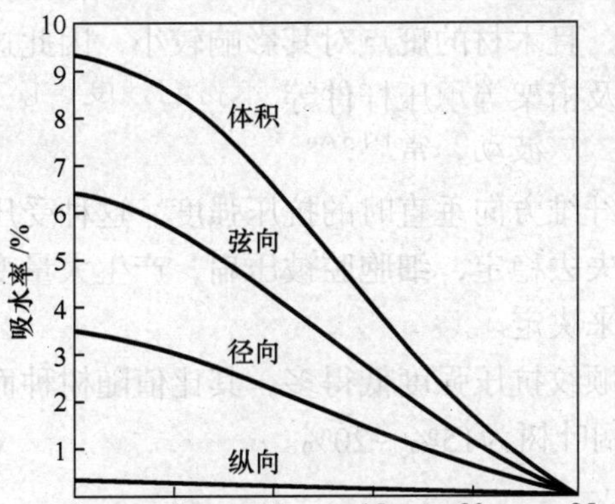

图12.3　新伐木材的干燥曲线

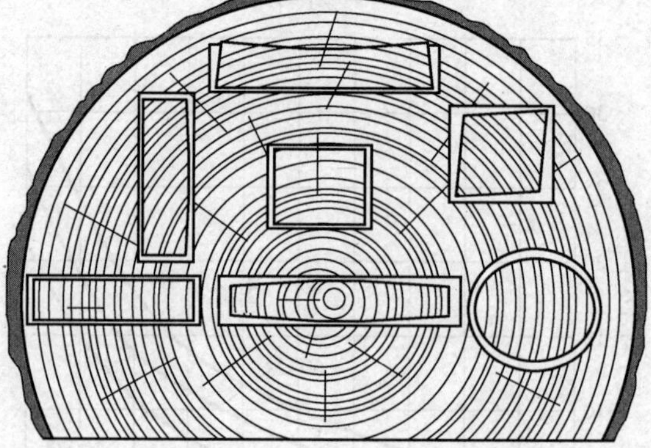

图12.4　木材干燥引起的几种截面形状变化

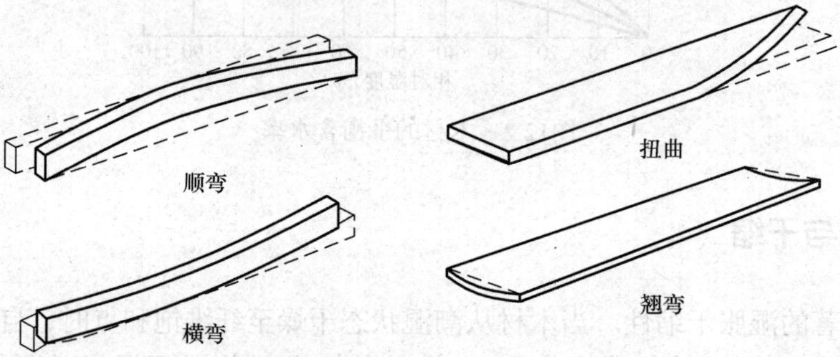

图12.5　木材变形示意图

12.2.4　木材的强度

木材的强度与木材中承担外力作用的厚壁细胞数有关，这类细胞数越多，细胞壁越厚，则强度越高，因此，木材的表观密度越大。夏材的厚壁细胞数含量越多，则强度越高。

1．抗压强度

（1）顺纹抗压强度

它是作用力方向与木材纤维方向平行时的抗压强度，是木材各种力学性质中的基本指标。

这种受压破坏是木材细胞壁丧失稳定性的结果，而非纤维的断裂。木材顺纹抗压强度较高，仅次于顺纹抗拉和抗弯强度，且木材的疵点对其影响较小，因此这种强度在建筑工程中应用最广泛，常用于柱、桩、斜撑及桁架等承压杆件等。

（2）横纹抗压强度

它是作用力方向与木材纤维方向垂直时的抗压强度。这种受压作用，只是使木材受到强烈的挤压作用，使细胞壁逐渐失去稳定，细胞腔被压扁，产生大量变形。所以木材的横纹抗压强度以使用中所限制的变形量来决定。

木材的横纹抗压强度比顺纹抗压强度低得多，其比值随树种而异，一般针叶树横纹抗压强度为顺纹抗压强度的10%，阔叶树为15%～20%。

2．抗拉强度

木材抗拉强度主要是指顺纹抗拉强度。横纹抗拉强度值很小，工程中一般不使用。

顺纹抗拉强度是指拉力方向与木材纤维方向一致时的抗拉强度。这种受拉破坏，往往木纤维未被拉断，而纤维间先被撕裂。木材顺纹抗拉强度是木材所有强度中最大的，为顺纹抗压强度的2～3倍。但强度值波动范围大，通常为70～170MPa。另外木材的疵点如木节、斜纹等对木材顺纹抗拉强度影响极为显著，而木材又多少有一些缺陷，另外木材受拉杆件连接处应力复杂，因此，木材实际的顺纹抗拉能力反较顺纹抗压低。这就使木材的顺纹抗拉强度难以被充分利用。

3. 抗弯强度

木材受弯曲时内部应力十分复杂，在梁的上部是受顺纹抗压，下部为顺纹抗拉，而在水平面中则有剪切力。木材受弯破坏时，通常在受压区首先达到强度极限，开始形成微小不明显的皱纹，但并不立即破坏，随着外力增大，皱纹慢慢地在受压区扩展，产生大量塑性变形，以后当受拉区域内许多纤维达到强度极限时，则因纤维本身及纤维联结的断裂而最后破坏。

木材的抗弯强度很高，为顺纹抗压强度的1.5～2倍。因此，在建筑工程中被广泛用于桁架、梁、桥梁、地板等。但木节、斜纹等对木材的抗弯强度影响很大，特别是分节在受拉弯区时。

4. 剪切强度

木材的剪切强度有顺纹剪切、横纹剪切和横纹剪断3种。

（1）顺纹剪切

为剪切方向与纤维方向平行，剪切力使木材的一部分沿纤维方向与另一部分分离。这种剪切作用，绝大部分木材纤维本身不破坏，而只破坏剪切面中纤维的联结。所以木材的顺纹抗剪强度很小，一般为同一方向抗压强度的15%～30%。

（2）横纹剪切

为剪切方向与纤维方向垂直，而剪切面和纤维方向平行。这种受剪作用完全是破坏剪切面中纤维的横向联结，因此木材的横纹剪切强度比顺纹剪切强度还要低。

（3）横纹剪断

为剪切力方向和剪切面均与木材纤维方向垂直，这种剪切破坏是将木材纤维切断，因此强度较大，一般为顺纹剪切强度的4～5倍。

5. 影响木材强度的因素

（1）含水量

木材含水量对强度影响极大（见图12.6）。在纤维饱和点以下时，水分减少，则木材多种强度增加，其中抗弯和顺纹抗压强度提高较明显，对顺纹抗拉强度影响最小。在纤维饱和点以上，强度基本为一恒定值。

（2）环境温度

温度对木材强度有直接影响。试验表明，温度从25℃升至50℃时，将因木纤维和木纤维间胶体的软化等原因，使木材抗压强度降低20%～40%，抗拉和抗剪强度下降12%～20%。此外，木材长时间受干热作用可能出现脆性。

（3）外力作用时间

木材极限强度表示抵抗短时间外力破坏的能力，木材在长期荷载作用下所能承受的最大应力称为持久强度。由于木材受力后将产生塑性流变，使木材强度随荷载时间的增长而降低，木材的持久强度仅为极限强度的50%～60%（见图12.7）。

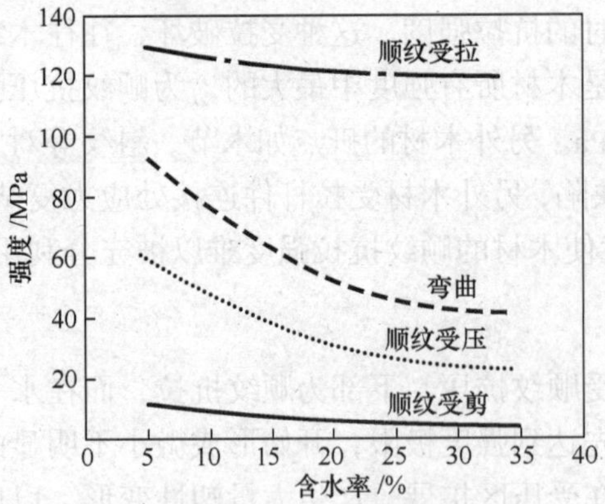

图12.6　含水率对木材强度的影响

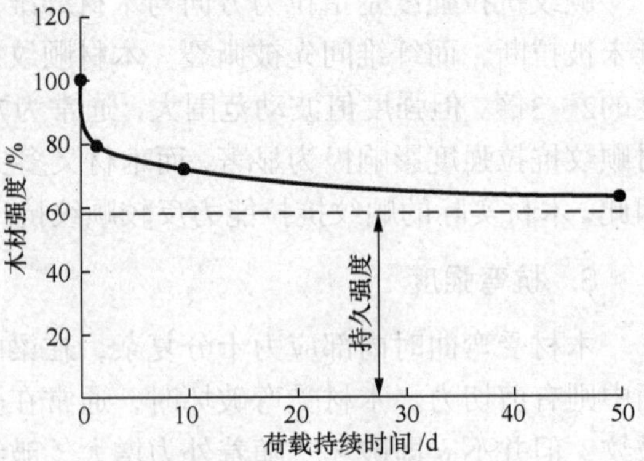

图12.7　木材的持久强度

（4）缺陷

木材的强度是以无缺陷标准试件测得的，而实际木材在生长、采伐、加工和使用过程中会产生一些缺陷，如木节、裂纹和虫蛀等，这些缺陷影响了木材材质的均匀性，破坏了木材的构造，从而使木材的强度降低，其中对抗拉和抗弯强度影响最大。除了上述影响因素外，树木的种类、生长环境、树龄以及树干的不同部位均对木材强度有影响。

12.3　木材的防腐和防火

12.3.1　木材的腐朽

木材的腐朽为真菌侵害所致。真菌是一种低等的生物。引起木材变质和腐朽的真菌有3种，即霉菌、变色菌和腐朽菌。前两种真菌对木材质量影响较小，但腐朽菌影响很大，腐朽菌寄生在木材的细胞壁中，它能分泌出一种酵素，把细胞壁物质分解成简单的养分，供其藏身摄取生存，这就使细胞壁结构遭受完全的破坏，使木材产生腐朽。

真菌在木材中生存和繁殖时必须同时具备3个条件，即要有适当的水分、温度和空气。

（1）水分

真菌繁殖生存时适宜的木材含水率是35%～50%，亦即木材含水率在稍超过纤维饱和点时易产生腐朽，而含水率在20%以下的气干木材不会发生腐朽。

（2）温度

真菌繁殖的适宜温度为25℃～35℃，温度低于5℃时，真菌停止繁殖，而高于60℃时，真菌则死亡。

（3）空气

真菌繁殖和生存需要一定氧气的存在，所以完全浸入水中的木材，则因缺氧而不易腐朽。

12.3.2　木材腐朽的防治

依据木材产生腐朽的原因，木材的防腐通常采取2种形式：一种是创造条件，使木材不适于真菌的寄生和繁殖；另一种是把木材变成含毒的物质，使其不能作真菌的养料。

（1）破坏真菌生存的条件

最常用的方法是对木材进行干燥，使其含水率降至20%以下（即干法保管法）。储存和使用木材时要注意通风和排湿。对木材构件表面应刷以油漆，使木材隔绝空气和水汽。总之，要保证使木构件经常处于干燥状态。

干法保管法是木材的3种物理保管方法之一。木材的另外2种物理保管方法是湿存保管法和水存保管法。它们的防腐原理，都是通过将木材保持在很高的含水率，使木材细胞腔被水分所占据，木材由于缺乏空气而破坏了真菌生存所需的条件，从而达到防腐的目的。

（2）把木材变成有毒的物质

将化学防腐剂注入木材内，把木材变成对真菌有毒的物质，使真菌无法生存。这是木材的化学保管法。

注入防腐剂的方法很多，通常有表面涂刷法、表面喷涂法、浸渍法、冷热槽浸透法、压力渗透法等，其中以冷热槽浸透法和压力渗透法效果最好。常用的水溶性防腐剂的品种有氟化钠、硼酚合剂、氟硅酸钠等；常用的油质防腐剂有克鲁苏油、蒽油等。

木材腐朽除因真菌的存在外，还会遭到昆虫的蛀蚀。常见的蛀虫有：蠹虫、天牛、白蚁等。防止虫蛀的办法是向木材内注入防虫剂。

12.3.3 木材的防火

木材属木质纤维材料，易燃烧，是具有火灾危险性的有机可燃物。为了提高木材的耐火性，常要对木材进行防火处理。木材的防火处理（也称阻燃处理）旨在提高木材的防火性，使之不易燃烧；或当木材着火后，火焰不致沿木材表面很快蔓延；或当火源移开后，木材表面上的火焰会立即熄灭。

常用的防火处理方法是在木材表面涂刷或覆盖难燃材料和用防火剂浸注木材。

常用的防火涂层材料有无机涂料（如硅酸盐类、石膏等）、有机涂料（如四氯苯酐醇树脂防火涂料、膨胀型丙烯酸乳胶防火涂料等）。

浸注用的防火剂有以磷酸铵为主要成分的磷—氮系列、硼化物系列、卤素系列以及磷酸氨基树脂系列等。

12.4 木材的综合利用

林木生长缓慢，这与我国建设事业需要大量木材之间的矛盾日益突出。目前，一方面应在建筑工程中尽可能减少用木材，以钢代木，以塑代木，节约木材。另一方面应努力做好木材的综合利用，充分利用木材的边角废料，生产各种人造板材，提高木材的利用率。

12.4.1 胶合板

胶合板是用滋切机将原木沿年轮切成大张薄片，再用胶黏合热压而成。木片层数应成奇数，一般为3～13层，胶合时应使相邻木片的纤维互相垂直。建筑工程中常用的是三合板和五合板。

我国胶合板面板树种目前主要采用水曲柳、松木、探木、马尾松及部分进口原木制成。

胶合板厚度为2.7mm、3.5mm、4mm、5mm、5.5mm、6mm，自6mm起，按1mm递增。厚度自4mm以下为薄胶合板，3mm、3.5mm、4mm厚的胶合板为常用规格。胶合板的幅面尺寸规定见表12.1。

表12.1 胶合板的幅面尺寸

宽度/mm	长度/mm				
	915	1220	1830	2135	2440
915	915	1220	1830	2135	—
1220	—	1220	1830	2135	2440

胶合板所用黏结剂为各种动植物胶（大豆蛋白胶、血蛋白胶等）和耐水性较好的酚醛、脲醛、聚酯酸乙烯等合成树脂。

胶合板具有以下优点，制作胶合板可用小直径原木制成大面积无缝无节的薄板；可将优质木材与劣质木材搭配使用，以节约优质木材；由于各层单板的纤维互相垂直，能消除各向异性或开裂等缺点，选用木纹美丽的木材作面层，可增加装饰效果；此外产品可规格化，便于使用。

胶合板广泛用作建筑物室内隔墙板、护壁板、顶棚板、门面板、各种家具及室内装修等。耐水胶合板可用作混凝土模板。

12.4.2 纤维板

纤维板是将木材加工下来的板皮、刨花、树枝等废料，经破碎浸泡，研磨成木浆，再加入一定的胶料，经热压成型、干燥处理而成的人造板材，分硬质纤维板、半硬质纤维板和软质纤维板三种。生产纤维板可使木材的利用率达90% 以上。

纤维板的特点是材质构造均匀，各向强度一致，抗弯强度高，可达55MPa，且耐磨，绝热性好，不易胀缩和翘曲变形，不腐朽，无木节、虫眼等缺陷。

密度大于800kg/m^{3}的硬质纤维板，强度高，在建筑中应用最广，它可代替木板使用，主要用做室内壁板、门板、地板、家具等。通常在板表面施以仿木纹油漆处理，可达到以假乱真的效果。半硬质纤维板密度为400～800kg/m^3，常制成带有一定孔型的盲孔板，板表面常施以白色涂料，这种板兼具吸声和装饰作用，多用做宾馆等室内顶棚材料。软质纤维板密度小于400kg/m^3，适合做保温隔热材料。

12.4.3 刨花板、木丝板、木屑板

是用木材加工后废弃的刨花碎片、木丝、木屑经干燥，加入胶结材料加压成型制成。胶结材料可用动植物胶、合成树脂、水泥和菱苦土等。刨花板、木丝板和木屑板通常用作隔堵板、天花板、隔热板和吸声板等。

复习思考题

1. 试述木材的宏观构造和微观构造。
2. 木材含水量的变化对物理、力学性能有何影响？说明原因。
3. 木材的强度有哪几种？影响木材强度的主要因素有哪些？是如何影响的？
4. 木材腐朽的原因是什么？通常有哪些防腐措施？
5. 试述综合利用木材的方法。

第13章 其他建筑材料

装饰材料用作主体结构的面层能大大地改善建筑物的艺术形象，使人们得到舒适和美的享受；还能起保护主体结构、延长建筑物寿命的作用，并能满足一定的使用要求。常用的装饰材料有装饰陶瓷、人造石材、装饰玻璃和装饰金属等，要合理选用。

当建筑物有保温绝热和吸声隔声等方面的要求，就需要用到绝热材料和吸声隔声材料来满足这些建筑功能要求。绝热性就是材料的保温隔热性，当两处存在温度差时，这两部分之间就会产生热的传递现象。热能将由温度较高的地方向温度较低的地方传递。吸声材料的吸声机理是声波深入材料内部互相贯通的孔隙，受到空气分子摩擦和黏滞阻力，以及使细小纤维作机械振动，从而使声能转变为热能。

常用的屋面材料主要有黏土瓦、混凝土平瓦、石棉水泥波瓦、钢丝网石棉水泥波瓦、玻璃纤维氯氧镁水泥波瓦及其脊瓦、聚氯乙烯塑料波形瓦、普通玻璃钢波形瓦等。

学习目标

- 了解建筑装饰材料的种类和用途。
- 熟悉绝热和吸声材料的性能和结构。
- 能合理地选用屋面材料。

13.1 建筑装饰材料

装饰材料，一般是指内、外墙面，地面，顶棚的饰面材料。用它作为主体结构的面层能大大地改善建筑物的艺术形象，使人们得到舒适和美的享受；装饰材料常兼有绝热、防火、防潮、吸声、隔音等功能，起保护主体结构、延长建筑物寿命的作用，并能满足一定的使用要求。因此，在房屋建筑中是不可缺少的一类材料。有的宾馆、影剧院、高级住宅用于装修上的费用达建筑费的30%，甚至更高。

13.1.1 装饰陶瓷

装饰陶瓷以黏土为原料，按一定的工艺焙烧而成。这类材料的特点是质地均匀，构造致密，有较高的强度、硬度、耐水、耐磨、耐化学腐蚀的性能，可制成一定花色，根据需要镶嵌成各种色彩的画面或图案，并兼有卫生效果。若在一些陶瓷材料表面上釉，可使制品平滑、光亮、不吸水，而在强度和耐热、光稳定性方面也会有所提高。常用的装饰陶瓷有以下几种。

1．外墙面砖

外墙面砖（见图13.1（a））采用品质均匀而耐火度高的耐火混土制成。砖表面可以是平滑的、带线条或图案的，正面有上釉或不上釉的等等，可具有各种颜色、形状和尺寸。这种砖的色调柔和，质地坚硬，高强、抗冻，吸水率小于8%。

(a) 外墙面砖　　(b) 釉面砖　　(c) 陶瓷锦砖

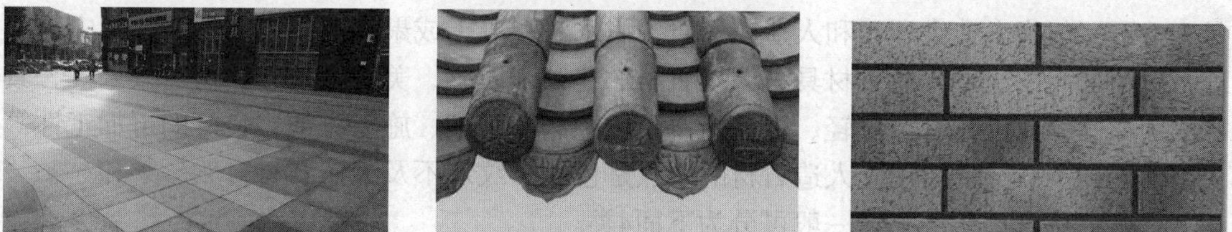

(d) 场地砖　　(e) 建筑琉璃制品　　(f) 陶瓷劈离砖

图13.1　装饰陶瓷

2．釉面砖

釉面砖（见图13.1（b））是用于建筑内墙装饰的薄板状指陶制品。袖料颜色多样，有白瓷砖、彩釉面砖、印花砖、图案砖等。这类砖色泽鲜艳，表面光滑，易清洗，防火耐酸，热稳定性好，吸水率一般小于18%，宜用于浴室、厨房和厕所以及试验室桌面等。此外，还可经专门绘画、设计而制成面砖，镶嵌成陶瓷壁画。釉面砖颜色从单一色调发展成彩色图案，还有专门烧制成供巨幅壁画拼装用的彩釉砖。在质感方面，已在表面光平的基础上增加了有凹凸花纹和图案的产品，给人以立体感。釉面砖的使用范围也已从室内装饰推广到建筑物的外墙装饰。

3．陶瓷锦砖

陶瓷锦砖又名马赛克（见图13.1（c）），是由优质瓷土烧制成各种颜色、多种几何形状的小块瓷片。可按各种图案镶嵌铺贴在地面或墙面上，形成色彩丰富、图案繁多的饰面。锦砖有上釉和不上釉的，表面也有光滑和稍毛之分。它组织致密，耐磨、抗冻、耐蚀、耐火，吸水率一般小于0.2%，主要用作地面及内外墙饰面，也可制作陶瓷壁画。

4．场地砖

场地砖又称缸砖（见图13.1（d）），颜色多为红、白、黄，形状多为方形、长方形、六角形，并有上釉与不上釉之分。产品包括内墙砖、外墙砖和地砖三类。其特点是抗腐、耐磨、高强、吸水率低、抗冻、抗冲击。常用于室外台阶、地面、室内门厅、厨房、浴室、厕所等。

5. 建筑琉璃制品

建筑琉璃制品（见图13.1（e））是用难熔黏土制坯，经干燥、上釉后焙烧而成的，颜色有绿、黄、蓝、青等。品种可分为三类：瓦类（板瓦、滴水瓦、筒瓦、沟头）、脊类和饰件类。

琉璃制品色彩绚丽，造型古朴，质坚耐久，用它装饰的建筑物富有我国传统的民族持色。主要用于具有民族色彩的宫殿式房屋和园林中的亭、台、楼阁等。

6. 陶瓷劈离砖

又称劈裂砖、劈开砖和双层砖（见图13.1（f）），是以黏土为主要原料，经配料、真空挤压成型、烘干、焙烧、劈离（将一块双联砖分为二块砖）等工序制成的。产品具有均匀的粗糙表面和古朴高雅的风格，耐久性好，广泛用于地面和外墙装饰。

13.1.2 人造石材

人造石一般指人造大理石和人造花岗石，属水泥混凝土或聚酯混凝土的范畴，其中以人造大理石应用最为广泛。人造石材具有天然石材的花纹和质感、美观、大方、仿真效果好，具有很好的装饰性，并且具有重量轻、强度高、耐腐蚀、耐污染、施工方便、良好的可加工性等优点，因而得到了广泛的应用。人造石材的缺点是色泽、纹理不及天然石材自然、柔和。

人造石材按生产所用材料一般可分为下面4类。

（1）水泥型人造石材

它是以水泥为黏结剂，砂为细集料，碎大理石、花岗岩、工业废渣等为粗集料制成。

（2）聚脂型人造石材

它是以不饱和聚酯为黏结剂，加入硅砂、大理石、方解石粉等无机填料和颜料，经各种工序而制成。目前国内外人造大理石、花岗岩以聚酯型最多，该类产品光泽好、颜色浅、可调配成各种鲜明的花色图案。与天然大理石相比，聚脂型人造石材具有强度高、密度小、耐酸碱腐蚀及美观等优点。但其耐老化性不如天然花岗岩，故多用于室内装饰。

（3）复合型人造石材

该类人造石材的黏结剂中既有无机材料、又有高分子材料。

（4）烧结型人造石材

这种石材是把斜长石、石英、辉石、石粉和赤铁矿以及高岭土等混合成矿粉，再配以40%左右的黏土混合制成泥浆，经制坯、成型和艺术加工后，再经1000℃左右的高温焙烧而成，如仿花岗岩瓷砖等。

13.1.3 装饰玻璃

1. 白片玻璃、磨砂玻璃

白片玻璃现大多采用浮法工艺生产，它表面平整光滑且有光泽，人、物形象透过时不变形，透光率大于84%，常用于制作高级门、窗、橱窗和镜子等。

磨砂玻璃是通过机械喷砂、手工研磨或氢氟酸溶蚀等方法把普通平板玻璃的表面处理成均匀的毛面而制成的。由于表面粗糙，使光线产生漫射，只能透光不能透视，作为门、窗玻璃可使室内光线柔和，没有耀眼刺目的感觉。

2. 压花玻璃和喷花玻璃

压花玻璃是在玻璃硬化之前，用刻有花纹的滚筒在玻璃的单面或两面压出深浅不同的各种图案。

喷花玻璃是平板玻璃表面贴上花纹图案，再抹上护面层，然后经喷砂处理而成。

由于压花玻璃和喷花玻璃花纹美丽、透光而不透视，所以宾馆大厦，特别是沿街的酒楼、商店应用较多。

3. 有色玻璃

有色玻璃也叫颜色玻璃，它可分为透明和不透明的两种。

透明颜色玻璃是在原料中加入着色剂，主要是各种金属氧化物，使制成的玻璃带上红、绿、黄、蓝、灰等颜色，清澈透明。它可按设计的图案分割后用铅条或黄铜条在窗框中拼装成大面积花窗。

不透明的颜色玻璃是在平板玻璃的一面喷上各种色釉，经烘烤而成。它常用于装饰墙面和拱顶等处。

4. 幕墙玻璃

玻璃在现代高层建筑中用量最大，而且最能体现大都市风姿的地方就是玻璃幕墙。作为幕墙玻璃使用的玻璃主要是吸热玻璃和热反射玻璃。

吸热玻璃能全部或部分地吸收热射线，包括大部分红外能量。

热反射玻璃也叫做镜面玻璃，因为它在迎光的一面具有镜子的特性，而在背光的一面又能象普通玻璃那样透明可视。

5. 泡沫玻璃

泡沫玻璃不但具有吸声消音作用，而且当使用具有同一颜色的发泡剂时，还能赋予泡沫玻璃以较好的装饰作用。

6. 玻璃空心砖

玻璃空心砖一般是由两块压铸成的凹形玻璃，经熔接或黏结而成的正方形或圆形空心玻璃砖块。玻璃空心砖常用于砌筑需要透光的外墙、分隔墙等，它具有绝热、隔声、耐酸、耐火等优点，透光率可达80%，压铸花纹和填充玻璃棉的玻璃空心砖，由于光线的漫射，使室内光照柔和优雅。

7. 玻璃锦砖

玻璃锦砖也叫玻璃马赛克。它与陶瓷锦砖的外观区别在于：玻璃锦砖为乳浊状半透明材料，而陶瓷锦砖则是不透明的。玻璃锦砖可做成30多种颜色，色泽鲜艳，不易受污染，不会退色，常用常新，而且价格低于陶瓷锦砖，是一种很好的外墙装饰材料。

8. 镜子玻璃

镜子是一种传统的日用品，但随着制镜技术的不断发展，现在已能制成大面积有颜色的镜子，功能已远远超出着衣、梳装时照容貌的作用，把它安装在室内墙面上，能增加色彩、开阔视野，使狭窄的空间显得宽敞，已经成为一种广受欢迎的室内外装饰材料。

13.1.4 装饰金属

采用金属或镀金属的复合材料作为建筑物装饰材料，在国外日趋增多，这是因为金属材料具有独特的色泽，装饰效果庄重华贵，不但可减轻建筑物自重，而且经久耐用。

目前已生产使用的金属装饰材料主要有铝合金和不锈钢两种材料，制品主要有各种铝合金异型材制品，如门、窗，以及铝质装饰板、不锈钢装饰板和彩色压型钢板等。

1. 铝合金装饰材料

铝作为化学元素，在地壳组成中占8.13%，仅次于氧和硅。通常它以化合物状态存在，因此铝的生产一般分两步：第一步从铝矿石中提取Al_2O_3，第二步由Al_2O_3电解得金属铝。

固态铝呈面心立方晶体，具有很好的塑性，但它的强度和硬度较低（拉伸强度80～100 MPa，硬度200 MPa）。为了提高铝的实用价值，在铝中加入镁、锰、铜、锌、硅等元素组成铝基合金，即铝合金。铝合金的机械性能明显高于铝本身，并且仍然保持铝的轻量性，因此使用价值大为提高。

铝合金材料除了用来制作门、窗异型材制品外，还可做成装饰板材。如利用铝阳极氧化处理后可以进行着色的特点，做成装饰品。此外，铝板表面还可进行防腐、轧花、涂装、印刷等二次加工。

2. 不锈钢装饰材料

不锈钢是一种含铬量在12%以上，具有耐腐蚀性能的铁基合金。

不锈钢装饰板及各种管件、异型材、连接件等，表面经过加工处理，既可高度抛光发亮，也可无光泽，它作为建筑装饰材料，室内外都可使用，可作为非承重的纯装饰品，也可作承重材料。不锈钢用于外墙、柱面，不仅具有强烈的金属质感，光亮夺目，而且经久耐用，是目前国内外发展的一种主要高档建筑装饰材料。

3. 彩色钢板

为了提高普通钢板的防腐性能和表面装饰效果，可在钢板表面涂饰一层具有保护性的装饰膜，通常就称之为彩色钢板。彩色钢板的生产工艺可分为静电喷漆、涂料涂覆和薄膜层压三种方法。

目前在建筑上用得最多的是彩色压型钢板。这种钢板以镀锌钢板、冷轧薄钢板为原板，经成型轧制，表面涂装而成。它具有重量轻、抗震性能好、经久耐用、色彩鲜艳等优点，并且加工简便，安装方便，广泛用于外墙及屋面。

4. 复合板材

用于装饰的复合板材主要有塑料复合钢板、隔热夹芯板、复合隔热板等。

（1）塑料复合金属板

塑料复合金属板是在镀锌钢板或铜板等金属板上用涂布法或贴膜法复合一层0.2～0.4mm厚的软质或硬质塑料薄膜而成的复合板材，它兼有金属板的强度、刚性和塑料表面层的优良装饰性和耐腐蚀性。塑料复合金属板不仅可用作为室内墙面装饰板材和屋面板，还可用于制做家具，以及各种防腐制品。

（2）隔热夹芯板和复合隔热板

隔热夹芯板是用高强胶合剂把内外两层彩色钢板与聚苯乙烯泡沫板加压加热固化而制成的。

复合隔热板的内外两层均为镀锌钢板，表面涂以硅酮聚酯，中芯注入聚氨酯泡沫塑料作为隔热材料。

隔热夹心板和复合隔热板都可用于隔墙，使墙体一次完成，既有分隔功能，表面又无需装饰，可广泛用在高层建筑和写字楼中作为分隔构件。

13.2 绝热材料和吸声材料

有的建筑物有保温绝热和吸声隔声等方面的要求，采用绝热材料和吸声隔声材料可以满足这些建筑功能要求。

13.2.1 绝热材料

在房屋建筑中，对其维护结构所用的材料，除满足所需强度及耐久性外还必须具备一定的保温绝热性能。

1. 绝热材料的绝热性能

所谓材料的绝热性就是材料的保温隔热性。在任何一个介质中，当两处存在温度差时，这两部分之间就会产生热的传递现象。热能将由温度较高的地方向温度较低的地方传递。房屋建筑处在大气介质中，当房屋内部空气与室外空气存在温度差时，就会通过房屋的围护结构主要是外墙、门窗、屋顶等产生传热现象。夏天室外气温高，热量就会通过围护结构向内传递，使室内气温升高，冬天室内热量就会通过围护结构向室外传递，使室内气温降低。

为了保证室内温度能常年适合人们的学习、工作和生活，对房屋建筑的围护结构尽可能多采用保温绝热材料，使室内冬暖夏凉，减小供暖和降温用的石油、煤和电等能源的耗用量，这对节能具有十分重大的意义。

绝热材料的绝热性主要由材料的导热性来决定。材料的导热性是材料本身传导热量的性能，它的大小可用导热系数λ来表示。导热系数越小的材料，导热性就越差，则保温绝热性就越好，通常将导热系数λ小于0.17W/（m・K）的材料称为绝热材料。

导热系数是评价建筑材料保温绝热性能好坏的主要指标。它与材料的组成、结构、构造和含水状态等因素有关。

2. 影响材料绝热性的因素

（1）材料的组成结构

建筑材料的组成结构可分为晶体结构（如钢材、石英石等）、微晶体结构（如花岗岩、普通混凝土等）和玻璃体结构（如普通玻璃、膨胀矿渣珠等）。具有不同分子结构的材料，它们的导热系数有很大的差别。晶体结构的导热性最大，微晶体结构次之，玻璃体结构最差。

通常所用的保温材料是多孔的。这种疏松多孔的材料，内部充满孔隙，孔隙内充满空气，由于空气的导热系数只有0.023W/（m·K）（封闭孔隙），所以这种疏松多孔材料的孔隙率大、表观密度小、导热系数低，稠料的绝热性能好。必须指出。这里所指的孔隙只是对封闭细小的孔隙而言，如果材料内部孔隙持征是粗大的连通的孔隙，这种孔隙可使空气发生对流，反而降低了材料的绝热性能。

（2）湿度

当材料吸湿受潮后，材料的内部孔隙中就有了水分（水蒸汽和流态木），因此材料的导热除了孔隙中剩余空气分子的导热、对流以及部分孔壁的辐射作用外，孔隙中水蒸汽的扩散和水蒸汽的热传导起主导作用。出于水的导热能力λ=058W/（m·K）比孔隙中空气的导热能力大20倍左右，所以，材料吸湿受潮后的导热系数增大，这就意味着材料的绝热性能降低。

（3）湿度

温度对材料的绝热性能有影响，一般材料的导热系数随温度的升高而增大，因为温度升高，材料固体分子的热运动增强，材料孔隙内空气的导热系数和孔壁间的辐射作用有所增加。这种影响在0℃～50℃范围内并不明显。当处于高温或负温下的材料，就要考虑温度对材料导热系数的影响。

3. 常用的绝热材料

在建筑中使用绝热材料一是为了改善居住的舒适程度，另一方面是建筑节能的物质基础。随着科学与生产的发展，目前出现的绝热材料的品种很多，有无机的、有机的和复合的，而且它们是各具优点。现将建筑上常用绝热材料介绍如下。

（1）石棉绝热材料

石棉是蕴藏在中性或酸性火成岩矿床中的一种非金属矿物纤维材料。由于它的纤维柔软、具有绝热和耐酸碱等特点，所以常将它制成各种绝热制品的材料。其主要产品有：

① 碳酸镁石棉粉和硅藻土石棉粉。它们分别是由石棉纤维与轻质碳酸镁及优质硅藻土经机械混合，加工制成的一种松散粉末状物质。其共同特点是表观密度小，导热系数低。适合作各种热工设备及管道的保温绝热材料。

② 石棉板。它是由石棉板纤维与胶结材料经加工、养护而制得的一种板材，具有隔热和防火性能。可用于建筑物的防火、表面隔热及某些热工设备的衬垫。

（2）矿渣棉绝热材料

矿渣棉又称矿棉，是利用工业废料矿渣为主的材料，经熔化加工制得的一种棉丝状保温绝热材料。它具有质轻、导热系数低、不燃、化学稳定性强等特点。利用矿渣棉与沥青或酚醛树脂等作胶结料，可制得各种规格的毡、管、板绝热制品。适应于作各种建筑物的屋面、墙体及各种设备、罐塔、工业炉的保温绝热材料。

（3）膨胀蛭石绝热材料

蛭石是一种复杂的铁、镁含水硅酸铝酸盐类矿物，是水铝云母类矿物中的一种矿石，膨胀蛭石是由蛭石在850℃～1000℃的温度下煅烧时产生大体积膨胀（20倍左右）所形成的一种松散多孔的颗粒。膨胀蛭石是具有质轻、导热性差，且耐火、耐腐性好的无机保温绝热材料。

利用膨胀蛭石与水泥及水玻璃胶结材料，可以制得水泥膨胀蛭石和水玻璃膨胀蛭石绝热材料。它们是工业与民用建筑上良好的保温绝热材料。分别可用于夹壁、楼板、屋面等围护结构作绝热材料。

（4）泡沫塑料

泡沫塑料是以各种树脂为基料，加入一定量的发泡剂、催发剂、稳定刑等辅助材料，经加热发泡而制成的一种新型轻质保温材料。泡沫塑料的种类很多，均以所用树脂来取名。

泡沫塑料具有表观密度小，绝热性能好，加工方便等优点。我国目前应用得最多的是聚苯乙烯泡沫塑料、聚氨酯泡沫塑料、聚氯乙烯泡沫塑料、脲醛泡沫塑料等。可用于屋面、墙面保温、冷藏库绝热。常填充在围护结构中或夹在两层其他材料中间作夹心板。

（5）泡沫玻璃

按碎玻璃100、发泡剂（石灰石或碳黑）1～2配料，粉磨、混合、装模、烧成（800℃左右）最后形成大量封闭、不连通气泡，气泡直径为0.1mm至3～5mm。泡沫玻璃的气孔率达80%～90%，具有导热系数小，抗压强度高，抗冻耐久性好等优点，是一种高级的保温绝热材料，可以制成块状或板状砌筑墙体或用于冷藏库绝热。

（6）钙塑保温板

它是由轻质碳酸钙和高压聚乙烯树脂加入适量的发泡剂、交联剂、润滑剂等经热加工而成。这是一种封闭结构的泡沫材料。特点是质轻、保温性能好、吸水性小。钙塑板的最高使用温度为80℃。保温绝热兼有防水功能，是一种具有前途的保温绝热材料。

（7）软木板绝热材料

软木是利用皮胶、沥青或合成树脂等胶黏剂黏制成软木。软木板质轻且富有弹性，耐腐蚀性、耐水性均好。只能阴燃不起火焰，是一种优良的保温绝热、防震、吸声材料。

13.2.2 吸声材料

1. 吸声材料的作用原理

声音在传播过程中，一部分由于声能随着距离的增大而扩散，另一部分则因空气分子的吸收而减弱。声能的这种减弱现象，在室外空旷处颇为明显，但在室内如果房间的体积并不太大，上述的这种声能减弱就不起主要作用，而重要的是室内墙壁、天花板、地板等材料表面对声能的吸收。

当声波遇到材料表面时，一部分被反射，另一部分穿透材料，其余的部分则传递给材料，在材料的孔隙中引起空气分子与孔壁的摩擦和黏滞阻力，其间相当一部分声能转化为热能而被吸收掉。这些被吸收的能量包括部分穿透材料的声能在内（E）与原先传递给材料的全部能量（E_0）之比是评定材料吸声性能好坏的主要指标，称为吸声系数（α），用公式表示如下。

$$\alpha=\frac{E}{E_0} \tag{13.1}$$

吸声系数与声音的频率及声音的入射方向有关。因此吸声系数用声音从各方向入射的吸收平均值表示，并应指出是对那一频率的吸收。通常采用的为6个频率：125、250、500、1000、2000、4000（Hz）。例如，材料对某一频率的吸声系数为α，材料的面积为A，则其吸声总量即等于αA（吸声单位）。任何材料对声音都能吸收，只是吸收程度有很大的不同。通常将对上述六个频率的平均吸声系数$\overline{\alpha}$大于0.2的材料，列为吸声材料。

吸声材料大多为疏松多孔的材料，如矿渣棉、毯子等，其吸声机理是声波深入材料内部互相贯通的孔隙，受到空气分子摩擦和黏滞阻力，以及使细小纤维作机械振动，从而使声能转变为热能。这类多孔性吸声材料的吸声系数，一般从低频到高频逐渐增大，故对高频和中频的声音吸收效果较好。

2. 吸声材料的类型及其结构形式

（1）多孔性吸声材料

多孔性吸声材料是比较常用的一种吸声材料，它具有良好的中高频吸声性能。

多孔性吸声材料具有大量内外连通的微孔和连续的气泡，通气性良好。当声波入射到材料表面时，声波很快地顺着微孔进入材料内部，引起孔隙内的空气振动，由于摩擦，空气黏滞阻力和材料内部的热传导作用，使相当一部分声能转化为热能而被吸收。多孔材料吸声的先决条件是声波易于进入微孔，不仅在材料内部，在材料表面上也应当是多孔的。

多孔性吸声材料的名称与绝热材料相同，都是多孔性材料，但在材料孔隙特征要求上有着很大差别。绝热材料要求具有封闭的互不连通的气孔，这种气孔越多则保温绝热效果越好；而对于吸声材料，则要求具有开放的互相连通的气孔，这种气孔越多，则其吸声性能越好。

（2）薄板振动吸声结构

薄板振动吸声结构的特点是具有低频吸声特性，同时还有助声波的扩散。建筑中常用胶合板、薄木板、硬质纤维板、石膏板、石棉水泥板或金属板等，把它们周边固定在墙或顶棚的龙骨上，并在背后留有空气层，即成薄板振动吸声结构。

薄板振动吸声结构是在声波作用下发生振动，板振动时由于板内部和龙骨间出现摩擦损耗，使声能转变为机械振动，而起吸声作用。由于低频声波比高频声波容易激起薄板产生振动，所以具有低频吸声特性。建筑中常用的薄板振动吸声结构的共振频率为80～300Hz，在此共振频率附近的吸声系数最大，为0.2～0.5，而在其他频率附近的吸声系数就较低。

（3）柔性吸声材料

具有密闭气孔和一定弹性的材料，如聚氯乙烯泡沫塑料，表面仍为多孔材料，但因具有密闭气孔，声波引起的空气振动不易直接传递至材料内部，只能相应地产生振动，在振动过程中由于克服材料内部的摩擦而消耗了声能，引起声波衰减。这种材料的吸声特性是在一定的频率范围内出现一个或多个吸收频率。

（4）帘幕吸声体

帘幕吸声体是用具有通气性能的纺织品，安装在离墙面或窗洞一定距离处，背后设置空气层。这种吸声体对中、高频都有一定的吸声效果。帘幕的吸声效果尚与材料种类和褶裥有关。帘幕吸声体安装、拆卸方便，兼具装饰作用，应用价值较高。

（5）悬挂空间吸声体

悬挂于空间的吸声体，由于声波与吸声材料的两个或两个以上的表面接触，增加了有效的吸声面积，产生边缘效应，加上声波的衍射作用，大大提高实际的吸声效果。实际使用时，可根据不同的使用地点和要求，设计成各种形式的悬挂在顶棚下的空间吸声体。空间吸声体有平板形、球形、圆锥形、棱锥形等多种形式。

13.3 屋面材料

瓦是最常用的屋面材料，主要起防水作用。目前经常使用的除黏土瓦和水泥瓦以外，还使用石棉水泥瓦、塑料瓦和沥青瓦等。

1. 黏土瓦

黏土瓦是以黏土、页岩为主要原料，经成型、干燥、焙烧而成。其产品分类、规格型号和技术要求，国家标准规定如下。

① 黏土瓦按生产工艺分为压制瓦、挤出瓦和手工脊瓦。

压制瓦——经过模压成型后焙烧而成的平瓦、脊瓦，称为压制平瓦、压制脊瓦；

挤出瓦——经过挤出成型后焙烧而成的平瓦、脊瓦，称为挤出平瓦、挤出脊瓦；

手工脊瓦——用手工方法成型后焙烧而成的脊瓦，称手工脊瓦。

②黏土瓦按用途分为黏土平瓦和黏土脊瓦。

黏土平瓦——用于屋面作为防水覆盖材料的瓦，包括压制平瓦和挤出平瓦（简称平瓦）；

黏土脊瓦——用于房屋屋脊作为防水覆盖材料的瓦，包括压制脊瓦、挤出脊瓦和手工脊瓦（简称脊瓦）。

2. 混凝土瓦

混凝土瓦是以水泥、砂或无机的硬质骨料为主要原料，经配料混合、加水搅拌、机械滚压或人工揉压成型养护而制成的，用于坡屋面的屋面及其配合使用的配件瓦。混凝土瓦可以是本色的、着色的或表面经过处理的。

根据用途不同可将混凝土瓦分为下面几种。

① 混凝土屋面瓦——由混凝土制成的，铺设于屋顶坡屋面完成瓦屋面功能的建筑构件。

② 有筋槽屋面瓦——瓦的正面和背面搭接的侧边带有嵌合边筋和凹槽；可以有，也可以没有顶部的嵌合搭接。

③ 无筋槽屋面瓦——一般是平的，横的或纵向成拱型的屋面瓦，带有规则或不规则的前沿。

④ 混凝土配件瓦——由混凝土制成的，铺设于屋顶特定部位，满足屋顶瓦特殊功能的，配合屋面瓦完成瓦屋面功能的建筑构件。包括脊瓦、封头瓦、排水沟瓦、檐口瓦和弯角瓦、三向脊顶瓦、四向脊顶瓦等。

3. 石棉水泥波瓦

石棉水泥波瓦及脊瓦是用温石棉和水泥为基本原料制成的屋面和墙面材料，包括覆盖屋面和装敷墙壁用的石棉水泥大、中、小波形瓦及覆盖屋脊的“人”字形脊瓦。石棉水泥瓦的特点是单张面积大，有效利用面积大，还具有防火、防潮、防腐、耐热、耐寒、质轻等特性，而且施工简便，造价低。适用于仓库、敞棚、厂房等跨度较大的建筑和临时设施的屋面，也可用于围护墙。

4. 钢丝网石棉水泥波瓦

钢丝网石棉水泥波瓦（简称加筋石棉瓦）是用短石棉纤维与水泥为原料，经制坯，在两层石棉水泥片中间嵌入一定规格的钢丝网片，再经加压成型。目前生产的有中波、小波两种瓦型。加筋石棉瓦是高强轻质型的屋面及墙体材料。它具有抗断裂、抗冲击和耐热性能好的优点，承载能力高于普通石棉水泥波型，瓦受弯时呈现开裂到折断的二阶段破坏特征，不同于普通石棉水泥波形瓦那样骤然脆断，因此施工维修安全、简便、速度快、损耗小。可广泛应用于冶金、玻璃、造纸、纺织、矿山、电力、化工等行业以及有耐气体腐蚀和防爆等特殊要求的大中型工业建筑。还适用于火车月台和与钢架相配套的体育场的顶棚等民用公共建筑。

5. 玻璃纤维氯氧镁水泥波瓦及其脊瓦

由菱苦土和氯化镁溶液制成氯氧镁水泥，加入玻璃纤维增强制成。可作一般厂房、仓库、礼堂和工棚等建筑设施的覆盖材料，不宜用于高温、长期有水汽与腐蚀性气体的场所。

6. 聚氯乙烯塑料波形瓦

聚氯乙烯塑料波形瓦（即塑料瓦楞板），是以聚氯乙烯树脂为主体，加入其他配合剂，经过塑化、挤出或压延，通过压波成型而得到屋面建筑材料，具有质轻、防水、耐化学腐蚀、耐晒、强度高、透光率高、色彩鲜艳等特点。适用于凉棚、果棚、遮阳板以及简易建筑物等屋面。

7. 普通玻璃钢波形瓦

普通玻璃钢波形瓦是采用不饱和聚酯树脂和玻璃纤维为原料，用手糊法制成，具有重量轻、强度高、耐冲击、耐高温、耐腐蚀、介电性能好、不反射雷达波、透光率高、色彩鲜艳等特点，是简易性的良好建筑材料。适用于简易建筑的屋面、遮阳、工业厂房的采光带，以及凉棚等。但不能用于接触明火的场合。厚度在1mm以下的波形瓦只可用在凉棚遮阳等临时性建筑。

8. 油毡瓦

油毡瓦是以玻璃纤维为胎基，经浸涂石油沥青后，一面覆盖彩色矿物粒料，另一面撒以隔离材料所制成瓦状屋面防水片材。适用于坡屋面的多层防水层和单层防水层的面层。

复习思考题

1. 建筑装饰材料有哪些种类？举例说明，并说明每种材料的使用场合。
2. 何谓绝热材料？其绝热机理是怎样的？
3. 何谓吸声材料？其与绝热材料在结构上的主要区别是什么？为什么？
4. 影响多孔性吸声材料吸声效果的因素有哪些？
5. 常用的屋面材料有哪几种？

参考文献

[1] 符芳．建筑材料[M]．第二版．南京：东南大学出版社，2001.
[2] 吴科如，张雄．土木工程材料[M]．上海：同济大学出版社，2003.
[3] 马保国，刘军．建筑功能材料[M]．武汉：武汉理工大学出版社，2004.
[4] 罗忆，刘忠伟．建筑玻璃生产与应用[M]．北京：化学工业出版社，2005.
[5] 葛勇．土木工程材料学[M]．北京：中国建材工业出版社，2007.
[6] 李维，李巧珍．建筑材料质量检测[M]．北京：中国计量出版社，2006.
[7] 经杨，解恒参，朱超．建筑材料与检测[M]．北京：机械工业出版社，2010.
[8] 刘祥顺．建筑材料[M]．第 3 版．北京：中国建筑工业出版社，2011.
[9] 赵宇晗，李生勇．建筑材料[M]．北京：中国水利水电出版社，2011.
[10] 魏鸿汉.建筑材料[M]．第 4 版．北京：中国建筑工业出版社，2012.
[11] 依巴丹，李国新．建筑材料[M]．第 2 版．北京：机械工业出版社，2014.